ADOBE AFTER EFFECTS CS6

标准培训教材

ACAA教育发展计划ADOBE标准培训教材

ACAA教育

U0315301

主 编 ACAA专家委员会 DDC 传媒

编 著 刘强 张天骐

人民邮电出版社

北 京

图书在版编目（CIP）数据

ADOBE AFTER EFFECTS CS6标准培训教材 /
ACAA专家委员会，DDC传媒主编；刘强，张天骐编著. --
北京：人民邮电出版社，2013.2（2019.1 重印）
ISBN 978-7-115-30374-5

Ⅰ．①A⋯ Ⅱ．①A⋯ ②D⋯ ③刘⋯ ④张⋯ Ⅲ．①图
象处理软件－教材 Ⅳ．①TP391.41

中国版本图书馆CIP数据核字(2012)第301889号

内 容 提 要

为了让读者系统、快速地掌握 Adobe After Effects CS6 软件，本书内容编排从数字视频基础知识讲起，再到 After Effects 视频创作基本流程，逐步步入创作丰富的动态影像世界。书中主要内容包括数字影视基础知识，项目与合成，导入与组织素材，创建二维、三维合成，通过丰富而强大的关键帧动画实现更自如的创作，遮罩与抠像，创作文字动画，应用各种效果，运动追踪与稳定的基本知识，强大的表达式动画创作，以及最后的渲染和各种媒体格式的输出等。

本书由行业资深人士、Adobe 专家委员会成员以及参与 Adobe 中国数字艺术教育发展计划命题的专业人员编写。全书语言通俗易懂，内容由浅入深、循序渐进，并配以大量的图示，特别适合初学者学习，同时对有一定基础的读者也大有裨益。

本书对参加 Adobe 及 ACAA 认证考试的考生具有指导意义，同时也可以作为高等学校美术专业计算机辅助设计课程的教材。另外，本书也非常适合其他各类培训班及广大自学人员参考阅读。

ADOBE AFTER EFFECTS CS6 标准培训教材

◆ 主　　编　ACAA 专家委员会　DDC 传媒

　　编　著　刘　强　张天骐

　　责任编辑　赵　轩

◆ 人民邮电出版社出版发行　　北京市丰台区成寿寺路 11 号
　　邮编　100164　电子邮件　315@ptpress.com.cn
　　网址　http://www.ptpress.com.cn
　　北京九州迅驰传媒文化有限公司印刷

◆ 开本：800×1000　1/16
　　印张：22.5
　　字数：583 千字　　　　　　　　2013 年 2 月第 1 版
　　印数：11 801- 12 100 册　　　2019 年 1 月北京第 11 次印刷

ISBN 978-7-115-30374-5

定价：45.00 元

读者服务热线：(010)67132692　印装质量热线：(010)67129223
反盗版热线：(010)67171154
广告经营许可证：京东工商广登字 20170147 号

前　言

秋天，藕菱飘香，稻菽低垂。往往与收获和喜悦联系在一起。

秋天，天高云淡，望断南飞雁。往往与爽朗和未来的展望联系在一起。

秋天，还是一个登高望远、鹰击长空的季节。

心绪从大自然的悠然清爽转回到现实中，在现代科技造就的世界不断同质化的趋势中，创意已经成为 21 世纪最为价值连城的商品。谈到创意，不能不提到两家国际创意技术先行者——Apple 和 Adobe，以及三维动画和工业设计的巨擘——Autodesk。

1993 年 8 月，Apple 带来了令国人惊讶的 Macintosh 电脑和 Adobe Photoshop 等优秀设计出版软件，带给人们几分秋天高爽清新的气息和斑斓的色彩。在铅与火、光与电的革命之后，一场彩色桌面出版和平面设计革命在中国悄然兴起。抑或可以冒昧地把那时标记为以现代数字技术为代表的中国创意文化产业发展版图上的一个重要的原点。

1998 年 5 月 4 日，Adobe 在中国设立了代表处。多年来在 Adobe 北京代表处的默默耕耘下，Adobe 在中国的用户群不断成长，Adobe 的品牌影响逐渐深入到每一个设计师的心田，它在中国幸运地拥有了一片沃土。

我们有幸在那样的启蒙年代融入到中国创意设计和职业培训的涓涓细流中……

1996 年金秋，万华创力 / 奥华创新教育团队从北京一个叫朗秋园的地方一路走来，从秋到春，从冬到夏，弹指间见证了中国创意设计和职业教育的蓬勃发展与盎然生机。

伴随着图形、色彩、像素……我们把一代一代最新的图形图像技术和产品通过职业培训和教材的形式不断介绍到国内——从 1995 年国内第一本自主编著出版的《Adobe Illustrator 5.5 实用指南》，第一套包括 Mac OS 操作系统、Photoshop 图像处理、Illustrator 图形处理、PageMaker 桌面出版和扫描与色彩管理的全系列的"苹果电脑设计经典"教材，到目前主流的"Adobe 标准培训教材"系列、"Adobe 认证考试指南"系列等。

十几年来，我们从稚嫩到成熟，从学习到创新，编辑出版了上百种专业数字艺术设计类教材，影响了整整一代学生和设计师的学习和职业生活。

千禧年元月，一个值得纪念的日子，我们作为唯一一家"Adobe 中国授权考试管理中心（ACECMC）"与 Adobe 公司正式签署战略合作协议，共同参与策划了"Adobe 中国教育认证计划"。那时，中国的职业培训市场刚刚起步，方兴未艾。从此，创意产业相关的教育培训与认证成为我们 21 世纪发展的主旋律。

2001 年 7 月，万华创力 / 奥华创新旗下的 DDC 传媒——一个设计师入行和设计师交流的网络社区诞生了。它是一个以网络互动为核心的综合创意交流平台，涵盖了平面设计交流、CG 创作互动、主题设计赛事等众多领域，当时还主要承担了 Adobe 中国教育认证计划和中国商业插画师（ACAA 中国数字艺术教育联盟计划的前身）培训认证在国内的推广工作，以及 Adobe 中国教育认证计划教材的策划及编写工作。

2001 年 11 月，第一套"Adobe 中国教育认证计划标准培训教材"正式出版，即本教材系列首次亮相。当时就成为市场上最为成功的数字艺术教材系列之一，也标志着我们从此与人民邮电出版社在数字艺术专业教材方向上建立了战略合作关系。在教育计划和图书市场的双重推动下，Adobe 标准培训教材长盛不衰。尤其是近几年，教育计划相关的创新教材产品不断涌现，无论是数量还是品质都更上一层楼。

2005 年，我们联合 Adobe 等国际权威数字工具厂商，与中国顶尖美术艺术院校一起创立了"ACAA 中国数字艺术教育联盟"，旨在共同探索中国数字艺术教育改革发展的道路和方向，共同开发中国数字艺术职业教育和认证市场，共同推动中国数字艺术产业的发展和应用水平的提高。是年秋，ACAA 教育框架下的第一个数字艺术设计职业教育项目在中央美术学院城市设计学院诞生。首届 ACAA-CAFA 数字艺术设计进修班的 37 名来自全国各地的学生成为第一批"吃螃蟹"的人。从学院放眼望去，远处规模宏大的北京新国际展览中心正在破土动工，躁动和希望漫步在田野上。迄今已有数百名 ACAA 进修生毕业，迈进职业设计师的人生道路。

2005 年 4 月，Adobe 公司斥资 34 亿美元收购 Macromedia 公司，一举改变了世界数字创意技术市场的格局，使网络设计和动态媒体设计领域最主流的产品 Dreamweaver 和 Flash 成为 Adobe 市场战略规划中的重要的棋子，从而进一步奠定了 Adobe 的市场统治地位。次年，Adobe 与前 Macromedia 在中国的教育培训和认证体系顺利地完成了重组和整合。前 Macromedia 主流产品的加入，使我们可以提供更加全面、完整的数字艺术专业培养和认证方案，为职业技术院校提供更好的支持和服务。全新的 Adobe 中国教育认证计划更加具有活力。

2008 年 11 月，万华创力公司正式成为 Autodesk 公司的中国授权培训管理中心，承担起 ATC (Autodesk Authorized Training Center) 项目在中国推广和发展的重任。ACAA 教育职业培训认证方向成功地从平面、网络创意，发展到三维影视动画、三维建筑、工业设计等广阔天地。

继 1995 年史蒂夫·乔布斯创始的皮克斯动画工作室 (Pixar Animation Studios) 制作出世界上第一部全电脑制作的 3D 动画片《玩具总动员》并以 1.92 亿美元票房刷新动画电影纪录以来，3D 动画风起云涌，短短十余年迅速取代传统的二维动画制作方式和流程。

2009 年詹姆斯·卡梅隆 3D 立体电影《阿凡达》制作完成，并成为全球第一部票房突破 19 亿美元并一路到达 27 亿美元的影片，这使得 3D 技术产生历史性的突破。卡梅隆预言的 2009 年为"3D 电影元年"已然成真——3D 立体电影开始大行其道。

无论是传媒娱乐领域，还是在建筑业、制造业，三维技术正走向成熟并更为行业所重视。连同建筑设计领域所热衷的建筑信息模型（BIM）、工业制造业所瞩目的数字样机解决方案，Autodesk 技术成为传媒娱乐行业、建筑行业、制造业和相关设计行业的重要行业解决方案并在国内掀起热潮。

ACAA 正是在这样的时代浪潮下，把握教育发展脉搏、紧跟行业发展形势，与 Autodesk 联手，并肩飞跃。

2009 年 11 月，Autodesk 与中华人民共和国教育部签署《支持中国工程技术教育创新的合作备忘录》，进一步提升中国工程技术领域教学和师资水平，免费为中国数千所院校提供 Autodesk 最新软件、最新解决方案和培训。在未来 10 年中，中国将有 3 000 万的学生与全球的专业人士一样使用最先进的 Autodesk 正版设计软件，促进新一代设计创新人才成长，推动中国设计和创新领域的快速发展。

2010 年秋，ACAA 教育向核心职业教育合作伙伴全面开放 ACAA 综合网络教学服务平台，全方位地支持老师和教学机构开展 Adobe、Autodesk、Corel 等创意软件工具的教学工作，服务于广大学生更好地学习和掌握这些主流的创意设计工具。其包括网络教学课件、专家专题讲座、在线答疑、案例解析和素材下载等。

2012 年 4 月，为完成文化部关于印发《文化部"十二五"时期文化产业倍增计划》的通知中文化创意产业人才培养和艺术职业教育的重要课题，中国艺术职业教育学会与 ACAA 中国数字艺术教育联盟签署合作备忘，启动了《数字艺术创意产业人才专业培训与评测计划》，并在北京举行签约仪式和媒体发布会。ACAA 教育强化了与创意产业的充分结合。

2012 年 8 月，ACAA 作为 Autodesk ATC 中国授权管理中心，与中国职业技术教育学会签署合作协议，以深化职业院校的合作，并为合作院校提供更多服务。ACAA 教育强化了与职业教育的充分结合。

今天，ACAA 教育脚踏实地、继往开来，积跬步以至千里，不断实践与顶尖国际厂商、优秀教育机构、专业行业组织的强强联合，为中国创意职业教育行业提供更为卓越的教育认证服务平台。

ACAA 中国教育发展计划

ACAA 数字艺术教育发展计划面向国内职业教育和培训市场，以数字技术与艺术设计相结合的核心教育理念，以远程网络教育为主要教学手段，以"双师型"的职业设计师和技术专家为主流的教师团队，为职业教育市场提供业界领先的 ACAA 数字艺术教育解决方案，提供以富媒体网络技术实现的先进的网络课程资源、教学管理平台以及满足各阶段教学需求的完善而丰富的系列教材。ACAA 数字艺术教育是一个覆盖整个创意文化产业核心需求的职业设计师入行教育和人才培养计划。

ACAA 数字艺术教育发展计划秉承数字技术与艺术设计相结合、国际厂商与国内院校相结合、学院教育与职业实践相结合的教育理念，倡导具有创造性设计思维的教育主张与潜心务实的职业主张，跟踪世界先进的设计理念和数字技术，引入国际、国内优质的教育资源，构建一个技能教育与素质教育相结合、学历教育与职业培训相结合、院校教育与终身教育相结合的开放式职业教育服务平台。为广大学子营造一个轻松学习、自由沟通和严谨治学的现代职业教育环境。为社会打造具有创造性思维的、专业实用的复合型设计人才。

远程网络教育主张

ACAA 教育从事数字艺术专业网络教育服务多年，自主研发制作了众多的 eLearning 网络课程，建立了以富媒体网络技术为基础的网络教学平台，能够帮助学生更快速地获得所需的学习资源、专家帮助，及时掌握行业动态、了解技术发展趋势，显著地增强学习体验，提高学习效率。

ACAA 教育采用以优质远程教学和全方位网络服务为核心，辅助以面授教学和辅导的战略发展策略，可以：

• 解决优秀教育计划和优质教学资源的生动、高效、低成本传播问题，并有效地保护这些教育资源的知识产权；

• 使稀缺的、不可复制的优秀教师和名师名家的知识与思想（以网络课程的形式）成为可复制、可重复使用以及可以有效传播的宝贵资源；使知识财富得以发挥更大的光和热，使教师哺育更多的莘莘学子，得到更多的回报；

· 跨越时空限制，将国际、国内知名专家学者的课程传达给任何具有网络条件的院校，使学校以最低的成本实现教学计划或者大大提高教学水平；

· 实现全方位、交互式、异地异步的在线教学辅导、答疑和服务，使随时随地进行职业教育和培训的开放教育和终身教育理念得以实现。

职业认证体系

ACAA 职业技能认证项目基于国际主流数字创意设计平台，强调专业艺术设计能力培养与数字工具技能培养并重，专业认证与专业教学紧密相联，为院校和学生提供完整的数字技能和设计水平评测基准。

专业方向（高级行业认证）	ACAA 中国数字艺术设计师认证
视觉传达 / 平面设计专业方向	平面设计师
	电子出版师
动态媒体 / 网页设计专业方向	网页设计师
	动漫设计师
三维动画 / 影视后期专业方向	视频编辑师
	三维动画师
动漫设计 / 商业插画专业方向	动漫设计师
	商业插画师
	原画设计师
室内设计 / 商业展示专业方向	室内设计师
	商业展示设计师

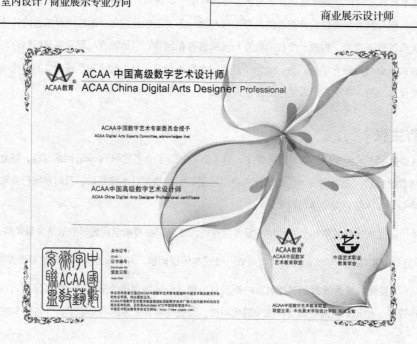

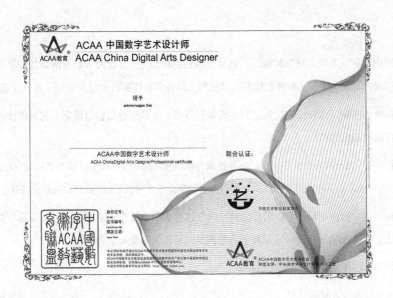

标准培训教材系列

ACAA 教育是国内最早从事数字艺术专业软件教材和图书撰写、编辑、出版的公司之一，在过去十几年的 Adobe/Autodesk 等数字创意软件标准培训教材编著出版工作中，始终坚持以严谨务实的态度开发高水平、高品质的专业培训教材。已出版了包括标准培训教材、认证考试指南、案例风暴和课堂系列在内的众多教学丛书，成为 Adobe 中国教育认证计划、Autodesk ATC 授权培训中心项目及 ACAA 教育发展计划的重要组成部分，为全国各地职业教育和培训的开展提供了强大的支持，深受合作院校师生的欢迎。

"ACAA Adobe 标准培训教材"系列适用于各个层次的学生和设计师学习需求，是掌握 Adobe 相关软件技术最标准规范、实用可靠的教材。"标准培训教材"系列迄今已历经多次重大版本升级，例如 Photoshop 从 6.0C、7.0C 到 CS、CS2、CS3、CS4、CS5、CS6 等版本。多年来的精雕细琢，使教材内容越发成熟完善。系列教材包括：

— 《ADOBE PHOTOSHOP CS6 标准培训教材》

— 《ADOBE ILLUSTRATOR CS6 标准培训教材》

— 《ADOBE INDESIGN CS6 标准培训教材》

— 《ADOBE AFTER EFFECTS CS6 标准培训教材》

— 《ADOBE PREMIERE PRO CS6 标准培训教材》

— 《ADOBE DREAMWEAVER CS6 标准培训教材》

— 《ADOBE FLASH PROFESSIONAL CS6 标准培训教材》

— 《ADOBE AUDITION CS6 标准培训教材》

— 《ADOBE FIREWORKS CS6 标准培训教材》

— 《ADOBE ACROBAT XI 标准培训教材》

关于我们

ACAA 教育是国内最早从事职业培训和国际厂商认证项目的机构之一，致力于职业培训认证事业发展已有十六年以上的历史，并已经与国内超过 300 多家教育院校和培训机构，以及多家国家行业学会或协会建立了教育认证合作关系。

ACAA 教育旨在成为国际厂商和国内院校之间的桥梁和纽带，不断引进和整合国际最先进的技术产品和培训认证项目，服务于国内教育院校和培训机构。

ACAA 教育主张国际厂商与国内院校相结合、创新技术与学科教育相结合、职业认证与学历教育相结合、远程教育与面授教学相结合的核心教育理念；不断实践开放教育、终身教育的职业教育终极目标，推动中国职业教育与培训事业蓬勃发展。

ACAA 中国创新教育发展计划涵盖了以国际尖端技术为核心的职业教育专业解决方案、国际厂商与顶尖院校的测评与认证体系，并构建完善的 ACAA eLearning 远程教育资源及网络实训与就业服务平台。

北京万华创力数码科技开发有限公司

北京奥华创新信息咨询服务有限公司

地址：北京市朝阳区东四环北路 6 号 2 区 1-3-601

邮编：100016

电话：010-51303090-93

网站：http://www.acaa.cn, http://www.ddc.com.cn

（2012 年 8 月 30 日修订）

目　　录

10 运动追踪与稳定

11　表达式

12　渲染与输出

数字影视合成基础与After Effects 概述

1

学习要点：

- 掌握数字合成的基本概念，了解其原理和实际应用领域的相关知识
- 了解 After Effects 的发展历史和 After Effects CS6 的新增功能
- 了解 After Effects CS6 的工作流程
- 使用帮助及各种形式的共享资源

1.1 数字影视合成基础与应用

从动画诞生的那一刻起，人们就不断探求一种能够存储、表现和传播动态画面信息的方式。在经历了电影和模拟信号电视之后，数字影视技术迅速发展起来，伴随着不断扩展的应用领域，其技术手段也不断成熟。

数字视频技术发展至今，不仅给广播电视带来了技术革新，而且已经渗透到各种新型的媒体中，成为媒体时代不可或缺的要素。无论是在高清电视、Internet 或 3G 手机网络中，都可以看到视频技术的应用。

1.1.1 数字合成概述

数字合成技术是指通过计算机，将多种源素材混合成单一复合画面的处理过程。通过遮罩、蒙版、抠像、追踪和各种效果等手段，结合层的叠加，最终完成所需的动态合成画面（见图 1-1-1）。

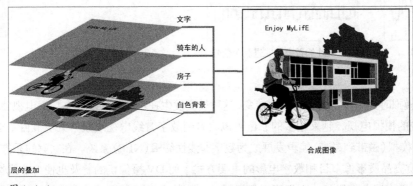

图 1-1-1

要对多层图像创建合成，其中的一个或多个图像必须包含透明信息，透明信息存储在其 Alpha 通道中。Alpha 通道是和 R、G、B 三条通道并行的一条独立的 8 位或 16 位的通道，它决定素材片段的透明区域和透明程度（见图 1-1-2）。

图 1-1-2

1.1.2   模拟信号与数字信号

以音频信号为例，模拟信号是由连续的、不断变化的波形组成，信号的数值在一定范围内变化（见图 1-1-3），主要通过空气、电缆等介质进行传输。与之不同的是，数字信号以间隔的、精确的点的形式传播（见图 1-1-4），点的数值信息是由二进制信息描述的（见图 1-1-5）。

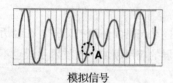
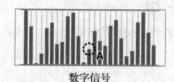

| 模拟信号 | 数字信号 | 二进制信息 |
| 图 1-1-3 | 图 1-1-4 | 图 1-1-5 |

数字信号相对于模拟信号有很多优势，最重要的一点在于数字信号在传输过程中有很高的保真度；模拟信号在传输过程中，每复制或传输一次都会衰减，而且会混入噪波，信号的保真度会大大降低（见图 1-1-6）。而数字信号可以很轻易地区分原始信号和混入的噪波并加以校正（见图 1-1-7），所以数字信号可以满足人们对于信号传输的更高要求，将电视信号的传输提升到一个新的层次。

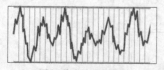
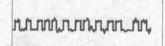

混入噪波的模拟信号　　　　混入噪波的数字（二进制）信号
图 1-1-6　　　　　　　　　图 1-1-7

目前，视频正经历着由模拟时代向数字时代的全面转变，这种转变发生在不同的领域。在广播电视领域，高清数字电视正在取代传统的模拟电视，越来越多的家庭可以收看到数字有线电视或数字卫星节目；电视节目的编辑方式也由传统的模拟（磁带到磁带）编辑发展成为数字非线性编辑（NLE）系统。在家庭娱乐方面，DVD 已经成为人们在家观赏高品质影像节目和数字电影的主要方式；而 DV 摄像机的普及也使得非线性编辑（NLE）技术从专业电视机构深入到民间，人们可以很轻易地制作数字视频影像。数字视频已经融入人们的生活。

1.1.3 帧速率和场

当一系列连续的图片映入眼帘的时候，由于视觉暂留的作用，人们会错觉地认为图片中的静态元素动了起来。而当图片显示得足够快的时候，人们便不能分辨每幅静止的图片，取而代之的是平滑的动画。动画是电影和视频的基础，每秒显示的图片数量称为帧速率，单位是帧 / 秒（fps）。大约 10 帧 / 秒的帧速率可以产生平滑连贯的动画；低于这个速率，动画会产生跳动。

传统电影的帧速率为 24 帧 / 秒，在美国和其他使用 NTSC 制式作为标准的国家，视频的帧速率大约为30 帧 / 秒（29.97 帧 / 秒），而在使用 PAL 制式或 SECAM 制式为标准的、部分欧洲地区、亚洲地区和非洲地区，其视频的帧速率为 25 帧 / 秒。

在标准的电视机中，电子束在整个荧屏的内部进行扫描。扫描总是从图像的左上角开始，水平向前行进，同时扫描点也以较慢的速率向下移动。当扫描点到达图像右侧边缘时，扫描点快速返回左侧，重新开始在第 1 行的起点下面进行第 2 行扫描，行与行之间的返回过程称为水平消隐。一幅完整的图像扫描信号由水平消隐间隔分开的行信号序列构成，称为一帧。扫描点扫描完一帧后，要从图像的右下角返回到图像的左下角，开始新一帧的扫描，这一时间间隔叫做垂直消隐。

大部分的广播视频采用两个交换显示的垂直扫描场构成每一帧画面，这叫做交错扫描场。交错视频的帧由两个场构成，其中一个扫描帧的全部奇数场，称为奇场或上场；另一个扫描帧的全部偶数场，称为偶场或下场。场以水平分隔线的方式隔行保存帧的内容，在显示时首先显示第一个场的交错间隔内容，然后再显示第二个场来填充第一个场留下的缝隙（见图 1-1-8）。每一帧包含两个场，场速率是帧速率的二倍。这种扫描方式称为隔行扫描。与之相对应的是逐行扫描，每一帧画面由一个非交错的垂直扫描场完成。计算机操作系统就是以非交错形式显示视频的。

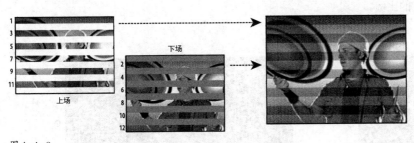

图 1-1-8

电影胶片类似于非交错视频，每次显示整个帧。通过设备和软件，可以使用 3-2 或 2-3 下拉法在 24 帧 /秒的电影和约为 30 帧 / 秒（29.97 帧 / 秒）的 NTSC 制式的视频之间进行转换。这种方法是将电影的第 1 帧复制到视频第 1 帧的场 1 和场 2，将电影的第 2 帧复制到视频第 2 帧的场 1、场 2 和第 3 帧的场 1，将电影的第 3 帧复制到视频第 3 帧的场 2 和第 4 帧的场 1，将电影的第 4 帧复制到视频第 4 帧的场 2 和第 5 帧的场1、场 2（见图 1-1-9）。这种方法可以将 4 个电影帧转换为 5 个视频帧，重复这一过程，可完成 24 帧 / 秒到30 帧 / 秒的转换。使用这种方法还可以将 24p 的视频转换成 30p 或 60i 的格式。

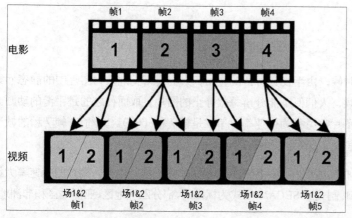

图 1-1-9

1.1.4　分辨率和像素宽高比

电影和视频的影像质量不仅取决于帧速率，每一帧的信息量也是一个重要因素，即图像的分辨率。较高的分辨率可以获得较好的影像质量。

传统模拟视频的分辨率表现为每幅图像中水平扫描线的数量，即电子束穿越荧屏的次数，称为垂直分辨率。NTSC 制式采用每帧 525 行扫描，每场包含 262 条扫描线；而 PAL 制式采用每帧 625 行扫描，每场包含 312 条扫描线。

水平分辨率是每行扫描线中所包含的像素数，它取决于录像设备、播放设备和显示设备。比如，老式 VHS 格式的录像带的水平分辨率只有大约 250 线，而 DVD 的水平分辨率大约为 500 线。

帧宽高比也就是影片画面的宽高比，常见的电视格式为标准的 4:3（见图 1-1-10）和宽屏的 16:9（见图 1-1-11），一些电影具有更宽的比例。

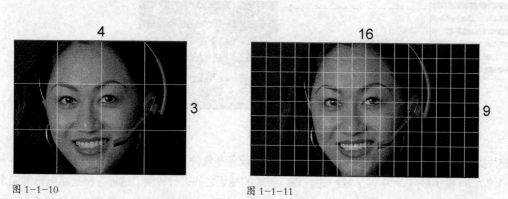

图 1-1-10　　　　　　　　　　　　　　　　图 1-1-11

像素宽高比是影片画面中每个像素的宽高比，各种格式使用不同的像素宽高比（见图 1-1-12）。

格式	像素宽高比
正方形像素	1.0
D1/DV NTSC	0.9
D1/DV NTSC 宽屏	1.2
D1/DV PAL	1.07
D1/DV PAL 宽屏	1.42

图 1-1-12

计算机使用正方形像素显示画面，其像素宽高比为 1.0（见图 1-1-13）。而电视使用矩形像素，例如 DV NTSC 使用的像素宽高比为 0.9（见图 1-1-14）。如果在正方形像素的显示器上显示未经矫正的矩形像素的画面，会出现变形现象，比如其中的圆形物体会变为椭圆（见图 1-1-15）。

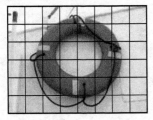  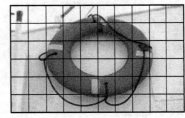

图 1-1-13   图 1-1-14   图 1-1-15

帧宽高比由像素宽高比和水平 / 垂直分辨率共同决定。帧宽高比等于像素宽高比与水平 / 垂直分辨率比之积。

1.1.5 视频色彩系统

色彩模式即描述色彩的方式。自然界中任何一种色光都可以由红、绿、蓝三原色按不同的比例混合而成（见图 1-1-16）。计算机和彩色电视的显示器使用 RGB 模式显示色彩，每种颜色使用 R、G、B 3 个变量表示，即红、绿、蓝三原色。YUV 模式也称为 YCrCb 模式，其中 Y 表示亮度；U 和 V 即 Cr 和 Cb，分别表示红色和蓝色部分与亮度之间的差异，这种模式与 Photoshop 中的 Lab 模式很相似。

图 1-1-16

为了保持与早期黑白显示系统的兼容性，需要将 RGB 模式转化为 YUV 模式，如果只有 Y 信号分量，则显示黑白图像；要显示彩色，可将 YUV 模式再转化为 RGB 模式。使用 YUV 模式存储和传送电视信号，解决了彩色电视与黑白电视之间的兼容问题，使黑白电视也能接收彩色信号。

　　色彩深度即每个像素可以显示的色彩信息的多少，用位数（2 的 n 次方）描述，位数越高，画面的色彩表现力越强（见图 1-1-17）。计算机通常使用 8 位 / 通道（R、G、B）存储和传送色彩信息，即 24 位，如果加上一条 Alpha 通道，可以达到 32 位。高端视频工业标准对于色彩有更高的要求，通常使用 10 位 / 通道或 16 位 / 通道的标准。高标准的色彩可以表现更丰富的色彩细节，使画面更加细腻，颜色过渡更为平滑。

色彩深度（位）	最大颜色数
1	2
2	4
4	16
8	256
16	65 536
24/32	1 670万以上

图 1-1-17

1.1.6　数字音频

　　声音是由振动产生的。比如，弦乐器的弦或人的声带产生振动，会带动周围的空气随之振动，振动通过空气分子波浪式地进行传播。当振动波传到人的耳朵时，人便听到了声音。通常用波形表示声音。波形中的 0 线位置表示空气压力和外界大气压相同，当曲线上升时，表明空气压力加强；曲线降低时，表明空气压力下降（见图 1-1-18）。声音的波形实际上等同于空气压力变化的波形，声音就是这样在高低气压产生的波动中进行传播的。

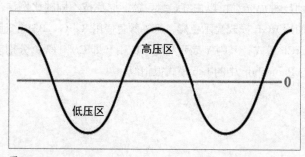

图 1-1-18

　　计算机可以将声音信息进行数字化存储，声音波形被分解成独立的采样点，即音频的数字化采样，也称为模拟 - 数字转换。采样的速率决定了数字音频的品质。采样率越高，数字化音频的波形越接近原始声音的波形，声音品质越好（见图 1-1-19）；而采样率越低，数字化音频的波形与原始声音的波形相差越大，声音品质就越差（见图 1-1-20）。

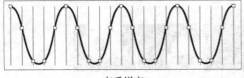

高采样率

图 1-1-19

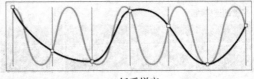

低采样率

图 1-1-20

声音是影片中不可缺少的一部分，同样，在数字视频领域，音频的数字化也具有至关重要的作用，数字视频与数字音频是相辅相成的整体。

1.1.7 视频压缩

视频压缩也称为编码，是一种相当复杂的数学运算过程，其目的是通过减少文件的数据冗余，以节省存储空间，缩短处理时间，以及节约传送通道等。根据应用领域的实际需要，不同的信号源及其存储和传播的媒介决定了压缩编码的方式，压缩比率和压缩的效果也各不相同（见图 1-1-21）。

视频类型	码率 （kB/s）	700MB的CD-ROM 可以容纳的时间长度
未经压缩的高清视频 （1 920×1 080 29.97帧/s）	745 750	7.5s
未经压缩的标清视频 （720×486 29.97帧/s）	167 794	33s
DV25（miniDV/DVCAM/DVCPRO）	250 00	3min，44s
DVD影碟	5 000	18min，40s
VCD影碟	1 167	80min
宽带网络视频	100～2 000	3h，8min（500kB/s）
调制解调器网络视频	18～48	48h，37min（32kB/s）

图 1-1-21

压缩的方式大致分为两种：一种是利用数据之间的相关性，将相同或相似的数据特征归类，用较少的数据量描述原始数据，以减少数据量，这种压缩通常称为无损压缩；另一种是利用人的视觉和听觉的特性，针对性地简化不重要的信息，以减少数据，这种压缩通常称为有损压缩。

有损压缩又分为空间压缩和时间压缩。空间压缩针对每一帧，将其中相近区域的相似色彩信息进行归类，用描述其相关性的方式取代描述每一个像素的色彩属性，省去了对于人眼视觉不重要的色彩信息。时间压缩又称插帧压缩（Interframe Compression），是在相邻帧之间建立相关性，描述视频中帧与帧之间变化的部分，并将相对不变的成分作为背景，从而大大减少了不必要的帧的信息（见图 1-1-22）。相对于空间压缩，时间压缩更具有可研究性，并具有更加广阔的发展空间。

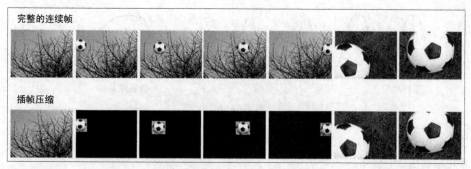

完整的连续帧

插帧压缩

图 1-1-22

1.1.8   数字视频摄录系统

DV 通常指数字视频,然而,DV 也专指一种基于 DV25 压缩方式的数字视频格式。这种格式的视频由使用 DV 带的 DV 摄像机摄制而成(见图 1-1-23)。DV 摄像机将影像通过镜头传输至感光原件(CCD 或 CMOS,见图 1-1-24),将光学信号转换成为电信号,再使用 DV25 压缩方式,对原始信号进行压缩,并存储到 DV 带上。

HDV 摄像机

图 1-1-23

感光原件 CMOS

图 1-1-24

DV 摄像机或录像机通过与 IEEE 1394 接口进行连接,可以将 DV 带中记录的数字影像信息上传到计算机中进行后期的编辑处理(见图 1-1-25)。

随着技术的不断进步,数字摄像机的存储介质也逐渐向"无带化"的方向发展。磁盘存储、光盘存储和存储卡的应用,使数码摄录系统的采集流程更加高效。主要的硬件厂商都推出了基于自己的存储卡格式的专业摄录系统。例如,基于 P2 存储卡的 Panasonic P2 系统(见图 1-1-26)和基于 SXS 存储卡的 Sony XDCAM EX 系统(见图 1-1-27)。

在数字电影不断发展的今天,人们对摄录系统的画面质量和存储效率提出了更高的要求。RED 公司推出了全球最新的、最先进的数字电影机——RED ONE(见图 1-1-28)。通用机型成像从 2 KB 到 4 KB,高端产品最大成像为惊人的 5 KB。影像直接记录在硬盘或者 CF 卡中,具有强大的压缩模式和 320 GB 的硬盘,可以拍摄 4KB 画面 2 小时左右,后期处理的空间甚至高于电影。

图 1-1-25

图 1-1-26

图 1-1-27

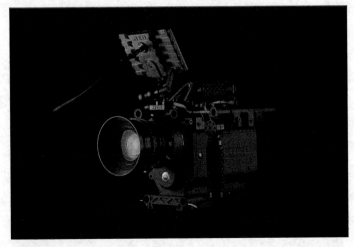

图 1-1-28

1.1.9　电视制式

目前，世界上通用的电视制式有美国和日本等国家使用的 NTSC 制，澳大利亚、中国和欧洲大部分国家等使用的 PAL 制，以及法国等国家使用的 SECAM 制（见图 1-1-29）。部分国家可能存在多种电视制式，本小节只讨论其主流制式。

制式	国家和地区	垂直分辨率 （扫描线数）	帧速率 （隔行扫描）
NTSC	美国、加拿大、日本、韩国、墨西哥等	525 （480可视）	29.97 帧/s
PAL	澳大利亚、中国、欧洲大部分国家以及南美洲	625 （576可视）	25 帧/s
SECAM	法国以及部分非洲地区	625 （576可视）	25 帧/s

图 1-1-29

NTSC 制式是美国在 1953 年 12 月研制出来的，并以美国国家电视系统委员会（National Television System Committee）的缩写命名。这种制式的供电频率为 60 Hz，帧速率为 29.97 帧/s，扫描线为 525 行，隔行扫描。采用 NTSC 制式的国家和地区有美国、加拿大、墨西哥、日本和韩国等。

PAL 制式是 1962 年在综合 NTSC 制式技术的基础上被研制出来的一种改进方案。这种制式的供电频率为 50 Hz，帧速率为 25 帧/s，扫描线为 625 行，隔行扫描。采用 PAL 制式的国家和地区有中国、欧洲大部分国家、南美洲和澳大利亚等。

SECAM 制式是 1966 年由法国研制出来的，它与 PAL 制式有着同样的帧速率和扫描线数。采用 SECAM 制式的国家和地区有俄罗斯、法国、中东地区和非洲大部分国家等。

我国采用 PAL 制式，PAL 制式克服了 NTSC 制式的一些不足，相对于 SECAM 制式，它又有很好的兼容性，是标清中分辨率最高的制式。

1.1.10　标清、高清、2K 和 4K

标清（SD）与高清（HD）是两个相对的概念，是尺寸上的差别，而不是文件格式上的差异（见图 1-1-30）。高清简单理解起来就是分辨率高于标清的一种标准。分辨率最高的标清格式是 PAL 制式，可视垂直分辨率为 576 线，高于这个标准的即为高清，尺寸通常为 1 280 像素 ×720 像素或 1 920 像素 ×1 080 像素，帧宽高比为 16:9，相对标清，高清的画质有了大幅度提升（见图 1-1-31）。在声音方面，由于高清使用了更为先进的解码与环绕声技术，人们可以以更为真实地感受现场。

根据尺寸和帧速率的不同，高清分为不同格式，其中尺寸为 1 280 像素 ×720 像素的均为逐行扫描，而尺寸为 1 920 像素 ×1 080 像素的在比较高的帧速率下不支持逐行扫描（见图 1-1-32）。

由于高清是一种标准，所以它不拘泥于媒介与传播方式。高清可以是广播电视、DVD 的标准，也可以是流媒体的标准。当今，各种视频媒体形式都向着高清的方向发展。

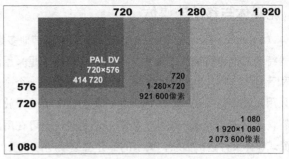

图 1-1-30

图 1-1-31

格式	尺寸（像素）	帧速率
720 24p	1 280×720	23.976 帧/s 逐行
720 25p	1 280×720	25 帧/s 逐行
720 30p	1 280×720	29.97 帧/s 逐行
720 50p	1 280×720	50 帧/s 逐行
720 60p	1 280×720	59.94 帧/s 逐行
1 080 24p	1 920×1 080	23.976 帧/s 逐行
1 080 25p	1 920×1 080	25 帧/s 逐行
1 080 30p	1 920×1 080	29.97 帧/s 逐行
1 080 50i	1 920×1 080	50 场/s 25 帧/s 隔行
1 080 60i	1 920×1 080	59.94 场/s 29.97 帧/s 隔行

图 1-1-32

2K 和 4K 是标准在高清之上的数字电影（Digital Cinema）格式，分辨率分别为 2 048 像素 ×1 365 像素和 4 096 像素 ×2 730 像素（见图 1-1-33）。目前，RED ONE 等高端数字电影摄像机均支持 2K 和 4K 的标准。

图 1-1-33

1.1.11 流媒体与移动流媒体

流媒体（Streaming Media）是一种使视频、音频和其他多媒体元素在 Internet 及无线网络上以实时的、无需下载等待的方式进行播放的技术。流媒体文件格式是采用流式传输及播放的媒体格式。流式传输方式是将视频和音频等多媒体文件经过特殊的压缩方式分成一个个压缩包，由服务器向用户计算机连续、实时传送。在采用流式传输方式的系统中，用户不必像非流式播放那样等到整个文件全部下载完毕后才能看到其中的内容，而只需经过几秒或几十秒的启动延时，即可在用户计算机上利用相应的播放器对压缩的视频或音频等流式媒体文件进行播放，剩余的部分会继续进行下载，直至播放完毕。

目前主流的流媒体格式有：Flash Video、Windows Media 和 QuickTime（见图 1-1-34）。使用带有解码的播放器可以到其相应的主页或各种具有流媒体的网站在线播放流媒体。使用最新版的官方播放器可以在线收看高清流媒体视频节目。

图 1-1-34

3G 全称为 3rd Generation，指第三代移动通信。相对于第一代的模拟制式手机（1G）和第二代的 GSM、TDMA 等数字手机（2G），3G 的制式种类繁多，主要包括基于 GSM 系统的 WCDMA 和 UMTS，以及基于 CDMA 系统的 CDMA2000 系列（见图 1-1-35）。

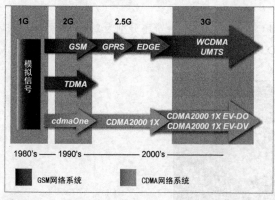

图 1-1-35

3G 手机除了能完成高质量的日常通信外，还能进行多媒体通信。用户可以用 3G 手机上网，在线接收移动流媒体，在手机上在线看影片、听音乐，甚至收看现场直播。3G 手机有可能取代大多数数码产品而成为人们手中唯一的移动终端。

随着网络传输速率的不断提高和流媒体编码技术的不断进步，流媒体的形式会不断地发展和普及。而 Adobe 无疑会整合其强大的流媒体技术资源，为流媒体的工作流程添加新的元素。

1.2　After Effects 的发展

After Effects 是 Adobe 公司推出的基于 Windows 和苹果（Macintosh）平台开发的专业级影视合成软件，它拥有先进的设计理念，可以制作丰富的动画和视觉特效，与 Adobe 公司的其他产品有着紧密的结合。经历了十几年的发展，其功能不断扩展，并被业界广泛认可，成为数字视频领域应用程度颇高的合成软件之一。

1.2.1　Adobe Creative Suite 5 与 After Effects CS5

2010 年 4 月 12 日，Adobe 隆重发布了最新一代的 Creative Suite 5 软件套装，它大大增强了软件的性能，并整合了实用的线上应用（见图 1-2-1）。CS5 有超过 250 种的新增特性，支持新的操作系统，并对处理器和 GPU 进行了优化，能够很好地支持多核心处理器和 GPU 加速。

图 1-2-1

After Effects CS5 同样包含在 Master Collection 和 Production Premium 中，单独购买的 After Effects CS5 还包含 Adobe Bridge CS5、Adobe Device Central CS5、Adobe Media Encoder CS5 和一些专业设计的模板等（见图 1-2-2）。不过，新的 After Effects CS5 只支持 64 位系统。

图 1-2-2

1.2.2 Adobe Creative Suite 6 与 After Effects CS6

2012 年 4 月 23 日，Adobe 公司正式宣布了新一代面向设计、网络和视频领域的终极专业套装——Creative Suite 6。与此同时，Adobe 还发布了订阅式云服务——Creative Cloud（创意云），提升了创意工具的在线体验（见图 1-2-3）。

图 1-2-3

After Effects CS6 继续包含在 Master Collection 和 Production Premium 中，单独购买的 After Effects CS6 会包含 Adobe Bridge CS6 和 Adobe Media Encoder CS6（见图 1-2-4）。

图 1-2-4

1.2.3 专业数字视频工作流程

专业的视频工作流程主要分为创建和发布两个部分。其中，创建部分又分为前期、中期和后期三个部分。After Effects CS6 中的软件为视频的创建的每个环节都提供了强大的工具（见图 1-2-5）。

在整个数字视频创作流程中，Premiere Pro 起到了枢纽的作用，可以将硬件终端输入的以及媒体素材使用软件生成的媒体素材进行整合剪辑，并通过 Adobe Dynamic Link，将 After Effects 的项目文件直接作为素材使用，从而省去了渲染的时间。最后借助其自身强大的输出功能和 Adobe Media Encoder 针对各种媒体介质进行输出。此外，还可以通过整合专业的 Encore，将影片制作成为专业级别的数字影像光盘（见图 1-2-6）。

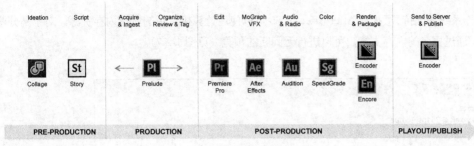

专业数字影视工作流程

图 1-2-5

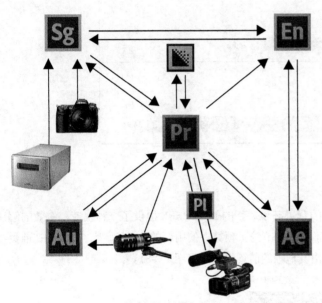

数字视频创作流程

图 1-2-6

1.2.4　After Effects CS5 的新增功能

After Effects 经历了多年的发展，其出色的表现为业界高度赞赏。After Effects CS5 的新增功能进一步增强了这种体验。

1. 原生 64 位程序

After Effects 最明显的进步就是成为完整的原生 64 位程序，这带来了诸多改进。例如，在进行高分辨率项目的时候，可以充分使用计算机内存，以大幅提升工作效率。

从最开始的标清发展到后来的高清，再到以 RED ONE 设备为代表拍摄的数字电影项目，需要支持 4K 级别的分辨率，对内存的需求也越来越高。After Effects CS5 支持的原生 64 位系统，可以处理更高分辨率的项目。

对 64 位操作系统的支持，意味着 After Effects CS5 可以使用计算机可用的所有内存资源。对于高分辨率、高质量的项目，通过更多的内存支持，可以进行无间断的预览（见图 1-2-7）。

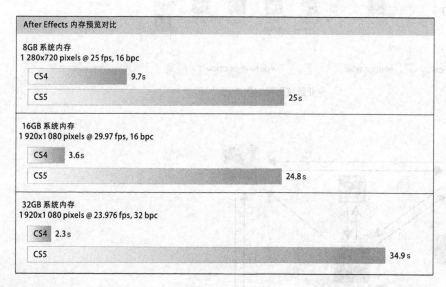

After Effects 内存预览对比

8GB 系统内存
1 280x720 pixels @ 25 fps, 16 bpc

CS4　9.7s

CS5　25s

16GB 系统内存
1 920x1 080 pixels @ 29.97 fps, 16 bpc

CS4　3.6s

CS5　24.8s

32GB 系统内存
1 920x1 080 pixels @ 23.976 fps, 32 bpc

CS4　2.3s

CS5　34.9s

图 1-2-7

2. Roto 画笔

很多镜头都需要分离前景，以替换所需的背景环境。新的 Roto Brush 提供了一种快速、有效的解决方案以分离复杂场景中的前景元素，大大提高了效率，节约了预算。使用新的 Roto 画笔，只需要在前景物体上绘制简单的笔画，After Effects 会自动计算出其他帧的前景物体（见图 1-2-8）。

图 1-2-8

3. After Effects CS5 中的新 Mocha

反映真实世界的项目通常都需要进行运动追踪，但一些例如元素出镜或包含运动模糊的镜头给追踪带来了很大的挑战。After Effects CS5 中的 Mocha 具有一个独立的平面追踪器，可以应对各种复杂追踪和稳定的任务。

另外一个常用的新功能是，在 Mocha 中创建的贝赛尔曲线或 X-spline 动画可以被转化为 After Effects 中的遮罩，可以进一步进行控制。运动模糊数据也包含在输出跟踪数据中，以创建和源素材相匹配的运动模糊（见图 1-2-9）。

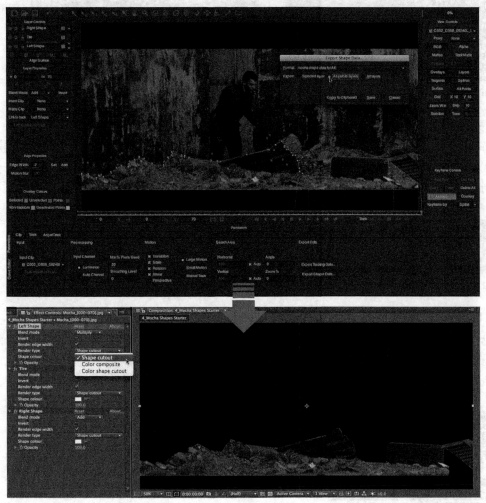

图 1-2-9

4. AVC-Intra 支持和拓展的 RED 摄像机支持

After Effects CS5 支持新的 AVC-Intra 50 和 AVC-Intra 100 编码（见图 1-2-10），并支持 RED 摄像机拍摄的素材（见图 1-2-11）。

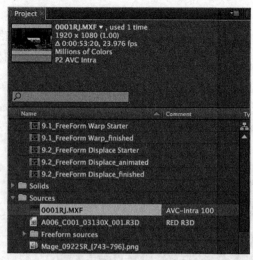
图 1-2-10

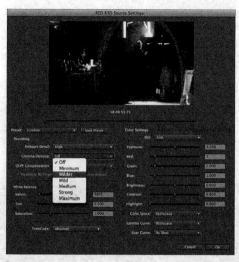
图 1-2-11

5. 自动关键帧模式

After Effects 具备强大而复杂的关键帧系统，然而，对于刚刚入手 After Effects 的用户，常常期望用一种自动的方式创建关键帧动画。After Effects 提供了自动关键帧模式，开启这个模式后，更改属性时会自动开启关键帧功能，并记录一个关键帧（见图 1-2-12）。

图 1-2-12

6. 颜色 Look-Up Table

After Effects CS5 在 3DL 和 CUBE 文件格式中添加了自定义颜色 Look-Up Table（LUT），可以载入到新的颜色 LUT 效果中。使用这种效果，可以进行一些特殊的色彩校正。例如，可以将影片快速调整为之前设置好的电影色彩效果（见图 1-2-13）。

图 1-2-13

7. Color Finesse 3 LE

After Effects CS5 包含了最强大的桌面级调色工具的升级版——Synthetic Aperture 的 Color Finesse 3 LE（见图 1-2-14）。最新的版本提供了更多的方法来完善图像的色彩。

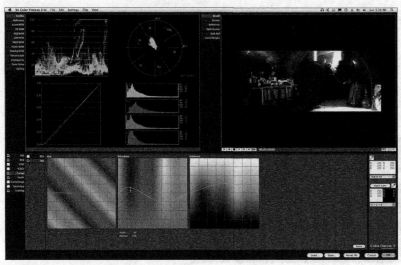

图 1-2-14

8. Digieffects FreeForm

Digieffects FreeForm 首次包含在 After Effects 中，并大幅增加了 3D 设计方案，在 After Effects 中可以实现更多的效果。例如，创建旗帜、漂浮的视频，以及挤压的层等，而这些都无须专用的 3D 软件。FreeForm 自动对 After Effects 中的 3D 摄像机和灯光作出反应，使其将效果所产生的结果简单融合到任一 3D 场景。这个强大的插件允许在 3D 空间弯曲或扭曲任一层，使用任一调整网点或另一层作为置换贴图（见图 1-2-15）。

图 1-2-15

除了上述新增功能外，After Effects CS5 还在原有的基础之上对很多功能进行了增强。如新增的 Refine Matte 效果，新增的层对齐选项，改进的支持 Photoshop 调节层，改进的色阶效果直方图显示，以及整合的 Adobe CS Live 在线服务等功能，提高了工作效率。

1.2.5 After Effects CS6 的新增功能

After Effects CS6 通过不断提升的工作体验，提供完整的创造性的同时提供无与伦比的性能，大大提高了生产力。

1. 全面提升性能的缓存

After Effects 一直致力于性能的提升，全面提升性能的缓存系统包括一组技术：全面的 RAM 缓存、持久性的磁盘缓存和新的图形卡加速通道。

通过这样的提升，对素材的渲染加速，可以在合成时，减少不断渲染的时间，使操作更加顺畅（见图 1-2-16）。

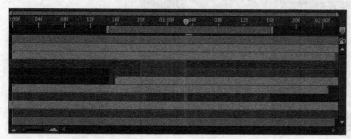

图 1-2-16

2. 3D 摄像机追踪器

新的 3D 摄像机追踪器（3D Camera Tracker）效果自动分析出 2D 素材中的动态，计算出真实场景中的摄像机所拍摄到的位置、方向和景深，并在 After Effects 中创建一个匹配的新的 3D 摄像机。与此同时，还在 2D 素材上面叠加了 3D 的追踪点，便于在原始素材上附加新的 3D 层（见图 1-2-17）。

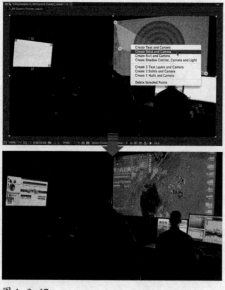

图 1-2-17

3. 完全射线追踪、挤压文本和图形

After Effects CS6 引入了一个新的射线追踪的 3D 渲染引擎，支持快速地进行完全射线追踪，在 3D 空间创建几何形状和文字层（见图 1-2-18）。

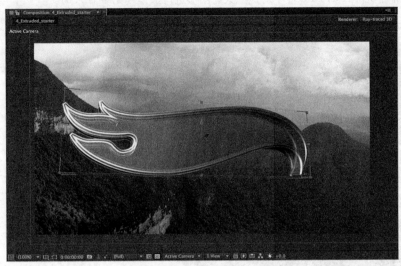

图 1-2-18

4. 可变的遮罩羽化

利用可变的遮罩羽化，可以精确地创建适当程度的边缘羽化，以创建出更加真实的合成效果（见图 1-2-19）。After Effects CS6 是首次包含新的遮罩羽化工具，可以根据画面的需要，为不同的遮罩上的点，设置不同的羽化值。

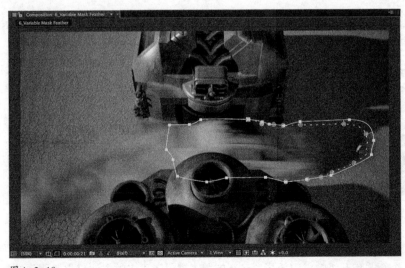

图 1-2-19

5. 与 Adobe Illustrator CS6 紧密集成

Adobe Illustrator 一直是创建复杂文本结构、图标和其他图形元素最流行的工具。After Effects CS6 包含了一个"Create Shapes From Vector Layer"命令，可以将任何 Illustrator 矢量图（AI 和 EPS 文件）转化为 After Effects 的图形层。这样就可以在 After Effects 中对这些矢量图形进行操作（见图 1-2-20）。

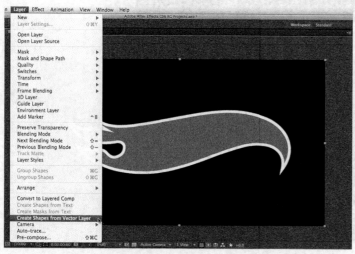

图 1-2-20

6. 滚动快门修复

带有 CMOS 传感器的数码相机，包括带有视频功能的单反相机被越来越多地用来拍摄电影、商业广告和电视节目。数码相机都有一个滚动的快门，是通过扫描线的方式捕捉视频的帧。由于不是在同一时刻记录所有的扫描线，滚动快门会导致扭曲，如倾斜建筑物等。

After Effects CS6 包含一个高级的滚动快门修复（Rolling Shutter Repair）效果，包含了两种不同的算法来修复有问题的画面（见图 1-2-21）。

图 1-2-21

7. 增强的效果

After Effects CS6 带有 80 个新的和升级的内置效果。最新的版本提供了更多的方法来完善图像的色彩。After Effects CS6 捆绑了最新的 CycoreFX HD，为创建特效提供了更多的选择（见图 1-2-22）。

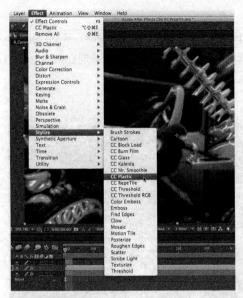

图 1-2-22

8. 专业导入 After Effects

专业导入 After Effects（Pro Import After Effects）是业界领先的专业工作流程，可以通过导入 AAF/OMF 文件与 Avid Media Composer，通过导入 XML 文件与 Apple Final Cut Pro 7 或更早版本进行整合（见图 1-2-23）。很多效果和参数在转换到 After Effects 中以后都能得到很好的保留。

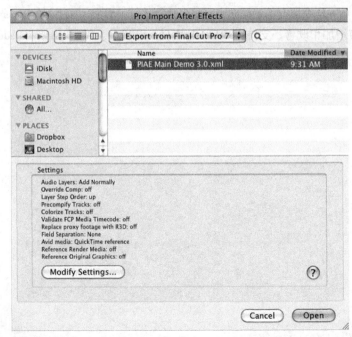

图 1-2-23

9. 改进的 mocha AE 流程

专业的运动追踪工具 mocha AE 继续包含在 After Effects 中，并与 3D 摄像机追踪器、Warp Stabilizer 和传统 2D 点追踪器整合成为一套运动追踪方案，以应对各种素材的情况。After Effects CS6 现在包含一个"Track In mocha AE"菜单命令，可以在 After Effects 中直接启动 mocha AE（见图 1-2-24）。

图 1-2-24

除了上述新增功能外，After Effects CS6 还在原有的基础之上对很多功能进行了增强。如增强的 OpenGL 渲染，提升的对象边框控制，脚本语言增加和改善，支持 ARRIRAW 素材，以及对于 Adobe SpeedGrade 文件的支持。

2

项目与合成

学习要点：

· 了解 After Effects 工作空间的设置
· 掌握基本动画创建流程
· 了解 After Effects 项目设置方法
· 了解 After Effects 合成设置方法

2.1 工作空间

　　Adobe 的视频和音频软件提供了统一的、可自由定义的工作空间，用户可以对各个调板自由地移动或结组（见图 2-1-1）。这种工作空间使数字视频的创作变得更为得心应手。

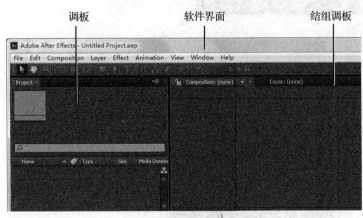

图 2-1-1

2.1.1 After Effects CS6 鸟瞰

　　启动 After Effects，进入软件界面默认的工作空间，其中显示在编辑工作中常用的各个调板（见图 2-1-2）。各调板以独立或结组的方式紧密相邻，使得界面风格相当紧凑。除了在软件界面的最上方选择菜单命令，还可以通过单击调板右上角的三角形按钮 ⊙，调出调板的弹出式菜单命令；用鼠标右键单击调板或其中的元素，也可以调出与元素或当前编辑工具相关的菜单命令。

图 2-1-2

1. 工具箱（Toolbar）

工具箱集合了 After Effects 中所有的编辑工具，在编辑影片的时候要注意选择合适的工具进行操作。这些工具的功能特性在后续的章节中会进行详细的介绍（见图 2-1-3）。

图 2-1-3

2. 项目（Project）调板

项目调板是 After Effects 中存放素材和合成（Composition）的调板（见图 2-1-4）。在这里可以方便地查看导入的素材信息，并可对合成与素材进行组织管理工作。

3. 特效控制（Effect Controls）调板

After Effects 允许对层直接添加特效。特效控制调板是 After Effects 中修改特效参数的调板（见图 2-1-5）。

图 2-1-4

图 2-1-5

4. 时间线（Timeline）调板

合成影片和设置动画的调板是动画创作的主功能界面。在 After Effects 中，动画设置基本都是在时间线调板中完成的，其主要功能就是可以拖拽时间指示标预览动画，同时可以对动画进行设置和编辑操作（见图 2-1-6）。

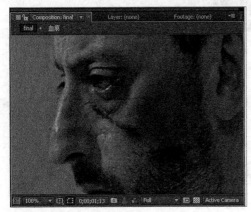

图 2-1-6

5. 合成（Composition）调板

双击项目调板中的合成可以打开合成调板，合成调板显示的是当前合成的影片，是动画创作的主调板，它和时间线调板的关系非常密切。影片基本是在时间线调板中制作的，并在合成调板中显示出来。也就是说，合成调板显示的是在时间线调板上创作的影片（见图 2-1-7）。

图 2-1-7

6. 信息（Info）调板

信息调板可以显示当前鼠标指针所在位置的色彩及位置信息，并可以设置多种显示方式（见图 2-1-8）。

7. 音频（Audio）调板

音频调板可以显示当前预览的音频的音量信息，并可检测音量是否超标（见图 2-1-9）。

8. 预览（Preview）调板

预览调板是用来控制影片播放的调板，并可以设置多种预览方式，可以提供高质量或高速度的渲染（见图 2-1-10）。

9. 特效与预置（Effects & Presets）调板

该调板中罗列了 After Effects 的特效与设计师们为 Adobe 设计制作的特效效果，并可以直接调用。同时该调板提供了方便的搜索特效功能，可以快捷地查找特效。在 CS6 版本中很多特效的预设在特效控制调板中无法载入，必须在特效与预置调板中才能找到它（见图 2-1-11）。

图 2-1-8

图 2-1-9

图 2-1-10

图 2-1-11

10. 字符（Character）调板

字符调板是 After Effects 中设置文字基本属性的调板，可以修改诸如文字的字体、字号、字距、行距、填充、描边等（见图 2-1-12）。

11. 段落（Paragraph）调板

段落调板是设置文本段落属性的调板，可以修改诸如对齐方式、缩进等（见图 2-1-13）。

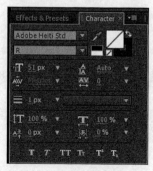

图 2-1-12

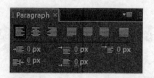

图 2-1-13

以上的 11 个调板是 After Effects 的标准（Standard）工作区在默认情况下开启的所有调板。还有很多

After Effects 的调板没有显示在主界面中，用户可以在调板（Window）菜单下找到这些调板并将其一一开启或关闭。图 2-1-14 所示为 After Effects 打开所有调板的工作界面。

图 2-1-14

2.1.2 自定义工作空间

After Effects 的工作空间采用"可拖放区域管理模式"，通过拖放调板的操作，可以自由定义工作空间的布局，方便管理，使工作空间的结构更加紧凑，节约空间资源。此外，还可以通过调节界面亮度和自定义快捷键等方式，创建适合自己实际工作情况的工作空间。

1. 调板的定位与结组

鼠标指针指向调板的标签，将一个调板拖放至另一个调板或调板组上方时，另一个调板会显示出 6 部分区域，其中包括环绕调板四周的 4 个区域、中心区域以及标签区域。鼠标指针指向某个区域时，此区域高亮显示为目标区域。

拖放至四周的某个区域时（见图 2-1-15），调板会被放置在另一个调板或调板组相应方向的区域中，并且平分占据原调板或调板组区域的位置（见图 2-1-16）。

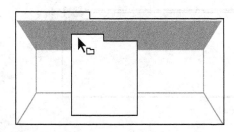

图 2-1-15

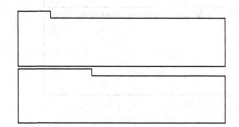

图 2-1-16

　　拖放至中心或标签区域时（见图 2-1-17），调板会与另一个调板或调板组结组，这对原调板区域的位置并无影响（见图 2-1-18）。

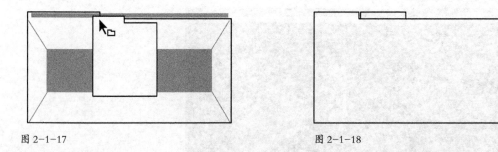

图 2-1-17　　　　　　　　　　　　　　　　　　　　　图 2-1-18

　　当鼠标指针指向调板间的空隙时，会出现双箭头标记 ◆▮▶（见图 2-1-19），此时拖动鼠标可以定义调板的尺寸（见图 2-1-20）。

　　拖曳调板标签的左上角到目标区域，可以移动单独的调板（见图 2-1-21）。拖曳调板组标签的右上角到目标区域，可以移动整个调板组（见图 2-1-22）。

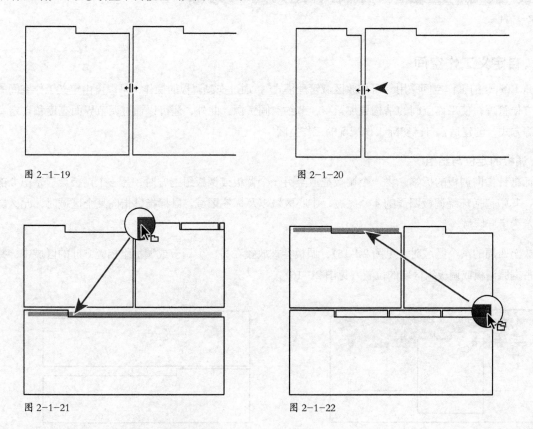

图 2-1-19　　　　　　　　　　　　　　　　　　　　　图 2-1-20

图 2-1-21　　　　　　　　　　　　　　　　　　　　　图 2-1-22

2. 调板的打开、关闭与调板卷轴

　　在 Window 菜单下可以选择打开任一调板。按住"Ctrl"键，拖动调板，可以将此调板变为浮动调板；

直接将调板拖动到软件调板之外或标题栏上，也可以将此调板变为浮动调板，从而可以自由定义其相对位置，有些类似于 After Effects 之前的版本。单击调板或调板上方的"关闭"按钮，可以将其关闭。按"~"键，可以将选中的调板以最大化显示。

利用每个调板的弹出式菜单命令，也可以实现浮动、关闭或最大化调板的功能（见图 2-1-23）。

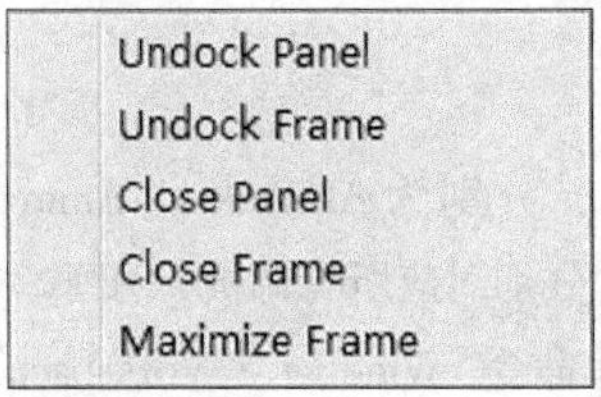

Undock Panel
Undock Frame
Close Panel
Close Frame
Maximize Frame

图 2-1-23

其中各命令的含义如下。

· Undock Panel：将调板变为浮动调板。

· Undock Frame：将调板组变为浮动调板组。

· Close Panel：关闭调板。

· Close Frame：关闭调板组。

· Maximize Frame：最大化调板或调板组。

如果调板组空间过于狭窄而不能显示所有调板标签，可以通过拖曳调板卷轴的方式进行调整（见图 2-1-24）。

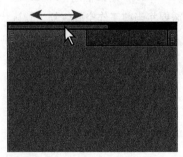

图 2-1-24

3. 调节界面的明暗

After Effects 允许用户根据自己的工作需要调节界面的明暗。

使用菜单命令"Edit > Preferences > Appearance"，调出首选项（Preferences）对话框，在其外观（Appearance）部分的亮度（Brightness）栏中，通过拖动滑杆，可以调节界面的明暗（见图 2-1-25）。向左拖动，界面变暗；反之则变亮。

图 2-1-25

2.1.3 预置工作空间与管理工作空间

为了适应不同工作阶段的需求，After Effects 预置了 9 种工作空间，分别为 All Panels、Animation、Effects、Minimal、Motion Tracking、Paint、Standard、Text 和 Undocked Panels，分别对应所有调板、动画、特效、最精简界面、追踪、绘画、标准界面、文本和非锁定调板几个工作界面。在菜单命令"Window > Workspace"下，可以选择预置的工作空间（见图 2-1-26）。

图 2-1-26

此外，还可以将自定义的工作空间保存起来，随时调用。使用菜单命令"Window > Workspace > New Workspace"，在弹出的新建工作空间（New Workspace）对话框中输入工作空间的名称，单击"OK"按钮，定义好的工作空间名称会出现在菜单命令"Window > Workspace"的子菜单中。使用菜单命令"Window > Workspace > Delete Workspace"，可以在弹出的删除工作空间（Delete Workspace）对话框的"Name"下拉列表中选择欲删除的自定义工作空间，单击"OK"按钮，将其删除。如果需要将当前工作空间恢复为默认状态，可使用菜单命令"Reset'当前空间名称'"（见图 2-1-27）。

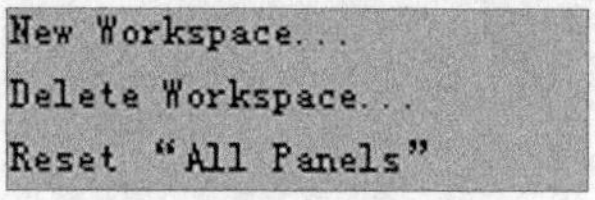

New Workspace...
Delete Workspace...
Reset "All Panels"

图 2-1-27

2.2 基本工作流程

无论用户使用 After Effects 创建特效合成还是关键帧动画，甚至仅仅使用 After Effects 制作简单的文字效果，这些操作都遵循相同的工作流程。当然，用户有权利在整个工作流程中根据需要重复或省略掉某些步骤。

例如，用户可能会反复修改层属性和动画效果，直到感觉所有的地方都达到了最佳视觉效果。用户也可以忽略掉诸如"导入素材"这样的步骤，而直接在 After Effects 中创建图形元素。

下面介绍创作影片的标准工作流程，这个工作流程同样适用于其他特效合成软件，甚至用户使用 Photoshop 也可以从中有所收获。

2.2.1　基本流程详解

1．导入和组织素材

当用户创建一个项目时，需要将素材导入到项目调板中，After Effects 会自动识别常见的媒体格式，但是用户需要自己定义素材的一些属性，诸如像素比、帧速率等。用户可以在项目调板中查看每一种素材的信息，并设置素材的入出点以匹配合成。

2．在合成调板中创建或组织层

用户可以创建一个或多个合成。任何导入的素材都可以作为层的源素材导入到合成中。用户可以在合成调板中排列和对齐这些层，或在时间线调板中组织它们的时间排序或设置动画。用户还可以设置层是二维层还是三维层，以及是否需要真实的三维空间感。用户可以使用遮罩、混合模式及各种抠像工具来进行多层的合成。用户甚至可以使用形状层与文本层，或绘画工具创建用户需要的视觉元素，最终完成用户需要的合成或视觉效果。

3．修改层属性与设置关键帧动画

用户可以修改层的属性，比如大小、位移、透明度等。利用关键帧或表达式，用户可以在任何时间修改层的属性来完成动画效果。用户甚至可以通过追踪或稳定面板让一个元素去跟随另一个元素运动，或让一个晃动的画面静止下来。

4．添加特效与修改特效属性

用户可以为一个层添加一个或多个特效，通过这些特效创建视觉效果和音频效果。用户甚至可以通过简单的拖曳来创建美妙的视觉元素。用户可以在 After Effects 中应用数以百计的预置特效、预置动画与图层样式，还可以选择调整好的特效并将其保存为预设值。用户可以为特效的参数设置关键帧动画，从而创建更丰富的视觉效果。

5．预览动画

在用户的计算机显示器或外接显示器上预览合成效果是非常快速和高效的。即使是非常复杂的项目，用户依然可以使用 OpenGL 技术加快渲染速度。用户可以通过修改渲染的帧速率或分辨率来改变渲染速度，也可以通过限制渲染区域或渲染时间来达到类似的改变渲染速度的效果。用户可以通过色彩管理预览影片在不同设备上的显示效果。

6．渲染与输出

用户可以定义影片的合成并通过渲染队列将其输出。不同的设备需要不同的合成，用户可以建立标准的电视或电影格式的合成，也可以自定义合成，最终通过 After Effects 强大的输出模块将其输出为用户需要的影片编码格式。After Effects 提供了多种输出设置，并支持渲染队列与联机渲染。

2.2.2　基本的工作流程

如果用户已经尝试着开启 After Effects，但是还没有进行任何一项操作，那么下面的练习将会非常适合操作。在完成最终影片的渲染后，用户可以将影片作为素材再次导入到 After Effects 中进行预览和编辑。

可以使用鼠标或菜单命令来操作 After Effects，也可以使用快捷键。无论使用哪一种方法，都可以实现相同的效果。用户会在以后的工作中发现，在编辑过程中穿插一些快捷键的操作会让工作更快速、更高效。

1.　导入素材

使用菜单命令"File > Import > Footage"或快捷键"Ctrl+I"，可以将素材导入（见图 2-2-1）。

图 2-2-1

2.　创建新合成

使用菜单命令"Composition > New Composition"或快捷键"Ctrl+N"，会弹出合成设置（Composition Settings）对话框（见图 2-2-2）。

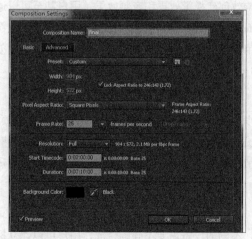

图 2-2-2

3.　修改合成时间

在"Composition Settings"对话框中找到 Duration 参数，将其修改为"0：00：05：00"（5 s），设置完毕后，

单击"OK"按钮确定修改（见图 2-2-3）。

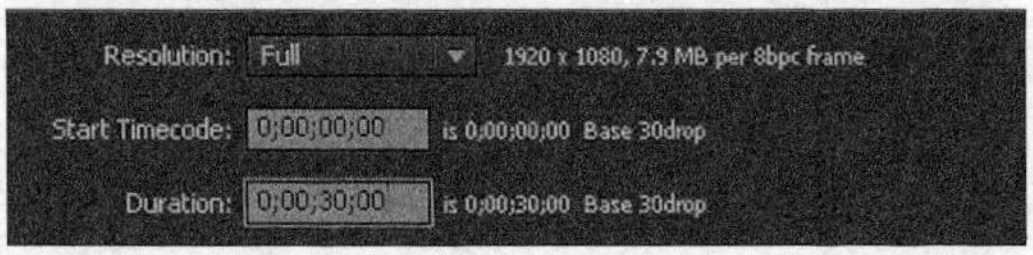

图 2-2-3

4. 创建一个文本层

使用菜单命令" Layer > New > Text"或快捷键"Ctrl+Alt+Shift+T"，这时输入光标处于激活状态（见图 2-2-4）。

图 2-2-4

5. 键入文字

键入用户需要的文字，比如"AFTER EFFECTS"，键入完毕后，按快捷键"Ctrl+Enter"退出文字编辑模式（见图 2-2-5）。

图 2-2-5

6. 激活选择工具

单击工具栏上的选择工具按钮或按"V"键可以激活选择工具（见图 2-2-6）。

图 2-2-6

7. 设置文字初始位置

使用选择工具，将建立的文本层拖曳到合成的左下角位置（见图 2-2-7）。

图 2-2-7

8. 设置动画开始的时间位置

将时间线调板上的时间指示标拖曳到合成第一帧的位置，或按"Home"键（见图 2-2-8）。

图 2-2-8

9. 设置初始关键帧

在时间线调板上展开文本层左边的小三角，找到 Transform 属性组，再单击 Transform 属性组左边的小三角将其展开，这时可以看到层的 5 大基本属性（见图 2-2-9）。

图 2-2-9

单击 Position 属性左边的码表，设置 Position 的初始关键帧，还可以使用快捷键"Alt+Shift+P"添加一个关键帧（见图 2-2-10）。

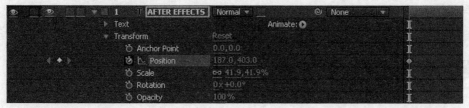

图 2-2-10

10. 设置动画结束的时间位置

将时间指示标拖曳到合成的最后一帧或按"End"键（见图 2-2-11）。

图 2-2-11

11. 设置结束关键帧

使用选择工具，将文本拖曳到合成的右上角位置，这时会在当前时间添加一个新的 Position 关键帧，动画会在这两个关键帧之间自动差值产生（见图 2-2-12）。

图 2-2-12

按空格键可以播放预览动画，可以看到合成调板中已经产生位移动画效果（见图 2-2-13）。

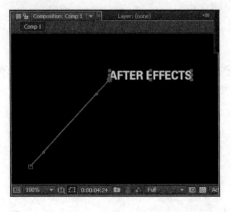

图 2-2-13

12. 导入背景

将背景层拖曳到时间线调板中，并放置到文本层的下面（见图 2-2-14）。

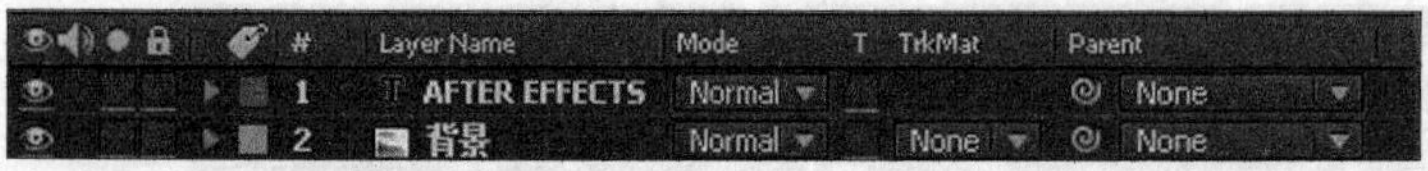

图 2-2-14

这样动画就制作完成了，在合成调板中可以看到最终的动画效果（见图 2-2-15）。

图 2-2-15

13. 预览动画

可以单击预览（Preview）调板中的播放按钮▶对影片进行播放预览，再次单击该按钮可以停止播放，按空格键也可以得到相同的效果（见图 2-2-16）。

图 2-2-16

14. 应用发光特效

用选择工具选中文本层，使用菜单命令"Effect > Stylize > Glow"，或在 Effects & Presets 调板的搜索框中键入"Glow"也可以搜索到 Glow 特效。双击这个特效的名称可以将特效添加到选择的层上，可以看到文字产生了发光的效果（见图 2-2-17）。

图 2-2-17

15. 将制作完成的合成添加到渲染队列

使用菜单命令"Composition > Add To Render Queue"或快捷键"Ctrl+M",将合成添加到渲染队列调板(见图 2-2-18)。

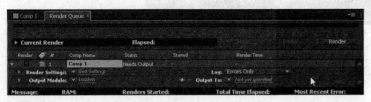

图 2-2-18

16. 设置影片的输出位置

在渲染队列调板中,单击 Output To 参数右边带有下划线的文字,在弹出的对话框中为输出文件设置一个名称,并指定输出位置,然后单击"保存"按钮将文件保存(见图 2-2-19)。

图 2-2-19

17. 输出影片

单击"Render"按钮,开始进行渲染,渲染队列调板会显示正在渲染或等待渲染的项目(见图 2-2-20)。当渲染完成后,After Effects 会发出声响提醒用户渲染完成。

图 2-2-20

至此，就成功创建、渲染和输出了一个影片。

2.3　项目详解

2.3.1　项目概述

After Effects 的一个项目（Project）是存储在硬盘上的单独文件（见图 2-3-1 和图 2-3-2），其中存储了合成、素材以及所有的动画信息。一个项目可以包含多个素材和多个合成，合成中的许多层是通过导入的素材创建的，还有些是在 After Effects 中直接创建的图形图像文件。

图 2-3-1　　　　图 2-3-2

项目文件以 .aep 或 .aepx 作为后缀，以 .aep 作为后缀的项目文件是一种二进制项目文件（File name extension is a binary project file）；以 .aepx 作为后缀的项目文件是一种基于文本的 XML 项目文件。当前项目的名称会显示在 After Effects 操作界面的左上角。

2.3.2　创建与打开新项目

首先有一个问题需要明确，也就是同一时间只能在 After Effects 中打开一个项目。如果用户需要打开另外一个项目，After Effects 会自动提示是否要保存当前项目的修改，在用户确定后，After Effects 才会将项目关闭。如果用户创建了一个新项目，可以在这个项目中导入素材。

要创建一个项目，使用菜单命令 "File > New > New Project"。

要打开一个项目，使用菜单命令 "File > Open Project"，在弹出的对话框中选择一个项目，并将其打开。

2.3.3　项目模板与项目示例

项目模板文件是一个存储在硬盘上的单独文件，以 .aet 作为文件后缀。用户可以调用许多 After Effects

预置模板项目，例如 DVD 菜单模板。这些模板项目可以作为用户制作项目的基础，用户可以在这些模板的基础上添加自己的设计元素。当然，用户也可以为当前的项目创建一个新模板。

当用户打开一个模板项目时，After Effects 会创建一个新的基于用户选择模板的未命名的项目。用户编辑完毕后，保存这个项目并不会影响到 After Effects 的模板项目。

当用户开启一个 After Effects 的模板项目时，如果用户想要了解这个模板文件是如何创建的，这里介绍一个非常好的方法。

打开一个合成，并将其时间线激活，使用快捷键"Ctrl+A"将所有的层选中，然后按"U"键可以展开层中所有设置了关键帧的参数或所有修改过的参数。动画参数或修改过的参数可以向用户展示模板设计师究竟做了什么样的工作。

如果有些模板中的层被锁定了，用户可能无法对其进行展开参数或修改操作，这时用户需要单击层左边的锁定按钮将其解锁。

2.3.4　保存与备份项目

如果需要保存项目，使用菜单命令"File > Save"。

如果需要将项目保存为一个以自动顺序命名的副本，使用菜单命令"File > Increment And Save"，或快捷键"Ctrl+Alt+Shift+S"。如果以 Increment And Save 方式保存项目，当前项目的一个副本会保存在当前项目所在的文件夹中，并以原始项目名称之后的数值来命名。如果原始项目已经是数值的最末尾数字，那么项目副本的名称会标记为 1。

如果希望将项目副本存储于不同的位置并自主命名，使用菜单命令"File > Save As"。如果以 Save As 方式存储项目，在 After Effects 中开启的项目会转为另存的项目，项目中的所有源文件都没有发生任何改变。

如果希望将项目作为 XML 项目的副本，使用菜单命令"File > Save A Copy As XML"。

如果希望将项目副本存储于不同的位置并自主命名，使用菜单命令"File > Save A Copy"。 以 Save A Copy 方式存储项目，在 After Effects 中开启的项目还是原始开启的项目，项目中的所有源文件都没有发生任何改变。

如果希望 After Effects 可以在编辑的过程中自动保存多个项目副本，使用菜单命令"Edit > Preferences > Auto-Save"，选中"Automatically Save Projects"参数（见图 2-3-3）。

图 2-3-3

如果开启了"Automatically Save Projects"，After Effects 项目所在的文件夹会多出一个名为"AutoSave"的文件夹，自动保存的项目文件就在这个文件夹中。自动保存的文件名基于原始的项目名称，After Effects 会添加"Auto Save N（N 代表保存的第几个项目版本）"。每间隔多长时间保存项目或最多可以保留几个项目都可以在 Preferences 模块中设置。当保存的项目超过设置的最多项目数量时，After Effects 新保存的项目会自动将前面建立的项目替换。

2.3.5　项目时间显示

1. 时间显示方式

After Effects 中很多的元素都牵扯到时间单位显示问题，比如层的入出点、素材或合成时间等。这些时间单位的表示方式可在项目设置中进行设定。

默认情况下，After Effects 以电视中使用的 Timecode（时码）方式显示，一个典型的时码表示为"00：00：00：00"，分别代表时、分、秒、帧。用户可以将显示系统设置为其他的系统，比如帧或 Feet+Frame 这种 6 mm 或 35 mm 胶片使用的表示方式。视频编辑工作站经常使用 SMPTE（Society of Motion Picture and Television Engineers）时码作为标准时间表示方式。如果用户为电视创作影像，大部分情况下使用默认的时码显示方式就可以了。

用户有时可能需要选择"Feet+Frame"方式显示时间，例如需要将编辑的影片输出到胶片上；如果用户需要继续在诸如 Flash 这样以帧为单位的动画软件中编辑项目，那么可能需要设置当前项目以帧为单位显示。

💡 改变时间显示方式并不会影响最终影片在输出时的帧速率，只会改变在 After Effects 中的时间显示单位。

2. 修改方法

按住"Ctrl"键，单击当前合成的时间线左上角的时间显示，可以在时码、帧、Feet+Frame 之间循环切换。

使用菜单命令"File > Project Settings"，在弹出的对话框中选择需要的时间显示方式即可（见图 2-3-4）。

图 2-3-4

2.4　合成详解

2.4.1　认识合成

合成是影片创作中非常关键的概念。一个典型的合成包含多个层，这些层可以是视频，也可以是音频素材项，还可以包含动画文本或图像，以及静帧图片或光效。那么素材与层究竟是什么关系呢？用户可以添加素材到一个合成中，这个素材就称之为"层"。在合成中用户可以对层的状态或空间关系进行操作，或者对层出现的时间进行设置。从一个空合成开始，设计师一层一层地组织层关系，上层会遮挡住下层，最终完成整个影片。图 2-4-1（a）所示为在 Project 调板中的合成，图 2-4-1（b）所示为在 Composition 调板中预览到的合成效果，图 2-4-1（c）所示为当前合成中所有的层在时间线调板上的遮挡关系。

（a）

（b）

（c）

图 2-4-1

当合成创建完毕后，用户可以将该合成通过 After Effects 的输出模块进行输出操作，并可以选择任意需要的格式。

一个简单的项目可能只包含一个合成，而一个复杂的项目可能会包含数以百计的合成，这时用户需要组织大量的素材和完成庞大的特效编辑操作。

在 After Effects 界面的某些位置，合成经常以其缩写 Comp 来代替，但是同样指的是 Composition（合成）。

合成和素材一起排列在项目调板中，用户可以双击预览一个素材，也可以双击开启一个合成，开启的合成拥有自己的时间线和层。

2.4.2　创建新合成

After Effects 开启后会自动建立一个项目，在任何时候用户都可以建立一个新合成。在建立合成之前，用户需要了解画幅大小、像素比、帧速率等重要概念，否则会影响用户最终的输出结果。当然，用户也可以在最终输出的时候通过渲染设置来改变这些参数。

当用户创建了一个合成并修改了默认合成的参数之后，还可以随时再建立新合成。

1. 创建与手动设置一个合成

使用菜单命令"Composition > New Composition"，或快捷键"Ctrl+N"。

2. 由一个文件创建新合成

将项目调板中的素材拖曳到项目调板底部的"创建新合成"按钮上，可以根据这个素材的时间长度、大小、像素比等参数建立一个新合成。

也可以选择项目调板中的某个素材，使用菜单命令"File > New Comp From Selection"。

3. 由多个文件创建新合成

（1）在项目调板中选择素材。

（2）将选择的素材拖拽到项目调板底部的"创建新合成"按钮上或使用菜单命令"File > New Comp From Selection"，这时会弹出一个对话框（见图 2-4-2）。

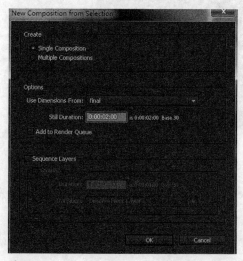

图 2-4-2

（3）选中"Single Composition"，可以确保建立一个合成。"New Composition from Selection"对话框中的其他参数如下。

· Use Dimensions From：由何素材创建。选择以哪一个素材的像素比、大小等参数建立合成。

· Still Duration：静帧持续时间。图片素材在合成中的持续时间长度。

· Add to Render Queue：添加到渲染队列。添加新合成到渲染队列。

· Sequence Layers、Overlap、Duration、Transition：层排序、层叠加、长度设置、转场设置。将层在时间线上进行排序，并可以对它们的首尾设置交叠时间与转场效果。

4. 通过复制创建新合成

（1）在项目调板中选择需要复制的合成。

（2）使用菜单命令"Edit > Duplicate"或快捷键"Ctrl+D"。

5. 合成参数设置

无论用以上任何一种方法建立合成，或后面章节中提到的合成修改，修改合成的参数都在"Composition Settings"对话框中（见图 2-4-3）。

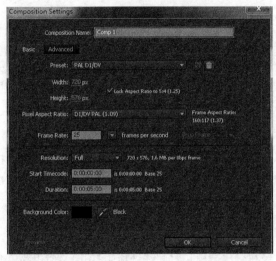

图 2-4-3

· Preset：系统提供了很多标准的电影、电视或网络视频的尺寸，用户可以根据自己的需要选择视频标准。中国电视使用 PAL 制，如果需要为中国电视制作影片，选择"PAL D1/DV"。用户可以单击 按钮将自定义的合成规格保存，或者单击 按钮将不使用的合成规格删除。

· Width/Height：合成的水平像素数量与垂直像素数量。这个像素数量决定了影片的精度，数量越多，影片越精细。如果勾选"Lock Aspect Ratio"，可以将宽高比例锁定。PAL 制标准文件大小为水平 720 像素、垂直 576 像素。

· Pixel Aspect Ratio：像素比。这个参数可以影响影片的画幅大小。视频与平面图片不一样，尤其是电视规格的视频，基本没有正方形的像素，所以导致画面的大小与比例不能按照水平或垂直的像素数量计算。比如 4：3 画面比例的 PAL 制是 720 像素 ×576 像素，像素比为 1.09，而 PAL 制 16：9 宽屏的像素数量也是 720 像素 ×576 像素，但是像素比为 1.422。

由于显示器的像素比都是 1.0，所以在预览影片的时候可能会产生变形。在 Composition 调板的底部有一个像素比矫正按钮 ▦，启用该按钮可以模拟当前合成在其适合设备上播放的正常显示状态。

· Frame Rate：帧速。视频是由静帧图片快速切换而产生的运动假象，这利用了人眼的视觉暂留特性。每秒切换的帧数越多，画面越流畅。不同的视频帧数都有其特定的规格，PAL 制为 25 帧 /s。在设置的时候帧数要在 12 以上，才能保证影片基本流畅。

· Resolution：设置合成的显示精度。Full，最高质量；Half，一半质量；Third，1/3 质量；Quarter，1/4 质量。质量越高，画质越好，渲染速度越慢。

· Start Timecode：开始时间码，一般设置为默认的即可，即影片从 0 帧开始计算时间，这样比较符合一般的编辑习惯。

· Duration：设定合成持续时间。

2.4.3 合成设置

用户可以在合成设置对话框中对合成进行手动设置，也可以选择一个自动建立的合成，并根据需要对这个合成的大小、像素比、帧速率等进行单独调整。用户还可以将经常使用的合成类型保存起来作为预设，方便以后调用。

 ♀ 一个合成最长时间不能超过 3 小时，用户可以在合成中使用超过 3 小时的素材，但是超过 3 小时的部分将不被显示在合成中。After Effects 最大可以建立 30 000 像素 ×30 000 像素的合成，而一个无损的 30 000 像素 ×30 000 像素的 8 位图像大约有 3.5 GB 的大小，因此，用户最终建立的合成的大小往往取决于用户的操作系统或可用内存。

如果需要对打开的合成进行修改，可执行以下操作。

· 在项目调板中选择一个合成（或这个合成已经在合成调板和时间线调板中打开），使用菜单命令 "Composition > Composition Settings"，或使用快捷键 "Ctrl+K"。

· 用鼠标右键单击 Project 调板中的合成，在弹出式菜单中选择 "Composition Settings"。

· 如果希望保存自定义的合成设置，比如修改的宽度、高度、像素比、帧速率等信息，可以在打开的 "Composition Settings" 对话框中单击 "新建" 按钮，将自定义的合成保存。

· 如果希望删除一个合成预设，可打开 "Composition Settings" 对话框，选择用户希望删除的合成预设，按 "Delete" 键。

· 如果需要使整个合成与层统一缩放，使用菜单命令 " File > Scripts > Scale Composition.jsx" 脚本文件。

2.4.4 合成预览

1. 缩放合成

· 激活合成调板，选择缩放工具，在合成调板上单击可以放大合成；按住 "Alt" 键的同时单击可以缩小合成。

· 使用快捷键"Ctrl++"可以放大合成；使用快捷键"Ctrl+-"可以缩小合成。

· 用鼠标滚轮也可以放大或缩小合成。

💡合成的显示大小会发生改变，但合成的实际大小不会发生改变。

2. 移动观察合成

按空格键或激活工具箱上的抓手工具 🖐 ，在 Composition 调板中拖拽可以移动观察合成。

3. 兴趣框（Region of Interest）

兴趣框是合成、层或素材的渲染区域，创建一个小的兴趣框可以让渲染更快速和高效，同时会占用更少的内存和 CPU 资源，还可以增加渲染的总时间。更改兴趣框并不影响最终输出，用户更改的仅仅是渲染区域，而没有对合成进行任何的改动（见图 2-4-4）。

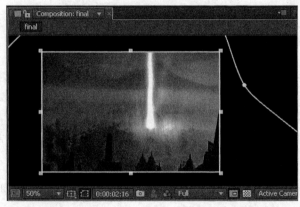

图 2-4-4

💡当兴趣框被选中时，信息（Info）调板会显示出兴趣框的顶（T）、左（L）、底（B）和右（R）4 个角点在合成中的位置数据。

· 单击合成调板底部的"Region of Interest"按钮▢可以绘制兴趣框，在层（Layer）与素材（Footage）调板的底部也有相同的按钮。

· 如果需要重新绘制兴趣框，在按住"Alt"键的同时单击"Region of Interest"按钮即可。

· 如果需要在兴趣框显示与合成显示之间进行切换，单击"Region of Interest"按钮▢即可。

· 如果需要修改兴趣框大小，拖曳兴趣框边缘即可。按住"Shift"键的同时拖曳兴趣框角点，可以等比缩放兴趣框。

4. 设置合成的背景色（Set Composition Background Color）

默认情况下，After Effects 会以黑色来表示合成的透明背景，但是用户可以对它进行修改。使用菜单命令"Composition > Background Color"，在弹出的对话框中单击拾色器可以选择用户需要的颜色。

💡 当用户将一个合成嵌套到另一个合成中的时候，这个合成的背景色会自动变为透明方式显示。如果需要保持当前合成的背景色，可以在当前合成的底部建立一个与合成背景色相同颜色的固态层。

5. 合成缩略图显示

用户可以选择合成中的任何一帧作为合成在项目（Project）调板中的缩略图（Poster Frame）。默认情况下，缩略图显示的是合成的第一帧，如果第一帧透明则会以黑色显示（见图 2-4-5）。

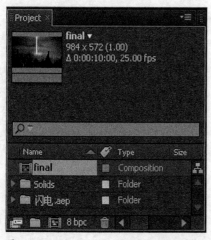

图 2-4-5

· 如果需要对缩略图进行设置，首先双击打开当前合成的时间线调板，并移动时间指示标到用户需要设置的图像，然后使用菜单命令"Composition > Set Poster Time"。

· 如果需要添加透明网格到缩略图，可以展开项目调板右上角的弹出式菜单，并使用菜单命令"Thumbnail Transparency Grid"。

· 如果需要在项目调板中隐藏略缩图，可使用菜单命令"Edit > Preferences > Display"，然后选择"Disable Thumbnails In Project Pane"。

2.4.5 合成嵌套

一个复杂的项目文件中往往有很多合成（见图 2-4-6），最终输出的时候一般只有一个合成，也就是最终合成需要输出。这些合成之间有怎样的关系？它们是如何协调工作的呢？

当用户需要组织一个复杂的项目时，会发现通过"嵌套"的方式来组织合成是非常方便和高效的。嵌套就是将一个或多个合成作为素材放置到另外一个合成中。

用户也可以将一个或多个层选中，通过预合成菜单命令创建一个由这些层组成的合成。如果用户已经编辑完成了某些层，可以对这些层进行预合成（Pre-compose）操作，并对这个合成进行预渲染（Pre-composition），然后将该合成替换为渲染后的文件，以节省渲染时间，提高编辑效率。

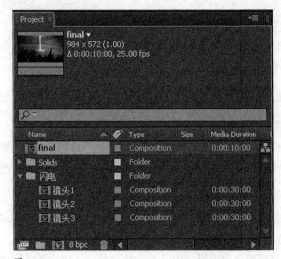

图 2-4-6

预合成后，层会包含在一个新的合成中，这个合成会作为一个层存在于原始合成中（见图 2-4-7、图 2-4-8）。

图 2-4-7

图 2-4-8

预合成和嵌套在组织复杂项目的时候是非常高效的，在对层进行预合成与嵌套后，用户可以进行以下操作。

1. 对合成进行整体的编辑操作

· 用户可以创建一个包含多个层的合成，并将其嵌套到一个总合成中，然后对这个嵌套到总合成中的合成进行特效和关键帧的操作，这样这个合成中的所有层就可以进行统一的操作。

· 用户可以创建一个包含多个层的合成，并将其拖曳到另外一个总合成中，然后可以对这个包含多层的合成根据需要进行多次复制操作。

· 如果用户对一个合成进行修改操作，那么所有嵌套了这个合成的合成都会受到这个修改的影响。就像改变了源素材，所有使用这个素材的合成都会发生改变一样。

· After Effects 的层级有渲染顺序的区别。对于一个单独的层而言，默认情况下先渲染特效，然后再渲染层的变换属性。如果用户需要在渲染特效之前先渲染变换属性（例如旋转属性），可以先设置好层的旋转属性，然后对其进行预合成操作，再对这个生成的合成添加特效即可。

· 合成中的层拥有自身的变换属性，这是层自有的属性，例如 Rotation（旋转）、Position（位移）等。如果用户需要对层添加一个新的变换节点，可以采用合成嵌套来完成。

· 举例来说，用户对一个层进行变换操作后，如果需要对其进行新的变换操作，可以对变换后的层进行 Pre-compose（预合成）操作，然后对产生的合成进行新的变换操作。

· 由于执行 Pre-compose（预合成）后的合成也作为一个层显示在原合成中，用户可以控制是否使用时间线调板上的层开关去控制这个合成。使用菜单命令"Edit > Preferences > General"，然后选择是否激活"Switches Affect Nested Comp"。

· 在"Composition Settings"对话框的"Advanced"选项卡中，选中"Preserve Resolution When Nested"或"Preserve Frame Rate When Nested"，可以在合成嵌套的时候保持原合成的分辨率和帧速不发生改变。例如，如果需要使用一个比较低的帧速创建一个抽帧动画，用户可以通过对一个合成设置一个比较低的帧速，然后将其嵌套到一个比较高的帧速的合成中来完成这种效果的制作。当然，也可以通过 Posterize Time 特效来完成这种效果。

2. 创建预合成

选择时间线上需要合成的多个层（按住"Shift"键可以多选），使用菜单命令"Layer > Pre-compose"或快捷键"Ctrl+Shift+C"，可以对层进行预合成操作，在弹出的"Pre-compose"对话框中单击"OK"按钮即可完成预合成操作（见图 2-4-9）。

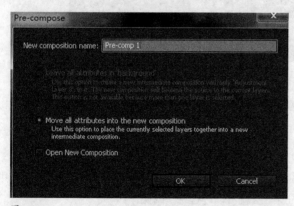

图 2-4-9

如果选择一个层进行预合成操作，"Pre-compose"对话框中会有多个参数被激活（见图 2-4-10），分别说明如下。

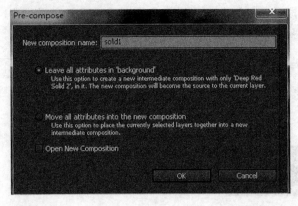

图 2-4-10

（1）Leave all attributes in'background'：保留所有属性。可以将层的所有属性或关键帧动画保留在执行预合成操作得到的合成上，合成继承层的属性与动画（见图 2-4-11）。新合成的画幅大小与原始层的画幅大小相同。当用户选择多个层进行合成的时候，这个命令无法激活，因为 After Effects 无法判断将哪个层的属性保留在得到的合成上。

图 2-4-11

（2）Move all attributes into the new composition：将所有属性合并到新合成中。将所有层的属性或关键帧动画放置到执行预合成操作得到的新合成中，合成没有任何属性变化，属性和关键帧在合成中的层上（见图 2-4-12）。如果选择这个选项，在合成中可以修改任何一个层的属性或动画。新合成的画幅大小与原合成的画幅大小相同。

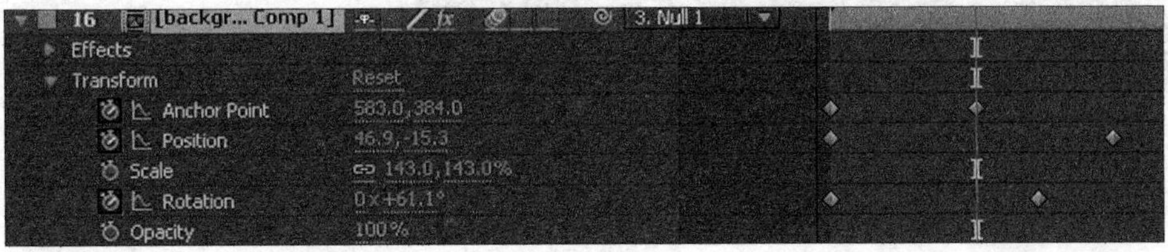

图 2-4-12

3. 打开或导航合成

一个项目经常是由很多合成嵌套在一起完成的，这些合成具备相互嵌套关系。一个合成可能嵌套在另一个合成中，也可能包含很多合成，这样就牵扯到上游合成（Upstream）与下游合成（Downstream）的概念。

· 双击项目调板中的合成可以将该合成开启。

· 双击时间线调板中嵌套的合成可以将该合成开启。由于嵌套的合成是作为层存在于一个合成中，按住"Alt"键的同时双击嵌套的合成，可以在层调板中将合成开启。

· 如果需要打开最近激活的合成，使用快捷键"Shift+Esc"。

合成导航在合成调板的上部，可以方便地选择进入该合成的上游合成或下游合成（见图 2-4-13）。

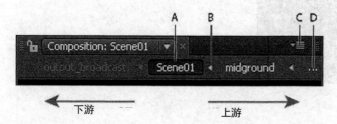

图 2-4-13

A：当前导航位置（即当前开启的合成所在的层级）。

B：嵌套在当前合成中的合成（即当前合成的上游合成（Upstream））。

C：当前调板的快捷菜单按钮。

D：继续开启上游合成（Upstream）。

4. 迷你流程图

通过合成的迷你流程图，用户可以比较直观地观察项目中各个元素之间的关联。用户开启迷你流程图后，可以看到图 2-4-14 所示的状态，可以方便地观察整个项目的数据流。默认激活的是当前开启的合成。

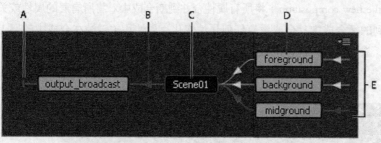

图 2-4-14

A：最下游合成。

B：数据流方向。

C：当前激活的合成。

D：当前合成的上游合成。

E：指示其他数据流进入当前合成的上游合成。

在 Project 调板中选择某个合成，然后使用菜单命令"Composition > Comp FlowChart View"，或单击合成调板底部的流程图显示按钮 🖧 。

2.4.6　时间线调板

每个合成都有自己的时间线调板，用户可以在时间线调板上播放预览合成，对层的时间顺序进行排列，并设置动画、混合模式等。可以说时间线调板是影片编辑过程中最重要的调板（见图 2-4-15）。

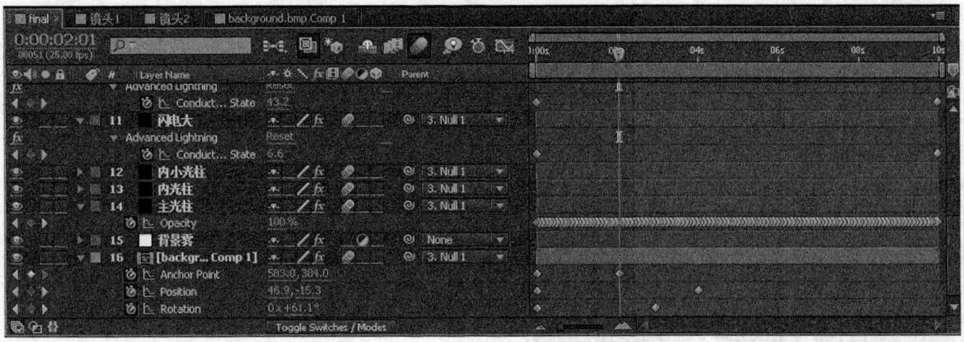

图 2-4-15

时间线调板最基本的作用是预览合成，合成当前的渲染时间就是时间指示标（Current-time indicator）所在的位置，Current-time indicator 在时间线调板中以一条竖直红线来表示。Current-time indicator 指向的时间还标注在时间线调板的左上角，这样可以进行更精确的控制。时间线调板的功能模块划分如图 2-4-16 所示。

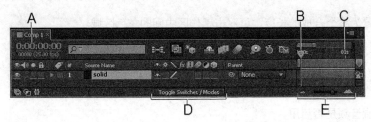

图 2-4-16

A：当前预览时间。

B：时间指示标。

C：时间码。

D：层开关。

E：时间单位缩放。

时间线调板的左边是层的控制栏，右边是时间图表（Time Graph），其中包含时间标尺、标记、关键帧、表达式和图表编辑器等。按"\"键可以切换激活当前合成的合成调板和时间线调板。

在时间线调板中，单击"Zoom In"按钮或"Zoom Out"按钮，或拖曳这两个按钮之间的缩放滑块，可以缩放时间显示（见图 2-4-17）。

图 2-4-17

工作区是合成在编辑过程中或最终输出的过程中需要渲染的区域。在时间线调板上，工作区以亮灰色滑块显示（见图 2-4-18）。

图 2-4-18

· 如果需要设置工作区开始和结束的位置，可以将时间指示标拖曳到需要设定的时间，按"B"（开始）键和"N"（结束）键进行定义。也可以拖曳工作区开始或结束的端点来定义工作区范围。

· 如果需要整体移动工作区，可以拖曳工作区中间的灰色区域，对工作区进行左右的整体移动。

· 如果需要将工作区的长度设置为整个合成的长度，可双击工作区中间的灰色区域。

时间线调板上有很多功能按钮，其功能分别如下。

· Video 👁 （可视开关）：设置视频是否启用。

· Audio 🔊 （音频开关）：设置音频是否启用。

· Solo ◎ （独奏开关）：单击后仅显示当前层，其他所有层全部隐藏；也可单击打开多层的 Solo 开关，从而显示指定层。

· Lock 🔒 （锁定开关）：单击可锁定当前层，锁定的层不可以修改，但是可以渲染。该开关主要用来避免误操作。

· Shy ⊕ （害羞开关）：可将该层在时间线上隐藏，以节省时间线空间。该开关不影响层在合成中预览与渲染；该开关需要开启时间线调板上方的总开关 ⊕ 才起作用。

· Collapse ✳ （卷展开关）：当层为嵌套的合成或矢量层时起作用。比如对于 AI 矢量文件，激活该开关可读取矢量信息，放大不失真。

· Quality　／（质量开关）：设置当前层的渲染质量。该开关有两个子开关，分别代表低质量 ＼ 与高质量 ／ 渲染，单击可在这两个开关之间进行切换。

· Effect　**fx**（特效开关）：激活该开关，层可渲染特效，未激活则层中所有添加的特效都不被渲染。

· Frame Blend　（帧融合与像素融合开关）：激活后可对慢放的视频进行帧融合处理。单击可在帧融合与像素融合之间切换，像素融合质量越高，渲染速度越慢。该开关需要开启时间线调板上方的总开关 才起作用。

· Motion Blur　（运动模糊开关）：激活后可允许运动模糊；该开关需要开启时间线调板上方的总开关 才起作用。

· Adjustment Layer　（调整层开关）：普通层激活后可转化为调整层使用，调整层取消激活则转化为普通的 Solo 层。

· 3D Layer　（3D 层开关）：激活后可将普通层转化为 3D 层。

3

<h1 style="text-align: right;">导入与组织素材</h1>

学习要点：

· 了解 After Effects 支持的文件类型
· 掌握各种文件格式的导入方法
· 掌握素材的组织与管理方法
· 认识与使用代理

3.1　After Effects 支持的素材类型详解

合成的编辑基于层，而层的源素材可以通过 After Effects 建立，也可以由外部导入。编辑到时间线上的素材称之为层。一个素材可以多次编辑到时间线上，为多个层提供源素材。

素材的导入和组织是在项目调板中进行的。After Effects 支持导入多种格式的素材，包括大部分视频素材、静帧图片、帧序列和音频素材等。用户也可以使用 After Effects 创建新素材，比如建立固态层或预合成层。用户可以在任何时候将项目调板中的素材编辑到时间线上。

3.1.1　音频格式

· Adobe Sound Document：Adobe 音频文档，可以直接作为音频文件导入到 After Effects 中。

· Advanced Audio Coding（AAC，M4A）：高级音频编码，苹果平台的标准音频格式，可在压缩的同时提供较高的音频质量。

· Audio Interchange File Format（AIF，AIFF）：苹果平台的标准音频格式，需要安装 Quick Time 播放器才能够被 After Effects 导入。

· MP3（MP3，MPEG，MPG，MPA，MPE）：是一种有损音频压缩编码，在高压缩的同时可以保证较高的质量。

· Waveform（WAV）：PC 平台的标准音频格式，高质量，基本无损，是音频编辑的高质量保存格式。

3.1.2 图片格式

· Adobe Illustrator（AI）：Adobe Illustrator 创建的文件，支持分层与透明。可以直接导入到 After Effects 中，并可包含矢量信息，可实现无损放大，是 After Effects 最重要的矢量编辑格式。

· Adobe PDF（PDF）：Adobe Acrobat 创建的文件，是跨平台高质量的文档格式，可以导入指定页到 After Effects 中。

· Adobe Photoshop（PSD）：Adobe Photoshop 创建的文件，与 After Effects 高度兼容，是 After Effects 最重要的像素图像格式，支持分层与透明，并可在 After Effects 中直接编辑图层样式等信息。

· Bitmap（BMP，RLE，DIB）：Windows 位图格式，高质量，基本无损。

· Camera Raw（TIF，CRW，NEF，RAF，ORF，MRW，DCR，MOS，RAW，PEF，SRF，DNG，X3F，CR2，ERF）：数码相机的原数据文件，可以记录曝光、白平衡等信息，可在数码软件中进行无损调节。

· Cineon（CIN，DPX）：将电影转化为数字格式的一种文件格式，支持 32 bpc。

· Discreet RLA/RPF（RLA，RPF）：由三维软件产生，是用于三维软件和后期合成软件之间的数据交换格式。可以包含三维软件的 ID 信息、Z Depth 信息、法线信息，甚至摄影机信息。

· EPS：是一种封装的 PostScript 描述性语言文件格式，可以同时包含矢量或位图图像，基本被所有的图形图像或排版软件所支持。After Effects 可以直接导入 EPS 文件，并可保留其矢量信息。

· GIF：低质量的高压缩图像，支持 256 色，支持动画和透明，由于质量比较差，很少用于视频编辑。

· JPEG（JPG，JPE）：静态图像有损压缩格式，可提供很高的压缩比，画面质量有一定损失，应用非常广泛。

· Maya Camera Data（MA）：Maya 软件创建的文件格式，包含 Maya 摄影机信息。

· Maya IFF（IFF，TDI；16 bpc）：Maya 渲染的图像格式，支持 16 bpc。

· OpenEXR（EXR；32 bpc）：高动态范围图像，支持 32 bpc。

· PCX：PC 上第一个成为位图文件存储标准的文件格式。

· PICT（PCT）：苹果电脑上常用的图像文件格式之一，同时可以在 Windows 平台下编辑。

· Pixar（PXR）：工作站图像格式，支持灰度图像和 RGB 图像。

· Portable Network Graphics（PNG；16 bpc）：跨平台格式，支持高压缩和透明信息。

· Radiance（HDR，RGBE，XYZE；32 bpc）：一种高动态范围图像，支持 32 bpc。

· SGI（SGI，BW，RGB；16 bpc）：SGI 平台的图像文件格式。

· Softimage（PIC）：三维软件 Softimage 输出的可以包含 3D 信息的文件格式。

· Targa（TGA，VDA，ICB，VST）：视频图像存储的标准图像序列格式，高质量、高兼容，支持透明信息。

· TIFF（TIF）：高质量文件格式，支持 RGB 或 CMYK，可以直接出图印刷。

💡 以上图片格式可以输出为以图像序列存储的视频文件。

3.1.3　视频文件

· Animated GIF（GIF）：GIF 动画图像格式。

· DV（in MOV or AVI container，or as containerless DV stream）：标准电视制式文件，提供标准的画幅大小、场、像素比等设置，可直接输出电视制式匹配画面。

· Electric Image（IMG，EI）：软件产生的动画文件。

· Filmstrip（FLM）：Adobe 公司推出的一种胶片格式。该格式以图像序列方式存储，文件较大，高质量。

· FLV、F4V：FLV 文件包含视频和音频数据，一般视频使用 On2 VP6 或 Sorenson Spark 编码，音频使用 MP3 编码。F4V 格式的视频使用 H.264 编码，音频使用 AAC 编码。

· Media eXchange Format(MXF)：是一种视频格式容器，After Effects 仅仅支持某些编码类型的 MXF 文件。

· MPEG-1、MPEG-2 和 MPEG-4 formats（MPEG，MPE，MPG，M2V，MPA，MP2，M2A，MPV，M2P，M2T，AC3，MP4，M4V，M4A）：MPEG 压缩标准是针对动态影像设计的，基本算法是在单位时间内分模块采集某一帧的信息，然后只记录其余帧相对前面记录的帧信息中变化的部分，从而提供高压缩比。

· Open Media Framework（OMF）：AVID 数字平台下的标准视频文件格式。

· QuickTime（MOV）：苹果平台下的标准视频格式，多个平台支持，是主流的视频编辑输出格式。需要安装 QuickTime 才能识别该格式。

· SWF（continuously rasterized）：Flash 创建的标准文件格式，导入到 After Effects 中会包含 Alpha 通道的透明信息，但不能将脚本产生的交互动画导入到 After Effects 中。

· Video for Windows（AVI，WAV）：标准 Windows 平台下的视频与音频格式，提供不同的压缩比，通过选择不同编码可以实现视频的高质量或高压缩。

· Windows Media File（WMV，WMA，ASF）：Windows 平台下的视频、音频格式，支持高压缩，一般用于网络传播。

· XDCAM HD 和 XDCAM EX：Sony 高清格式，After Effects 支持导入以 MXF 格式存储压缩的文件。

3.2　导入素材

After Effects 提供了多种导入素材的方法，素材导入后会显示在项目调板中。

3.2.1 基本素材导入方式

使用菜单命令"File > Import > File"，会弹出"Import"对话框，每次操作可以导入单个素材（见图 3-2-1）。

图 3-2-1

使用菜单命令"File > Import > Multiple Files"，会弹出"Import"对话框，导入素材后对话框不消失，可以继续导入多个素材。

3.2.2 导入 PSD

PSD 素材是重要的图片素材之一，是由 Photoshop 软件创建的。使用 PSD 文件进行编辑有非常重要的优势：高兼容，支持分层和透明。

导入 PSD 素材的方法与导入普通素材的方法相同，如果该 PSD 文件包含多个图层，会弹出解释 PSD 素材的对话框。"Import Kind"参数下有 3 种导入方式可选，分别为 Footage、Composition、Composition-Retain Layer Sizes（见图 3-2-2）。

图 3-2-2

（1）Footage：以素材方式导入 PSD 文件，可设置合并 PSD 文件或选择导入 PSD 文件中的某一层（见

图 3-2-3)。

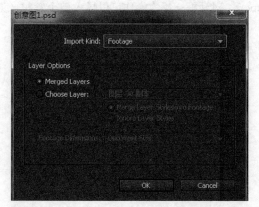

图 3-2-3

· Merged Layers：合并层，选中该选项可将所有层合并，作为一个素材导入。

· Choose Layer：选择层，选中该选项可将指定层导入，每次仅可导入一层。

· Merge Layer Styles into Footage：将 PSD 文件中层的图层样式应用到层，在 After Effects 中不可进行更改。

· Ignore Layer Styles：忽略层样式。

· Footage Dimensions：素材大小解释，可选择 "Document Size"（文档大小，即 PSD 中的层大小与文档大小相同），或 "Layer Size"（层大小，即每个层都以本层有像素区域的边缘作为导入素材的大小）。

（2）Composition：将分层 PSD 文件作为合成导入到 After Effects 中，合成中的层遮挡顺序与 PSD 在 Photoshop 中的相同（见图 3-2-4）。

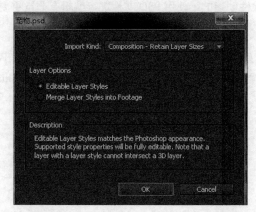

图 3-2-4

· Editable Layer Styles：可编辑图层样式，Photoshop 中的图层样式在 After Effects 中可直接进行编辑，即保留样式的原始属性。

· Merge Layer Styles into Footage：将图层样式应用到层，即图层样式不能在 After Effects 中编辑，但可加快层的渲染速度。

· Live Photoshop 3D：保留 Photoshop 中的 3D 层信息。

（3）Composition-Retain Layer Sizes：与 Composition 方式基本相同，只是使用 Composition 方式导入时，PSD 中所有的层大小与文档大小相同，而使用 Composition-Retain Layer Sizes 方式导入时，每个层都以本层有像素区域的边缘作为导入素材的大小。无论用这两种方式中的哪一种导入 PSD 文件，都会在 Project 调板中出现一个以 PSD 文件名称命名的合成和一个同名文件夹，展开该文件夹可以看到 PSD 文件的所有层（见图 3-2-5）。

图 3-2-5

3.2.3　导入带通道的 TGA 序列

运动的画面是通过快速播放一些静帧来模拟的，利用人眼的视觉暂留特性，从而感知为视频。比如，电影是 24 格 /s，就是每秒播放 24 张画面。对于电视而言，PAL 制为 25 帧 /s（Frame Per Second），NTSC 制为 29.97 帧 /s

序列（Sequence）是一种存储视频的方式。在存储视频的时候，经常将音频和视频分别存储为单独的文件，以便于再次进行组织和编辑。视频文件经常会将每一帧存储为单独的图片文件，需要再次编辑的时候再将其以视频方式导入进来。这些图片称为图像序列。

很多文件格式都可以作为序列来存储，比如 JPEG、BMP 等。一般存储为 TGA 序列。相比其他格式，TGA 是最重要的序列格式，它包含以下优点。

（1）高质量：基本可以做到无损输出。

（2）高兼容：被大部分软件支持，是跨软件编辑影片最重要的输出格式。

（3）支持透明：支持 Alpha 通道信息，可以输出并保存透明区域。

在 Photoshop 中，Alpha 通道是一种用户建立的通道，用于存储选区，而在视频软件（不仅限于 After Effects）中，Alpha 通道代表图像的透明信息。仅有特定的格式可支持图像的透明信息，因此只有这些格式可支持存储 Alpha 通道。

Alpha 通道在视频存储中与 R、G、B 色彩通道一起构成了视频的 4 个通道,在 32 位图像中(每通道 8 位),以 0 ~ 255 共 256 级灰阶代表 Alpha 通道的亮度,对应于图片或视频的透明度。0 代表纯黑,也就是完全透明;255 代表纯白,也就是完全不透明;其余灰阶代表各个等级的半透明。

Alpha 通道主要有两种:Straight-Unmatted 型与 Premultiplied-Matter With Color 型。Straight-Unmatted 型可以将透明信息存储于独立的 Alpha 通道中,即无蒙版通道,这种模式可以得到干净的去背效果;Premultiplied-Matter With Color 型将图像的透明信息除了存储于 Alpha 通道之外,还存储于 R、G、B 色彩通道中,因此该模式是带背景蒙版通道。Straight 型通道可用于高精度合成,而 Premultiplied 型通道更有利于与其他应用程序兼容。

拍摄的视频是没有带通道的,通道都是软件中抠像的结果。

Premultiplied-Matter With Color 型需要对蒙版色进行正确指定,否则不能得到正确的边缘结果(见图 3-2-6)。如通道被错误解释,可能会出现着色边缘,正确解释则边缘消失。

图 3-2-6

在导入 TGA 序列时,如需要将图像序列作为视频格式导入到 After Effects 中,需要选择任何一帧素材,并将"Import File"对话框下方的"Targa Sequence"选项勾选即可(见图 3-2-7)。

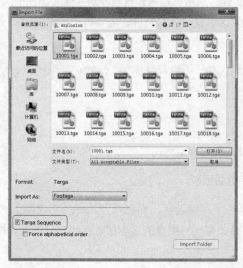

图 3-2-7

如果 TGA 序列包含通道信息，则会弹出"Interpret Footage"对话框，可对通道类型进行解释。一般将其解释为该素材在输出时设置的通道。如不了解该通道类型，可单击"Guess"按钮对通道进行猜测处理（见图 3-2-8）。

图 3-2-8

3.2.4　在 Premiere Pro 中进行采集

Adobe CS6 系列软件可以进行无缝结合，在 After Effects 的编辑过程中如果需要导入磁带上的素材，可以调用 Premiere Pro 的采集模块进行素材采集的操作。使用菜单命令"File > Import > Capture in Adobe Premiere Pro"，可以调出 Premiere Pro 进行采集。

3.2.5　导入 Premiere Pro 项目

在 After Effects 中可以直接导入 Premiere Pro 的项目文件，导入的文件会在项目调板中以合成的方式显示，After Effects 项目调板中的影片组织结构与 Premiere Pro 相同。Premiere Pro 中所有的剪辑素材会作为层显示在 After Effects 的时间线调板上。

这样编辑有以下两个明显的好处。

· 高质量，不需要在 Premiere Pro 中先将影片输出再进行编辑，而直接编辑源文件，质量最高。

· 高效率，节省了输出的时间。

可以使用如下方法进行导入。

（1）使用菜单命令"File > Import > File"或"File > Import > Adobe Premiere Pro Project"。

（2）选择一个项目，单击"OK"按钮。

💡 如果仅仅需要从 Premiere Pro 中导入一个单一元素到 After Effects 中，可以直接在 Premiere Pro 中将该元素复制，然后使用菜单命令"Edit > Paste in After Effects"。

3.2.6　PSD 文件中的 3D 层

Adobe Photoshop 可以从三维软件中导入 3D 模型或建立一些比较基本的 3D 模型。这些模型如果需要设置动画，需要导入到 After Effects 中进行编辑。

Adobe Photoshop 中两种主要的 3D 编辑类型如下。

(1) Adobe Photoshop 暂时支持导入以下几种 3D 文件格式：.3ds（3ds Max）、After Effects（Digital Asset Exchange）、.kmz（Google Earth）、.obj（通用 3D 项目格式）、.u3d（Universal 3D）。

(2) Adobe Photoshop 可以使用"3D"菜单中的命令建立和编辑 3D 模型。

导入到 After Effects 中的方法如下。

(1) 在 Adobe Photoshop 中将带有 3D 信息的文件存储为 PSD 格式。

(2) 在 After Effects 中导入 PSD 文件。3D 物体可直接在合成调板中进行合成，并具备真实的 3D 空间属性（见图 3-2-9）。

图 3-2-9

3.2.7   导入并使用其他软件生成的 3D 文件

After Effects 可以导入 3D 图像文件，这些文件可能以 Softimage PIC、RLA、RPF、OpenEXR 或 Electric Image EI 文件格式存储。这些 3D 图像文件包含红、绿、蓝 3 个色彩通道与 Alpha 透明通道，还包含一些辅助的比如 Z 通道、物体 ID、贴图坐标等信息，这些信息可以被 After Effects 识别并正确导入。

这些元素的导入功能都在 After Effects 的"Effects > 3D Channel"菜单中。

3.2.8   导入 RLA 或 RPF 文件

After Effects 可以与三维软件结合使用。可以用三维软件创建真实的立体空间与穿梭运动，然后在 After Effects 中合成视频或平面贴图。摄影机需要严格匹配。

After Effects 可以导入存储为 RLA 或 RPF 序列的摄影机信息文件。导入的数据会合并到摄影机层中，这些摄影机在时间线调板中创建。

使用菜单命令"Animation > Keyframe Assistant > RPF Camera Import"，可以导入 RLA 或 RPF 文件。

3.2.9　导入 Camera Raw 格式

用户可以在 After Effects 中导入 Camera Raw 图像序列。

Camera Raw 是一种无损的图像格式。Camera Raw 文件包含无损的曝光信息，是利用数字摄影机创建的。Camera Raw 文件与压缩的 JPEG 等图片格式不同，它包含了图片拍摄时的一些基本信息，比如曝光值或白平衡等。用户可以直接调整这些基本的拍摄信息数据，这对画面来说是无损的。使用菜单命令"File > Import > File"，选择需要编辑的 Camera Raw 文件，如果 Camera Raw 文件正确，会弹出"Camera Raw"对话框（见图 3-2-10）。用户可以在该对话框中对图像进行快速校准和编辑操作，这些操作对影片是无损的。

如果编辑完成后需要再次对其进行修改，可以在项目调板中选中素材，使用菜单命令"File > Interpret Footage > Main"，在弹出的对话框中单击底部的"More Options"按钮，会再次弹出"Camera Raw"对话框。这种编辑方式对导入的单帧 Camera Raw 格式同样适用。

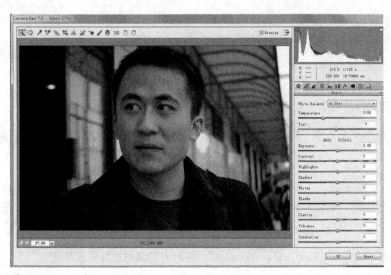

图 3-2-10

3.3　管理素材

Project 调板中的素材为指向硬盘文件的快捷方式链接，修改素材的显示方式并不会对硬盘中的素材产生影响。在影片创建过程中需要导入和编辑大量的素材，素材管理具有非常重要的辅助作用。

3.3.1　组织素材

Project 调板提供了素材组织功能，单击 Project 调板底部的"Create a new folder"按钮 ▇，可建立一个文件夹。用户可通过拖曳的方式将素材放入文件夹中，或将文件夹放入文件夹中，从而使编辑工作更加有条理（见图 3-3-1）。

图 3-3-1

3.3.2　替换素材

1. 重新载入素材

在编辑过程中有时需要替换正在编辑的素材，但即使将硬盘文件替换为新文件，如果不重新启动 After Effects，就不能在合成调板实时看到修改效果。要避免重新启动软件，可使用重新载入功能。

选择需要重新载入的素材，使用菜单命令"File > Reload Footage"，可对素材进行重新载入处理。如素材发生变化，则替换为新素材。

2. 替换素材

在编辑文件的过程中或编辑完毕后，如果希望对某个素材进行更改，除了直接修改链接的硬盘文件外，也可以将素材指定为另一个硬盘文件。

选择需要替换的素材，使用菜单命令"File > Replace Footage"，可对当前素材进行重新指定。

3.3.3　解释素材

由于视频素材有很多种规格参数，如帧速、场、像素比等。如果设置不当，在播放预览时会出现问题，这时需要对这些视频参数进行重新解释处理。

在导入素材的时候一般可进行常规参数指定，比如解释 PSD 素材；也可以在素材导入后进行重新解释处理。

单击 Project 调板中的素材，可以显示素材的基本信息（见图 3-3-2）。用户可根据这些信息直接判断素材是否正确解释。

使用菜单命令"File > Interpret Footage"，打开"Interpret Footage"对话框，可以对素材进行重新解释（见图 3-3-3）。利用该对话框可对素材的 Alpha 通道、帧速、场、像素比、循环、Camera Raw 等进行重新解释。

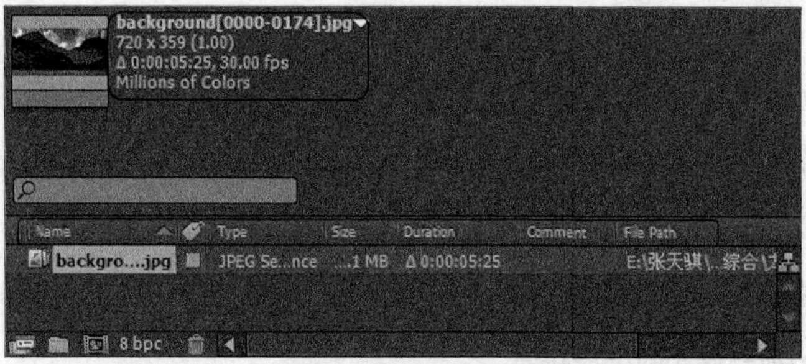

图 3-3-2

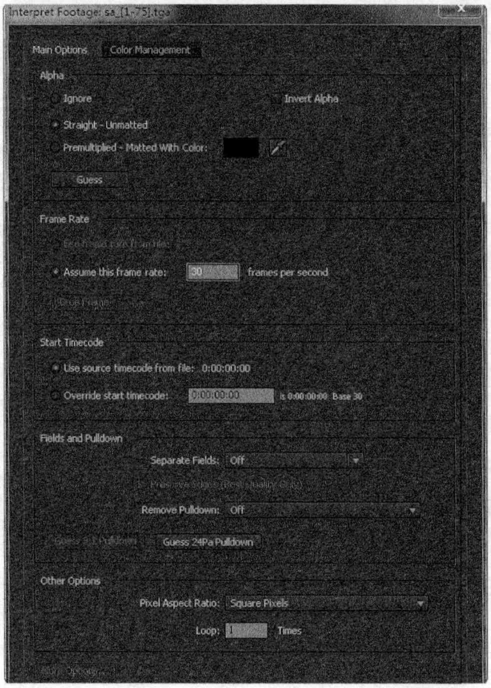

图 3-3-3

· Alpha：如果素材带 Alpha 通道，则该选项被激活。

· Ignore：忽略 Alpha 通道的透明信息，透明部分以黑色填充代替。

· Straight - Unmatted：将通道解释为 Straight 型。

· Premultiplied - Matted With Color：将通道解释为 Premultiplied 型，并可指定 Matted 色彩。

· Guess：让软件自动猜测素材所带的通道类型。

· Frame Rate：仅在素材为序列图像时被激活，用于指定该序列图像的帧速，即每秒播放多少帧，如该
参数解释错误，则素材播放速度会发生改变。

- Start Timecode：设置开始时码。

- Fields and Pulldown：定义场与丢帧处理。

- Separate Field：解释场处理，可选"Off"（无场，即逐行扫描素材）或"Upper Field First"（隔行扫描，上场优先素材）或"Lower Field First"（隔行扫描，下场优先素材）。

- Preserved Edges：仅在设置素材隔行扫描时有效，可保持边缘像素整齐，以得到更好的渲染结果。

- Remove Pulldown：设置在不同规格的视频格式间进行转换。

- Other Options：其他设置。

- Pixel Aspect Ratio：像素比设置，可指定组成视频的每一帧图像的像素的宽高之比，不同的视频有不同规格的像素比。

- Loop：视频循环次数。默认情况下素材仅在 After Effects 中播放一次，在 Loop 属性中可设置素材循环次数。比如在三维软件中创建飞鸟动画，由于渲染比较慢，一般只渲染一个循环，然后在后期软件中设置多次循环。

- More Options：更多设置，仅在素材为 Camera Raw 格式时被激活，单击该按钮可重新对 Camera Raw 信息进行设置。

3.4 代理（Proxy）素材

什么是代理？代理是视频编辑中的重要概念与组成元素。在编辑影片过程中，由于 CPU 与显卡等硬件资源有限，或编辑比较大的项目合成，渲染速度会非常慢。如需要加快渲染显示，提高编辑速度，可使用一个低质量素材代替编辑，这个低质量素材即为代理（Proxy）。代理可由几种素材构成：(1) 占位符（Placeholder）；(2) 直接指定的硬盘文件，该文件可以是一个图片为代表编辑的视频，也可以是低质量的视频片段；(3) 素材通过降低分辨率输出文件，该方式是最好的一种方式，既可提高渲染速度，同时预览的画面仍为原始影片。

占位符是一个静帧图片，以彩条方式显示，其原本的用途是标注丢失的素材文件。如果编辑的过程中不清楚应该选用哪个素材进行最终合成，可以暂时使用占位符来代替，在最后输出影片的时候再替换为需要的素材，以提高渲染速度。

3.4.1 占位符

占位符可以在以下两种情况下出现。

(1) 若不小心删除了硬盘的素材文件，项目调板中的素材会自动替换为占位符（见图 3-4-1）。

图 3-4-1

（2）选择一个素材，使用菜单命令"File > Replace Footage > Placeholder"，可以将素材替换为占位符。

将占位符替换为素材的方法如下。

（1）双击占位符，在弹出的对话框中指定素材。

（2）选择一个占位符，使用菜单命令"File > Replace Footage > File"，可以将占位符替换为素材。

3.4.2　设置代理

After Effects 提供了多种创建代理的方式。在影片最终输出时，代理会自动替换为原素材，所有添加在代理上的 Mask、属性、特效或关键帧动画都会原封不动地保留。

可以使用如下方法设置代理。

（1）选择需要设置代理的素材，使用菜单命令"File > Create Proxy > Still"或"File > Create Proxy Movie"，可以将素材输出为一个静帧图片或一个压缩的低质量影片。如选择"Still"，则输出为静帧图像；如选择"Movie"，则输出 1/4 分辨率的影像。无论选择何种方式输出，都可在弹出的输出对话框中直接单击"Render"按钮对代理进行渲染（见图 3-4-2），在输出完毕后代理会自动替换为素材（见图 3-4-3）。

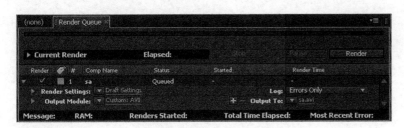

图 3-4-2

图 3-4-3

（2）选择需要设置代理的素材，使用菜单命令"File > Set Proxy > File"，可以指定一个现有的素材作为当前素材的代理文件。

使用如下方法可以删除代理：选择需要清除代理的素材，使用菜单命令"File > Set Proxy > None"，可以将代理清除，使素材还原为原素材。

在项目调板中，代理有 3 种显示方式（见图 3-4-4）。

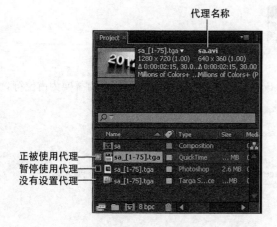

图 3-4-4

正被使用代理：该代理正被使用，合成调板中显示的是代理文件。

暂停使用代理：该代理被暂停使用，合成调板中显示的是原素材文件。

没有设置代理：素材默认的标注方式，说明该素材没有设置代理。

创建二维合成

4

学习要点：

- ·掌握几种常用层的建立方法
- ·掌握层的剪辑与组织操作
- ·理解并掌握父子关系、混合模式等，以及层的相关操作
- ·熟练使用多层组织合成场景

4.1 创建层

在 After Effects 中有很多种层类型，不同的类型适用于不同的操作环境。有些层用于绘图，有些层用于影响其他层的效果，有些层用于带动其他层运动等。

在创建合成的时候，合成画面经常由多层组成，上层会将下层遮挡，上层透明的位置会将下层显示，这就是最基本的合成概念（见图 4-1-1、图 4-1-2）。

图 4-1-1

图 4-1-2

4.1.1 由导入的素材创建层

这是一种最基本的创建层的方式。用户可以利用项目调板中的素材创建层。按住鼠标左键将素材拖曳到一个合成中，这个素材就称之为"层"，用户可以对这个层进行修改操作或创建动画（见图 4-1-3）。

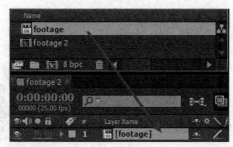

图 4-1-3

4.1.2 由剪辑的素材创建层

用户可以在 After Effects 的 Footage 素材调板中剪辑一个视频素材,这个操作对于截取某一素材片段非常有用,操作步骤如下。

(1)找到项目调板中需要剪辑的素材,双击即可将该素材在素材调板中开启。如果打开的是素材播放器,按住"Alt"键,双击素材即可(见图 4-1-4)。

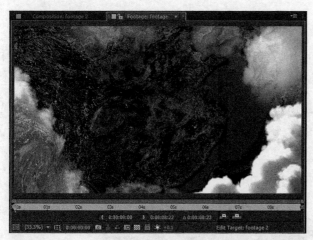

图 4-1-4

素材调板不仅可以预览素材,还可以设置素材的入点和出点。

(2)将时间指示标拖曳到需要设置入点的时间位置,单击设置入点按钮,可以看到入点前的素材被剪辑了(见图 4-1-5)。

图 4-1-5

(3)将时间指示标拖曳到需要设置出点的时间位置,单击设置出点按钮,可以看到出点后的素材被剪辑了。入出点之间的范围就是截取的素材范围(见图 4-1-6)。

图 4-1-6

（4）如果需要使用剪辑的素材创建一个层，可以单击素材调板底部的编辑按钮。

· Overlay Edit: 覆盖编辑。单击覆盖编辑按钮 ▣ 可在当前合成的时间线顶部创建一个新层，入点对齐到时间线上时间指示标所在的位置（见图 4-1-7）。

图 4-1-7

· Ripple Insert Edit：波纹插入编辑。单击插入编辑按钮 ▣ 会在当前合成的时间线顶部创建一个新层，入点对齐到时间线上时间指示标所在的位置，同时会将其余层在入点位置切分，切分后的层对齐到新层的出点位置（见图 4-1-8）。

图 4-1-8

4.1.3 使用其他素材替换当前层

在编辑完一个影片后，如果发现另一个素材比当前层中使用的素材更能表现影片的效果，那么可以用其替换掉当前层使用的素材。

操作方法为：选择时间线上需要替换的素材，在项目调板中按住"Alt"键的同时，拖曳新素材到时间线调板上需要替换的素材的上方后释放鼠标左键即可。这种替换方式仅仅替换素材，层中使用的特效或动画不会发生任何改变（见图 4-1-9）。

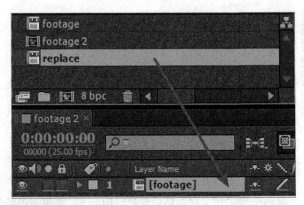

图 4-1-9

4.1.4 创建和修改固态层

用户可以在合成中创建一个或多个带有色彩填充的层，这个层叫固态层（Solid）。固态层的大小不能超过 30 000 像素 ×30 000 像素，可以选择任意色彩并随时可以修改大小和色彩。建立的固态层在项目调板中会产生一个固态层素材，时间线调板中也有特定图标标记固态层（见图 4-1-10、图 4-1-11）。

图 4-1-10

图 4-1-11

固态层具有非常重要的作用。可以作为实色填充背景或使用 Mask 工具在上面绘制图形；还可以通过添加特效来实现各种效果。其使用方法与在外部导入一个实色填充层类似，只是在软件中直接产生，更快捷方便。

选择一个合成，使用菜单命令"File > New > Solid"，在弹出的"Solid Settings"对话框中修改固态层的大小和填充色，单击"OK"按钮即可（见图 4-1-12）。

如果需要对建立的某一个固态层进行修改，使用菜单命令"Layer > Solid Settings"，会弹出"Solid Settings"对话框，重新修改固态层参数即可。如果需要对多个固态层进行统一修改，可以选择多个层，按住"Ctrl"键进行多选，然后执行该命令。

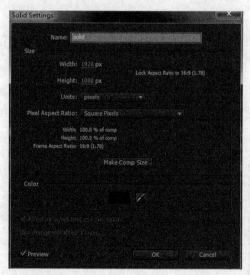

图 4-1-12

4.1.5 创建调整层

如果用户需要应用一个特效到某一个层上，可以单击选中这个层，然后选择"Effects"菜单下的特效。

如果需要对某些层进行统一处理（比如完成合成后需要统一调整环境色），则有两种方法来解决。可以将需要统一调整的层选中，执行预合成命令，将所有层合并，然后再添加特效。将层大量合并，会使合成的创作流程趋于复杂化，不利于观看和修改。用户也可以通过建立调整层解决（见图 4-1-13）。

图 4-1-13

调整层是一个空白层，默认情况下没有任何效果，需要对其添加特效以影响其他层。调整层的作用是影响其下方所有的层（相当于将其下方所有的层全部预合成，然后统一添加特效）。

未添加调整层的时间线与合成（见图 4-1-14、图 4-1-15）。

添加调整层后的时间线与合成，整个场景统一受到调整层的影响（见图 4-1-16、图 4-1-17）。

图 4-1-14　　　　　图 4-1-15

图 4-1-16　　　　　图 4-1-17

💡 调整层仅通过添加的特效去影响下方的其他层，为调整层添加层动画属性不影响其他层。

使用菜单命令 "Layer > New > Adjustment Layer" 可以建立一个调整层，或单击时间线上层名称右边的调整层开关，可直接将该层修改为调整层（见图 4-1-18）。

图 4-1-18

4.1.6　创建一个 Photoshop 层

如果选择创建一个 Photoshop 层，Photoshop 会自动启动并创建一个空文件，这个文件的大小与合成的大小相同，该 PSD 文件的色深也与合成相同，并会显示动作安全框和字幕安全框。

这个自动建立的 Photoshop 层会自动导入到 After Effects 的项目调板中，作为一个素材存在。任何在 Photoshop 中的编辑操作都会在 After Effects 中实时表现出来，相当于两个软件进行实时联合编辑（见图 4-1-19）。

图 4-1-19

使用菜单命令"Layer > New > Adobe Photoshop File"，新建的 Photoshop 层会显示在合成的顶部。

4.1.7　创建空物体

在编辑过程中经常需要建立空物体以带动其他层运动。在 After Effects 中可以建立空物体，空物体是一个 100 像素 ×100 像素的透明层，既看不到，也无法输出，无法像调整层那样添加特效以编辑其他层。空物体主要是其他层父子关系或表达式的载体，即带动其他层运动（见图 4-1-20）。

图 4-1-20

选择需要添加空物体的合成，使用菜单命令"Layer > New > Null Object"，默认情况下空物体的轴心点不在正中心，而是在左上角（轴心点是层旋转与缩放的中心）。

4.1.8　创建灯光层

After Effects 中可以创建三维场景，并可对该场景设置灯光效果。灯光是 After Effects 中建立的层（见图 4-1-21），也可建立多个灯光层对场景进行复杂光照。

图 4-1-21

使用菜单命令"Layer > New > Light"，创建灯光层。

💡 合成中必须是 3D 层才能受到灯光的照射，从而产生阴影和投影效果。

4.1.9　创建摄像机层

After Effects 中可以对建立的三维场景设置摄像机动画。摄像机层与灯光层一样，需要单独建立（见图

4-1-22)。

图 4-1-22

使用菜单命令"Layer > New > Camera"，创建摄像机层。

💡 合成中必须是 3D 层才能受到摄像机的影响。

4.2　层的入出点操作

一个层由入点处出现，由出点处消失。入出点之间的时间距离就是层的长度。

4.2.1　剪辑或扩展层

直接拖曳层的入出点可以对层进行剪辑，经过剪辑的层的长度会产生变化。也可以将时间指示标拖曳到需要定义层入出点的时间位置，通过快捷键"Alt+["与"Alt+]"来定义素材的工作区。层入点有两种编辑状态（见图 4-2-1）。

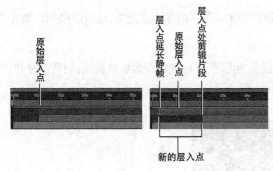

图 4-2-1

入点和出点基于层，与素材无关。如果一个素材被多个层调用，每次修改的是一个层的入点和出点，其他层不会受到影响。

也可以双击一个层，将其在层调板中开启，在层调板中也可以设置素材的入点和出点。

图片层可以随意地剪辑和扩展，视频层可以剪辑，但不可以直接扩展。因为视频层中的视频素材的长度限定了层的长度，如果为层添加了时间特效，则可以扩展视频层。

4.2.2　切分层

在编辑的过程中有时需要将一个层从时间指示标处断开为两个素材，可以使用菜单命令"Edit > Split Layer"（见图 4-2-2、图 4-2-3）。

图 4-2-2　　　　　　　　　　　　　　图 4-2-3

使用快捷键"Alt+Shift+J"可以设置将时间指示标精确转跳到某一点，在弹出的"Go to Time"对话框中，可直接输入需要转跳的帧数（见图 4-2-4）。

图 4-2-4

4.2.3　提取工作区

如果需要将层的一段素材删除，并保留该删除区域的素材所占用的时间，可以使用"Lift Work Area"命令。

（1）定义时间线的工作区，也就是删除区域。可以通过拖曳工作区的端点来设置，也可以按"B"键和"N"键来定义工作区的开始与结束。

（2）使用菜单命令"Edit > Lift Work Area"，可以将层分为两层，工作区部分素材被删除，而留下时间空白，原始层状态（见图 4-2-5）变为提取之后的状态（见图 4-2-6）。

图 4-2-5　　　　　　　　　　图 4-2-6

4.2.4　抽出工作区

如果需要将层的一段素材删除，并删除该区域素材占用的时间，可以使用"Extract Work Area"命令。

（1）定义时间线的工作区，可以通过拖曳工作区的端点来设置，也可以按"B"键和"N"键来定义工作区的开始与结束。

（2）使用菜单命令"Edit > Extract Work Area"。提取工作区操作可以将层分为两层，工作区部分素材被删除，后面断开的素材自动跟进，与前素材对齐（见图 4-2-7）。

图 4-2-7

4.3 层的空间排序与时间排序

4.3.1 空间排序

如果需要对层在合成调板中的空间关系进行快速对齐操作，除了使用选择工具手动拖曳以外，还可以使用 Align 调板对选择的层进行自动对齐和分布操作。最少选择两个层才能进行对齐（Align）操作，最少选择三个层才可以进行分布（Distribute）操作。

使用菜单命令"Window > Align"，可以开启 Align 调板（见图 4-3-1）。

图 4-3-1

· Align Layers to：对层进行对齐操作，从左至右依次为左对齐、垂直居中对齐、右对齐、顶对齐、水平居中对齐、底对齐。

· Distribute Layers：对层进行分布操作，从左至右依次为垂直居顶分布、垂直居中分布、垂直居底分布、水平居左分布、水平居中分布、水平居右分布。

在进行对齐或分布操作之前，注意要调整好各个层之间的位置关系。对齐或分布操作是基于层的位置进行对齐，而不是层在时间线上的先后顺序。

4.3.2 时间排序

如果需要对层进行时间上的精确错位处理，除了使用选择工具手动拖曳层以外，还可以通过 After Effects 的时间排序功能自动完成。

选择需要排序的层，使用菜单命令"Animation > Keyframe Assistant > Sequence Layers"，可以打开"Sequence Layers"对话框（见图 4-3-2），选中"Overlap"选项可以将该对话框中的参数激活。

图 4-3-2

使用该命令的时候，有两个问题需要注意。

（1）Duration 参数指的是层的交叠时间（见图 4-3-3），在进行时间排序之前，最好统一设置层的持续时间长度。可全选需要排序的层，使用快捷键"Alt+["与"Alt+]"来定义入点和出点（见图 4-3-4）。

图 4-3-3　　　　　　　　　　　　　　　　　　　　　　　　　　　图 4-3-4

（2）哪个层先出现与选择的顺序有关，第一个选择的层最先出现（见图 4-3-5）。

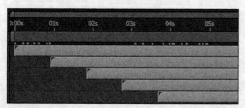

图 4-3-5

如果要在素材交叠的位置设置透明度叠化转场，可以将 Transition 设置为以下任意一种方式（见图 4-3-6）。

图 4-3-6

· Dissolve Front Layer：只在层入点处叠化（见图 4-3-7）。

图 4-3-7

· Cross Dissolve Front and Back Layers：在层入点和出点处叠化（见图 4-3-8）。

图 4-3-8

4.4 层的 5 大属性

展开一个层，在没有添加 Mask 或任何特效的情况下只有一个 Transform 属性组，这个属性组包含了一个层最重要的 5 个属性。

4.4.1 Anchor Point（轴心点）

定义层旋转与缩放的中心，以二维数组（具有水平和垂直两个参数）表示（见图 4-4-1）。

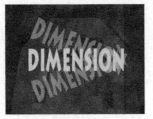

图 4-4-1

除了修改参数外，也可以通过轴心点工具 ✛ 直接在合成调板中拖曳层的轴心点（见图 4-4-2）。

图 4-4-2

4.4.2　Position（位移）

定义层的当前位置，以二维数组表示，可以使用选择工具 ⬐ 直接在合成调板中拖曳层的位置（见图 4-4-3）。

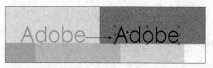

图 4-4-3

在设置 Position 参数时需要注意，水平与垂直方向的统一零点在合成的左上角（见图 4-4-4）。

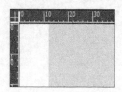

图 4-4-4

4.4.3　Rotation（旋转）

定义层的旋转角度，以一维数组表示。左边数据为旋转圈数，右边数据为旋转度数。对圈数的调整在制作动画的时候才能看到明显效果。可以使用旋转工具直接在合成调板中通过拖曳的方式以轴心点为旋转中心旋转层（见图 4-4-5）。

图 4-4-5

4.4.4　Scale（缩放）

定义层的缩放大小，以二维数组表示。可以使用移动工具 ⬐ 直接在合成调板中拖曳层的边缘来进行缩放处理，在拖曳的同时按"Shift"键可等比缩放层（见图 4-4-6）。

图 4-4-6

4.4.5 Opacity（不透明度）

不透明度，定义层的不透明程度，以一维数组表示。

其中，Anchor Point、Position、Rotation、Scale 会影响层的形状，称之为"变换属性"，可以被父子关系影响。

4.5 轨道蒙版

合成工作中最重要的操作是创建选区。在 After Effects 中创建选区主要有 3 种方法：Mask、Matte 和 Keying。Mask 是通过 Bezier 曲线直接绘制得到选区，Matte 是根据另一个层的亮度或透明度得到选区，Keying 是通过拾取画面中的特定色彩并使其透明得到选区。

4.5.1 创建轨道蒙版的基本流程

在时间线调板上，可以通过 Track Matte（轨道蒙版）为一个层设定选区。设置 Track Matte 要注意层关系，上层为选区，下层为需要显示的画面，这两个层是一一对应的关系。一个层只能有一个选区，一个选区也只能对应一个层。

在 After Effects 的时间线调板上可以看到"TrkMat"栏（见图 4-5-1）。如果没有"TrkMat"（Track Matte 的缩写）字样，则选中时间线调板，按键盘上的"F4"键，可以将其调出。

图 4-5-1

层的右边有标注为"None"（没有指定）字样的卷展栏，将其展开可以看到以下几个选项（见图 4-5-2）。

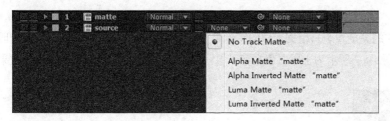

图 4-5-2

· No Track Matte（无轨道蒙版）：当前层没有指定轨道蒙版，即上层遮挡下层（见图 4-5-3）。

图 4-5-3

· Alpha Matte（不透明蒙版）：根据上层的不透明区域来显示下层，即上层不透明的地方，下层不透明；上层透明的地方，下层也随之透明；上层半透明的地方，下层半透明。图 4-5-4 所示为上层文字下层背景，指定为 Alpha Matte 的效果，黑色部分代表透明区域。

图 4-5-4

· Alpha Inverted Matte（反转的不透明蒙版）：与 Alpha Matte 的功能相反，即上层不透明的地方，下层透明；上层透明的地方，下层不透明。图 4-5-5 所示为上层文字下层背景，指定为 Alpha Inverted Matte 的效果。

图 4-5-5

· Luma Matte（亮度蒙版）：根据上层的亮度来显示下层，即上层纯白的地方，下层不透明；上层纯黑的地方，下层透明。图 4-5-6 所示为上层白色文字下层背景，指定为 Luma Matte 的效果。

图 4-5-6

· Luma Inverted Matte（ 反转的亮度蒙版）：根据上层的亮度来显示下层，即上层纯白的地方，下层透明；上层纯黑的地方，下层不透明。图 4-5-7 所示为上层白色文字下层背景，指定为 Luma Inverted Matte 的效果。

图 4-5-7

4.5.2　应用轨道蒙版的注意事项

在处理 Matte 的时候有一些需要注意的地方，以 Luma Matte 为例，需要注意以下内容。

· Matte 是一个选区的概念，处理 Matte 的目的只有一个，就是创建合适的选区。

· Matte 最少要有两层才可以被使用，上层为选区，下层为需要显示的内容。只能是下层指定上层设置 Matte，所以时间线最上面的层不可以设置 Matte。

· 一个需要显示的层只能对应一个 Matte，一个 Matte 也只能作为一个层的选区。

· Matte 层一般设置为隐藏，它只为下层提供一个显示的选区，一般不需要渲染输出。

4.6　父子关系

4.6.1　父子关系概述

使用父子关系可以指定一个层跟随其他层进行运动，这个运动特指的是层的变换属性。当指定一个层跟随其他层运动时，这个层被称之为"子层"，那个带动其运动的层称之为"父层"。指定父子关系后，子层的运动将与父层相关联，会跟随父层运动，同时子层可以创建自己的运动，而父层不受其影响。比如，父层向右移动 10 像素，子层也会跟随向右移动 10 像素。

父子关系并非所有的动画属性都可以进行关联，仅仅是层的变换属性受到影响，即 Transform 属性下的 Anchor Point、Position、Scale、Rotation 4 大运动属性，Opacity 不受父子关系影响。如果当前层被设置为 3D 层，则 Orientation 属性也会受到父子关系影响。

4.6.2　设置父子关系

在时间线调板的 Parent 栏中，将一个层的链接皮筋拖曳到另一个层上，即可指定父层（见图 4-6-1），这个层会跟随那个指定的层进行运动。也可以通过展开 Parent 卷展栏，指定一个层为其父层（见图 4-6-2）。

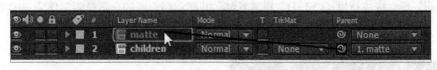

图 4-6-1

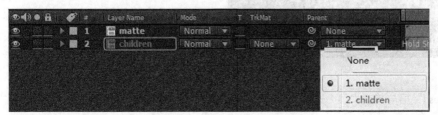

图 4-6-2

如果需要断开层的父子链接，可以展开层的 Parent 卷展栏，将其设置为"None"。

4.6.3 父子关系应用实例

(1) 打开"Car.psd"与"Wheel.psd",将其导入到合成调板中(见图 4-6-3)。

图 4-6-3

(2)建立一个持续时长为 5 s 的 PAL 制合成,调整其大小,并放置到合适的位置。注意层的遮挡关系,"Car.psd"层遮挡"Wheel.psd"层(见图 4-6-4)。

图 4-6-4

(3) 设置"Wheel.psd"层的 Rotation 参数的旋转动画(关键帧动画的设置方法可参阅第 6 章),比如在 0 s 设置 Rotation 值为 0×0.0;在 5 s 设置 Rotation 值为 5×0.0(见图 4-6-5)。

图 4-6-5

(4) 选择"Wheel.psd"层,按快捷键"Ctrl+D"将其复制,并移动到合成的合适位置,作为车的第二个轮子(见图 4-6-6)。

图 4-6-6

(5) 选择"Wheel.psd"层与其副本层,连接"Car.psd"层为它们的父层,设置父子关系(见图 4-6-7)。

(6) 展开"Car.psd"层的 Position 属性,在 0 s 与 5 s 处设置 x 轴向位移关键帧,可以看到"Car.psd"层移动的同时带动"Wheel.psd"层与其副本层移动(见图 4-6-8),而"Wheel.psd"层与其副本层旋转则不会影响"Car.psd"层(见图 4-6-9)。

图 4-6-7

图 4-6-8

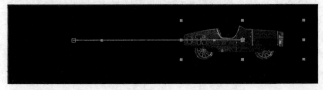

图 4-6-9

　　在编辑的过程中经常需要建立空物体层（Null Object）以带动其他层运动（即设置空物体为父层），空物体是一个不显示的空层，但是具有层的所有变换属性。因此本例也可以不设置"Car.psd"层而设置空物体的 x 轴位移关键帧，将所有层的父层都设置为空物体（见图 4-6-10），用空物体带动车身与车轮移动（见图 4-6-11）。这样做的好处就是使用空物体做父层，"Car.psd"层可以随意进行位移或缩放操作而不影响两个车轮层。

图 4-6-10

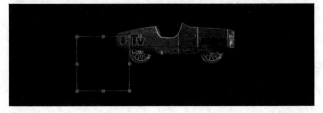

图 4-6-11

4.7　标记与备注

4.7.1　层标记与合成标记

　　层标记或合成标记主要用来记录一些备注，方便于理解合成的组织结构。合成标记显示在时间线调板的时间标尺上，层标记显示在设置备注层的持续时间条上（见图 4-7-1）。

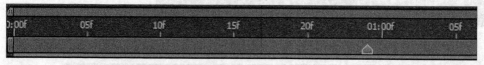

图 4-7-1

标记在合成或层的某个时间点出现，合成标记相当于 Adobe Premiere Pro 中的时间线标记，而层标记相当于 Adobe Premiere Pro 中的素材标记。

标记不仅可以设置 Comment（备注）来记录文字，还可以在标记对话框中设置 Chapter（章节）和 Web Links（网络链接），甚至是 Flash Cue Point（Flash 提示点）。

💡 这些输出信息在标记对话框中设置也不一定会起作用，需要某些特定格式才能够支持。

默认情况下，仅仅添加了备注的标记显示为正常形态，而设置了链接或者提示点的标记在标记图标上会有一个黑点（见图 4-7-2）。

A：持续 1 s 长度的合成标记。

B：包含提示点或网络链接的合成标记。

C：持续 2 s 长度的层标记。

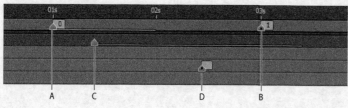

图 4-7-2

D：包含提示点或网络链接的层标记。

合成标记默认以小三角图标的方式显示在时间线调板的时间标尺上，可以根据需要设置任意多个合成标记。

当渲染的影片存储为 Adobe Clip Note 的时候，标记中的备注文字会包含在存储的 PDF 文档中。用户也可以将该备注重新导入到当前合成或一个新合成中，该备注的位置和内容与输出合成一致。

4.7.2　添加标记的方法

将时间指示标拖曳到需要添加合成标记的位置，不要选择任何一个层，使用菜单命令"Layer > Add Marker"或按数字键盘上的"*"键，可以添加一个新的合成标记（见图 4-7-3）。

将时间指示标拖曳到需要添加层标记的位置，选择一个需要添加标记的层，然后使用菜单命令"Layer > Add Marker"或按数字键盘上的"*"键，可以添加一个新的层标记（见图 4-7-4）。

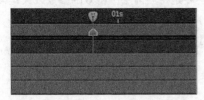

图 4-7-3

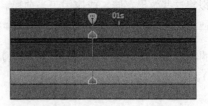

图 4-7-4

双击建立的标记可以打开"Composition Marker"对话框，以设置标记（见图 4-7-5）。

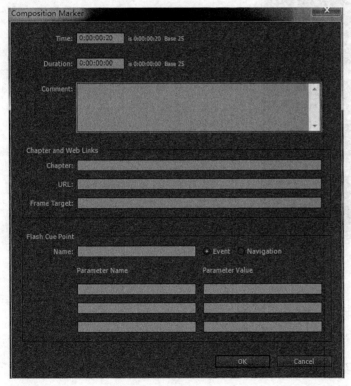

图 4-7-5

· Chapter Links：章节链接，将视频划分为不同的块，类似于 DVD 选段的章节，只有输出 WMV 或 MOV 格式才能有效记录。

· Web Links：网络链接，这种网络链接是通过在标记的 URL 栏中输入网络链接地址来实现的。

💡 并非所有的视频格式都可以记录链接，只有 SWF、WMV 和 MOV 格式才能记录标记中的链接。

· Cue Point：提示点，最多只能设置 3 个，只有输出为 FLV 格式才有效，是 Flash 的提示点。

4.7.3 头脑风暴

头脑风暴（Brainstorm）可以为当前合成中的某一层创建多种变化效果，这些效果以缩略图的形式显示在网格中。用户可以将这些效果存储，或应用于当前层。 该功能主要是将当前层中特效的参数或关键帧进行一定的随机化处理，从而得到各种形态或运动，供用户选择，用户可以设置随机的程度。

选择一个层中的特效属性或关键帧动画,单击时间线调板上的"Brainstorm"按钮 ,可打开"Brainstorm"对话框（见图 4-7-6）。

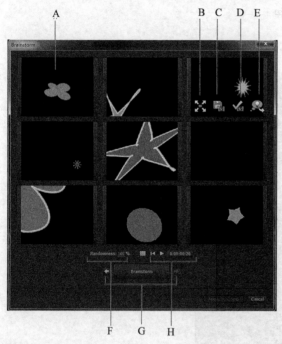

图 4-7-6

A：层的原始显示状态，即没有发生任何改变的层效果。

B：最大化显示当前选择的头脑风暴产生的随机效果。

C：新建一个合成并存储当前的选择效果。

D：将选择效果应用到当前合成。

E：标记当前效果，标记后若再次产生随机效果则会基于当前效果。

F：设置每次产生效果的随机程度。

G：转跳到上一组或下一组产生的随机效果。

H：回放控制，可播放预览动画效果。

如果需要再次产生随机效果,可单击"Brainstorm"对话框底部的"Brainstorm"按钮,产生新的一组效果。

创建三维合成

5

学习要点：

- 了解二维合成和三维合成之间的区别，并掌握使用 3D 层的方法
- 掌握从 Photoshop 中导入 3D 对象的基本方法
- 掌握在三维合成中使用摄像机的方法及其设置方法
- 掌握在三维合成中使用灯光的方法及其设置方法
- 了解各种三维预览选项和要求

5.1 3D 层

After Effects 不但能以二维的方式对图像进行合成（见图 5-1-1），还可以进行三维合成（见图 5-1-2），这大大拓展了合成空间；可以将除了调节层以外的所有层设置为 3D 层，还可以建立动态的摄像机和灯光，从任何角度对 3D 层进行观看或投射；同时，还支持导入带有 3D 信息的文件作为素材。

二维合成

图 5-1-1

三维合成

图 5-1-2

5.1.1 转换并创建 3D 层

在时间线调板中，单击层的 3D 层开关 （见图 5-1-3），或使用菜单命令"Layer > 3D Layer"，可以将选中的 2D 层转化为 3D 层。再次单击其 3D 层开关，或使用菜单命令"Layer > 3D Layer"，可以取消层的 3D 属性。

图 5-1-3

  2D 层转化为 3D 层后，在原有 x 轴和 y 轴的二维基础上增加了一个 z 轴（见图 5-1-4），层的属性也相应增加（见图 5-1-5），可以在 3D 空间对其进行位移或旋转操作。

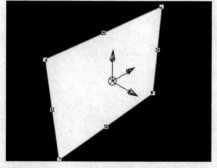

图 5-1-4

图 5-1-5

  同时，3D 层会增加材质属性，这些属性决定了灯光和阴影对 3D 层的影响，是 3D 层的重要属性（见图 5-1-6）。

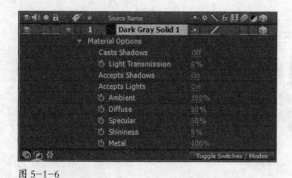

图 5-1-6

5.1.2 移动 3D 层

  与普通层类似，可以对 3D 层施加位移动画，以制作三维空间的位移动画效果。

  选择欲进行操作的 3D 层，在合成调板中，使用选择工具 ▶ 拖曳与移动方向相应的层的 3D 坐标控制箭头，可以在箭头的方向上移动 3D 层（见图 5-1-7）。按住"Shift"键进行操作，可以更快地进行移动。在时间线调板中，通过修改 Position 属性的数值，也可以对 3D 层进行移动。

图 5-1-7

使用菜单命令"Layer > Transform > Center In View"或快捷键"Ctrl+Home"，可以将所选层的中心点和当前视图的中心对齐。

5.1.3 旋转 3D 层

通过改变层的 Orientation 或 Rotation 属性值，都可以旋转 3D 层。无论哪一种操作方式，层都会围绕其中心点进行旋转。这两种方式的区别是施加动画时，层如何运动。当为 3D 层的 Orientation 属性施加动画时，层会尽可能直接旋转到指定的方向值。当为 x、y 或 z 轴的 Rotation 属性施加动画时，层会按照独立的属性值，沿着每个独立的轴运动。换句话说，Orientation 属性值设定一个角度距离，而 Rotation 数值设定一个角度路径。为 Rotation 属性添加动画可以使层旋转多次。

对 Orientation 属性施加动画比较适合自然而平滑的运动，而为 Rotation 属性施加动画可以提供更精确的控制。

选择欲进行旋转的 3D 层，选择旋转工具 ↺，并在工具栏右侧的设置菜单中选择"Orientation"或"Rotation"，以决定这个工具影响哪个属性。在合成调板中，拖曳与旋转方向相应的层的 3D 坐标控制箭头，可以在围绕箭头的方向上旋转 3D 层（见图 5-1-8）。拖曳层的 4 个控制角点可以使层围绕 z 轴进行旋转；拖曳层的左右两个控制点，可以使层围绕 y 轴进行旋转；拖曳层的上下两个控制点，可以使层围绕 x 轴进行旋转。直接拖曳层，可以任意旋转。按住"Shift"键进行操作，可以以 45°的增量进行旋转。在时间线调板中，通过修改 Rotation 或 Orientation 属性的数值，也可以对 3D 层进行旋转。

图 5-1-8

5.1.4　坐标模式

坐标模式用于设定 3D 层的那一组坐标轴是经过变换的。可在工具调板中选择一种模式。

· Local Axis mode ✥：坐标和 3D 层表面对齐。

· World Axis mode ●：与合成的绝对坐标对齐。忽略施加给层的旋转，坐标轴始终代表 3D 世界的三维空间。

· View Axis mode ◨：坐标和所选择的视图对齐。例如，假设一个层进行了旋转，且视图更改为一个自定义视图，其后的变化操作都会与观看层的一个视图轴系统同步。

💡 摄像机工具经常会沿着视图本身的坐标轴进行调节，所以摄像机工具的动作在各种坐标模式中均不受影响。

5.1.5　影响 3D 层的属性

特定层在时间线调板中堆叠的位置可以防止成组的 3D 层在交叉或阴影的状态下被统一处理。

3D 层的投影不影响 2D 层或在层堆叠顺序中处于 2D 层另一侧的任意层。同样，一个 3D 层不与一个 2D 层或在层堆叠顺序中处于 2D 层另一侧的任意层交叉（见图 5-1-9）。灯光不存在这样的限制。

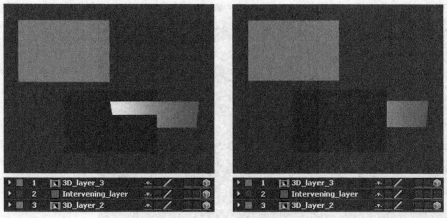

图 5-1-9

就像 2D 层，以下类型的层也会保护每一边的 3D 层不受投影和交叉的影响。

· 调整层。

· 施加了层风格的 3D 层。

· 施加了效果、封闭路径或轨道蒙版的 3D 预合成层。

· 没有开启卷展的 3D 预合成层。

开启了卷展属性的预合成（卷展开关 ✿ 被开启），不会受到任何一边的 3D 层的影响，只要预合成中所有的层本身为 3D 层。卷展可以显示出其中层的 3D 属性。从本质上讲，卷展在这种情况下，允许每个主合成中的 3D 层独立出来，而不是为预合成层建立一个独立的二维合成，从而在主合成中进行合成。但这个设置却去除了将预合成作为一个整体进行统一设置的能力，比如混合模式、精度和运动模糊等。

5.1.6 使用 Photoshop 中的 3D 层

Photoshop Extended 可以导入并操控多种流行格式的 3D 模型，包括：.3ds（3ds Max）、.dae（Digital Asset Exchange, COLLADA）、.kmz（Compressed Keyhole Markup Language Format, Google Earth）、.obj（Common 3D Object Format）和 .u3d（Universal 3D）。除此之外，还可以创建原始形状的基本 3D 物体。

Photoshop 将每个置入的 3D 对象放置在不同的层中。在 Photoshop 中，可以使用 3D 工具移动或缩放 3D 模型，改变灯光、摄像机的角度和位置，并改变渲染模式；还可以使用 Photoshop 修改、绘制和替换 3D 对象的纹理。

可以将 PSD 文件中的 3D 对象层从 Photoshop 中导入到 After Effects 中，以便进行合成与动画（见图 5-1-10）。

图 5-1-10

若将 PSD 文件导入到 After Effects 中作为一个合成，并且 PSD 文件中包含一个 3D 对象层，则可以将层设置为 Live Photoshop 3D 层（见图 5-1-11）。如果在导入时未选择"Live Photoshop 3D"选项，可以在 After Effects 中，使用菜单命令"Layer > Convert To Live Photoshop 3D"，将层转化为 Live Photoshop 3D 层。Live Photoshop 3D 层包含名为 Live Photoshop 3D 的效果，图层上的该效果将按照 After Effects 合成中活动摄像机的视角渲染 3D 对象。Live Photoshop 3D 效果与其他效果类似，并带有一个合成摄像机属性。导入一个 Live Photoshop 3D 层后，After Effects 会创建一个摄像机以匹配 Photoshop 中的摄像机（见图 5-1-12）。After Effects 中创建的摄像机是没有添加动画的，即使在 Photoshop 中已经添加了动画。

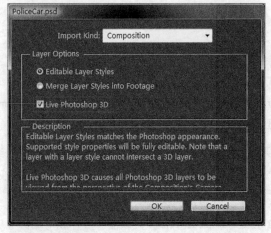

图 5-1-11

图 5-1-12

一个 3D 物体和它的摄像机可以在 Photoshop 中被设置动画。如果想让 After Effects 使用 PSD 文件中 3D 物体或摄像机的动画，可在效果控制（Effect Controls）调板中，在层的 Live Photoshop 3D 效果属性中，勾选"Use Photoshop Transform"或"Use Composition Camera"（见图 5-1-13）。一般情况下，可以在 After Effects 中方

便地创建动画和摄像机的移动效果。

图 5-1-13

After Effects 中的 Live Photoshop 3D 层包含了多个表达式，以便和一个空白层建立关联（见图 5-1-14）。使用空白层可以控制 Live Photoshop 3D 层，而不是直接控制 Live Photoshop 3D 层的属性。

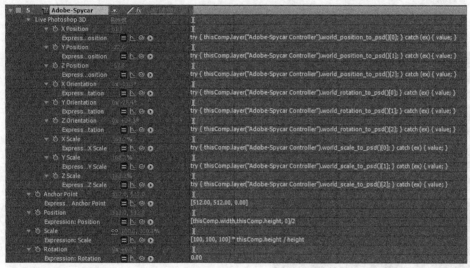

图 5-1-14

绘制 3D 物体的纹理、修改材质、改变灯光或其他对于 3D 物体本身的编辑，必须切换到 Photoshop 中进行操作。编辑原 PSD 文件最方便的方法是使用 After Effects 中的 "Edit Original" 命令，将其在 Photoshop 中打开。

💡 欲编辑 3D 模型本身，则必须使用 Photoshop 或 After Effects 之外的一款三维绘图软件。

5.1.7　三维动画实例——飞舞的蝴蝶

在 After Effects 中使用 3D 层创建动画时，可以利用二维素材生成三维场景。本小节将使用平面的蝴蝶图片，在三维空间中制作翩翩起舞的蝴蝶效果，制作时注意体会操作 3D 层与 2D 层的区别。

（1）在 Photoshop 中打开蝴蝶的素材 "Butterfly.jpg"，将蝴蝶的左右翅膀和躯干部分各独立为一层，并分别取名为 "Left"、"Right" 和 "Center"，将文件转存为 "Butterfly.psd"（见图 5-1-15）。

（2）以合成的方式导入分层的蝴蝶素材 "Butterfly.psd"（见图 5-1-16），并打开此合成。

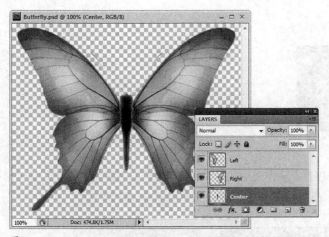

图 5-1-15

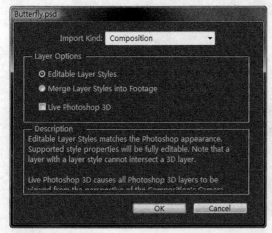

图 5-1-16

（3）分别单击层"Left"、"Right"和"Center"的 3D 层开关 ⬡，将它们转化为 3D 层（见图 5-1-17）。

（4）使用轴心点工具 ✛ 将层"Left"和"Right"的轴心点移动到翅膀的关节位置，并将层"Center"的轴心点移动到躯干的中心位置（见图 5-1-18）。

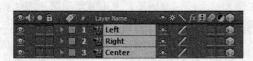

图 5-1-17

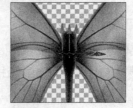

图 5-1-18

（5）分别将层"Left"和"Right"的 Y Rotation 属性设置为 –70.0°和 +70.0°，并在 0 s 位置记录关键帧（见

图 5-1-19)。将时间指示标移到第 10 帧的位置，再将层"Left"和"Right"的 Y Rotation 设置为 +70.0°和 −70.0°，自动生成关键帧（见图 5-1-20）。预览合成，蝴蝶的翅膀完成一次扇动。

图 5-1-19　　　　　　　　　　　　　　　　图 5-1-20

💡 如果发现在扇动的过程中，翅膀和躯干之间出现缝隙，可以移动翅膀层的位置，使其向中心靠拢。

（6）选中层"Left"和"Right"的 Y Rotation 属性的 4 个关键帧，使用菜单命令"Animation > Keyframe Assistant > Easy Ease"或快捷键"F9"，将关键帧的差值形式均改为"Bezier"，使蝴蝶翅膀的扇动变得平滑（见图 5-1-21）。如果不使用"Easy Ease"命令，蝴蝶翅膀在运动过程中会始终保持匀速，显得生硬而不自然。

图 5-1-21

（7）使用菜单命令"Animation > Add Expression"或快捷键"Alt + Shift + ="，为层"Left"和"Right"的 Y Rotation 属性添加表达式，输入表达式语句"loopOut(type="pingpong",numKeyf-rames=0)"，蝴蝶翅膀便可以往复循环扇动了（见图 5-1-22）。

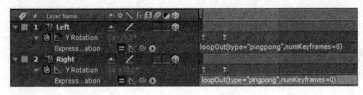

图 5-1-22

（8）在时间线调板中选择弹出式菜单命令"Columns > Parent"，调出父子关系面板。在其中单击层"Left"和"Right"的父子关系关联器按钮 🌀，并将其拖曳到层"Center"上，使层"Left"和"Right"成为层"Center"的子层（见图 5-1-23）。至此，蝴蝶的 3 部分成为一个整体，基本制作完成了一只扇动翅膀的蝴蝶。

图 5-1-23

💡 可以在父子关系下拉列表中选择父层。

（9）为层"Center"在三维空间中设置运动路径（见图 5-1-24）。

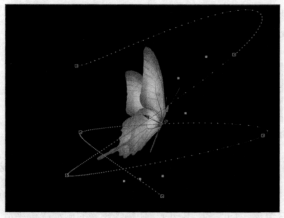

图 5-1-24

💡 为了避免误操作，可以将层"Left"和"Right"进行锁定。

（10）按照以上的方法继续制作几只蝴蝶，并设置好运动路径。将它们都添加到合成场景中，从而完成一组蝴蝶翩翩起舞的镜头。

5.2 摄像机与灯光

在 After Effects 中创建三维合成时，可以通过添加摄像机和灯光的方式，利用摄像机景深和灯光的渲染效果，创建出更加真实的运动场景。

5.2.1 创建并设置摄像机层

通过建立摄像机，可以以任何视角对三维合成进行观看（见图 5-2-1）。三维视图中会增加带有编号的摄像机视图，处于最上层的有效摄像机所产生的视图为活动摄像机视图，将被用于最终的输出或嵌套。

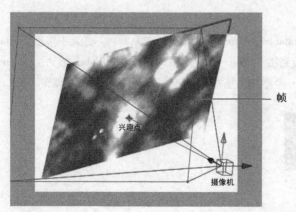

图 5-2-1

使用菜单命令"Layer > New > Camera"或快捷键"Ctrl+Alt+Shift+C",会弹出摄像机设置对话框,可对摄像机的各项属性进行设置,也可以使用预置设置(见图5-2-2)。

· Name:摄像机的名称。默认状态下,在合成中创建的第一个摄像机的名称是"Camera 1",后续创建的摄像机的名称按此顺延。对于多摄像机的项目,应该为每个摄像机起个有特色的名字,以方便区分。

· Preset:预置,欲使用的摄像机的类型。预置的名称依据焦距来命名。每个预置都是根据35 mm胶片的摄像机规格的某一焦距的定焦镜头来设定的,因此,预置其实也设定了视角、变焦、焦距和光圈值,默认的预置是50 mm。还可以创建一个自定义参数的摄像机并保存在预置中。

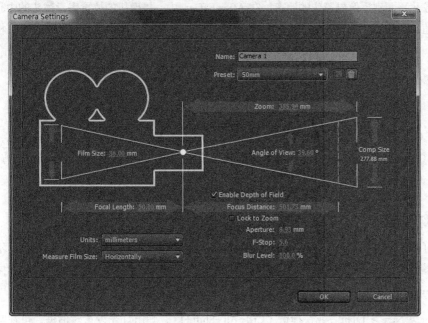

图 5-2-2

· Zoom:变焦,镜头到像平面的距离。换言之,一个层如果在镜头外的这个距离,会显示完整尺寸;而一个层如果在镜头外两倍于这个距离,则高和宽都会变为原来的一半。

· Angle of View:视角,图像场景捕捉的宽度。焦距、底片尺寸和变焦值决定了视角的大小。更宽的视角可创建与广角镜头相同的效果。

· Enable Depth of Field:开启景深,为焦距、光圈和模糊级别应用自定义的变量。使用这些变量,可以熟练控制景深,以创建更真实的摄像机对焦效果。

· Focus Distance:焦点距离,从摄像机到理想焦平面点的距离。

· Lock to Zoom:锁定变焦,使焦距值匹配变焦值。

· Aperture:光圈,镜头的孔径。光圈设置也会影响景深,光圈越大,景深越浅。当设置Aperture值的时候,F-Stop的值也会随之改变,以进行匹配。

· F-Stop：F 制光圈，表示焦距和光圈孔径的比例。大多数摄像机用 F 制光圈作为光圈的度量单位，因此，许多摄影师更习惯于将光圈按照 F 制光圈单位进行设置。若修改了 F 制光圈，光圈的值也会改变，以进行匹配。

· Blur Level：模糊级别，即图像景深模糊的量。设置为 100.0%，可以创建一个和摄像机设置相同的、自然的模糊，降低这个值可以降低模糊。

· Film Size：有效的底片尺寸，直接和合成尺寸相匹配。当更改底片尺寸时，变焦值也会随之改变，以匹配真实摄像机的透视。

· Focal Length：从胶片平面到摄像机镜头的距离。在 After Effects 中，摄像机的位置表示镜头的中心。当改变了焦距后，变焦值也会改变，以匹配真实摄像机的透视关系。另外，预置、视角和光圈会作出相应的改变。

· Units：单位，摄像机设置数值所使用的测量单位。

· Measure Film Size： 用于描述影片大小的尺寸。

设置完毕后，单击"OK"按钮，在时间线顶部的位置新建一个摄像机层。对于已经建立的摄像机，可以使用菜单命令"Layer > Camera Settings"或快捷键"Ctrl+Shift+Y"，以及双击时间线调板中的摄像机层的方法，弹出摄像机设置对话框，更改其设置。

5.2.2　创建并设置灯光层

灯光是三维合成中可以发光照亮其他三维物体的一种元素，类似于光源。可以根据实际需要选择不同类型的灯光，其中包括聚光灯（Spot）（见图 5-2-3）、点光（Point）（见图 5-2-4）、平行光（Parallel）（见图 5-2-5）和环境光（Ambient）（见图 5-2-6），并可以根据需要对其进行设置。

使用菜单命令"Layer > New > Light"或快捷键"Ctrl+Alt+Shift+L"，弹出灯光设置对话框，可在其中对灯光的各项属性进行设置（见图 5-2-7）。

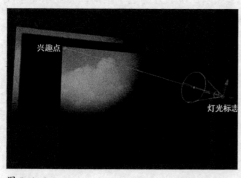

图 5-2-3

图 5-2-4

图 5-2-5   图 5-2-6

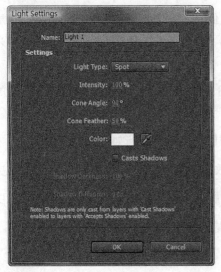

图 5-2-7

- Light Type：灯光类型，可在聚光灯（Spot）、点光（Point）、平行光（Parallel）和环境光（Ambient）4 种灯光类型中进行选择。

- Intensity：灯光强度。负的值创建负光，负光会从层中减去相应的色彩。例如，如果一个层已经被灯光所影响，则创建一个方向性的负值灯光并投射到这个层上，会创建一个暗部区域。

- Cone Angle：灯光形成的锥体的角度，它决定了光束在某一距离上的宽度。这个控制选项只有在选择聚光灯（Spot）类型的情况下才被激活。聚光灯的锥角在合成中表示为灯光图标的边线。

- Cone Feather：聚光灯的边缘柔化。这个控制选项只有在选择聚光灯（Spot）类型的情况下才被激活。

- Casts Shadows：投影，设置灯光光源是否会使层产生投影。必须开启"Material Option"中的"Accepts Shadows"选项，层才能接受投影，这个选项在默认状态下是开启的。灯光层中，"Material Option"中的"Casts Shadows"选项在开启状态下，才可以投射灯光，这个选项在默认状态下是关闭的。

· Shadow Darkness：设置阴影的暗度。这个控制选项只有在"Casts Shadows"选项开启的状态下才被激活。

· Shadow Diffusion：为被投影层设置一个基于视距所产生的阴影的柔化。数值越大，投影的边缘越柔化。这个控制属性只有在"Casts Shadows"选项开启的状态下才被激活。

设置完毕，单击"OK"按钮，在时间线顶部的位置新建一个灯光层。对于已经建立的灯光，可以使用菜单命令"Layer > Light Settings"或快捷键"Ctrl+Shift+Y"，以及双击时间线调板中的灯光层的方法，弹出灯光设置对话框，更改其设置。

5.2.3 移动摄像机、灯光或兴趣点

在三维合成中，不仅可以移动摄像机和灯光，还可以对它们的兴趣点进行移动。摄像机层和灯光层都包含一个兴趣点（Point of Interest）属性，以设置摄像机层和灯光层拍摄或投射的重点。默认状态下，兴趣点位于合成的中心。可以在任意时间移动兴趣点。

💡 在移动摄像机之前，选择一个 Active Camera 之外的视图，这样可以看到兴趣点图标和定义角度的边界线。

在合成中选择一个摄像机或灯光层，可使用选择工具 ▶ 或旋转工具 ↻ 进行如下操作。

· 欲移动摄像机或灯光及它们的兴趣点，可以将鼠标指针放置到想要调节的坐标轴上，然后进行拖曳。

· 欲沿着一个单独的坐标轴移动摄像机或灯光，而不移动兴趣点，可以在按住"Ctrl"键的同时进行拖曳。

· 欲自由地移动摄像机或灯光，而不移动兴趣点，可以拖曳摄像机图标 🖼 或灯光图标。

· 欲移动兴趣点，可拖曳兴趣点图标 ✦ 。

💡 像其他属性一样，可以在时间线调板中，通过设置 Position、Rotation 和 Orientation 的值来进行移动或旋转的操作。

使用菜单命令"Layer > Transform > Auto-Orient"，在弹出的"Auto-Orientation"对话框中选择除"Orient Towards Point of Interest"之外的选项（见图 5-2-8）。

图 5-2-8

5.2.4 摄像机视图与 3D 视图

使用传统的二维视图无法对三维合成进行全面的预览，会产生视差。After Effects 提供了不同的三维视图，其中包括活动摄像机（Active Camera）视图和前（Front）、左（Left）、顶（Top）、后（Back）、右（Right）、底（Bottom）6 个不同方位的视图，以及 3 个自定义视图（Custom View）。如果合成中含有摄像机，还会增加不同的摄像机（Camera）视图。可以以不同的角度对 3D 层进行观看，从而方便了对三维合成的操作。

当合成中含有 3D 层时，单击合成调板底部的视图列表，可以在弹出式列表中选择所需的视图（见图 5-2-9）。使用菜单命令"View > Switch 3D View"，也可以在其子菜单中选择三维视图。

图 5-2-9

使用菜单命令"View > Switch to Last 3D View"，可以切换到上一个使用的三维视图。使用菜单命令"View > Look at All Layers"，可以使视图显示包含所有层。使用菜单命令"View > Look at Selected Layers"或快捷键"Ctrl+Alt+Shift+\"，可以使视图显示包含选中的层，当未选中任何层时，此命令相当于显示包含所有层。使用菜单命令"View > Reset 3D View"，可以还原当前视图的默认状态。

在三维合成中进行操作时，经常会使用多个三维视图对 3D 层进行对比观察定位。使用菜单命令"View > New Viewer"或快捷键"Alt+Shift+N"，可以建立新的视图窗口，将新视图窗口设置为所需的视图方式。可以反复使用此命令添加视图，也可以将设置的多个视图保存为工作空间，随时调用。After Effects 预置了多种视图组合，单击合成调板底部的视图组合列表，可以在弹出式列表中选择所需的视图组合，其中包括单视图、双视图和四视图等（见图 5-2-10）。

图 5-2-10

5.2.5　材质选项属性

3D 层都有一个材质选项（Material Options）属性，它用于决定 3D 层如何受灯光和阴影的影响。

· Casts Shadows：设置一个层是否投影在其他层。阴影的方向和角度由光源的方向和角度决定。设置这个选项将使层不可见，但依然参与投影。

· Light Transmission：透光率，即透过层的光的比率，将层中的颜色像阴影一样投射到另一个层。0% 为没有光透过层，投射一个黑影。100% 为满值，投射层的颜色到接收层上。

· Accepts Shadows：设置层是否显示来自其他层的投影。

· Accepts Lights：设置层的颜色是否受到灯光影响。这个设置不影响阴影。

· Ambient：环境层的反射率。100% 为最高反射率，0% 为没有环境反射。

· Diffuse：全方位的层的光散射率。为层应用漫反射就像为其覆盖了一层半透明气体一样，落在层上的光在所有的方向上被反射回来。100% 为最高的漫反射，0% 为没有漫反射。

· Specular：层的径向反射。反射光从层中反射出来，类似于镜子。100% 为最高的反射，0% 为没有反射。

· Shininess：反光度，决定镜面高光的尺寸。这个选项只有当 Specular 属性设置为非零时，才会被激活。100% 可生成一小块镜面高光的倒影。0% 可生成一大块镜面高光的倒影。

· Metal：层的颜色对反射高光的影响程度。100% 设置高光的颜色是层的颜色。0% 设置反射高光的颜色是灯光光源的颜色。

6

动画与关键帧

· 了解关键帧动画的创建方法
· 理解并掌握空间差值与时间差值的设置方法
· 理解并掌握快速产生与修改动画的方法
· 了解预览动画的方法

6.1 创建基本的关键帧动画

After Effects CS6 除了合成以外，动画也是它的强项。这个动画的全名其实应该叫做关键帧动画，因此，如果需要在 After Effects CS6 中创建动画，一般需要通过关键帧来产生。动画的艺术也是关键帧的艺术。

6.1.1 认识关键帧动画

关键帧不是一个纯 CG 的概念，关键帧的概念来源于传统的动画片制作。人们看到的视频画面，其实是一幅幅图像快速播放而产生的视觉欺骗，在早期的动画制作中，这些图像中的每一张都需要动画师绘制出来（见图 6-1-1）。

图 6-1-1

在早期 Walt Disney 的制作室中，熟练的动画师设计卡通片中的关键画面，即所谓的关键帧，中间的画面由他的助手来完成，这样可保证动画片的艺术性同时也提高了效率。可以想象成小时候看的漫画，那里面一格一格的画面相当于关键帧，如果想完成一个动画，中间缺少的帧可以由助手来完成。只不过在电脑软件中创建动画，关键的画面需要用户自己定义，中间的步骤可以由助手，也就是电脑来完成。

动画是基于时间的变化，如果层的某个动画属性在不同时间产生不同的参数变化，并且被正确记录下来，那么可以称这个动画为"关键帧动画"。

比如,可以在 0 s 的位置设置 Opacity 属性为"0",然后在 1 s 的位置设置 Opacity 属性为"100",如果这个变化被正确记录下来,那么层就产生了不透明度在 0 ~ 1 s 从"0"到"100"的变化。

6.1.2 产生关键帧动画的基本条件

主要有以下 3 个条件:

· 必须按下属性名称左边的秒表按钮才能记录关键帧动画(见图 6-1-2)。

图 6-1-2

· 必须在不同的时间位置设置多个关键帧才能有动画出现,一个关键帧不能产生动画。

· 按下秒表按钮的属性的数值在不同的时间应该有变化。

6.1.3 创建关键帧动画的基本流程

关键帧动画的创建方式基本一致,以位移动画为例,操作步骤如下。

(1)打开"ant.ai"文件,将其导入到 After Effects 中(见图 6-1-3)。

(2)建立一个 PAL 制合成,并设置合成的持续时间为 5 s(见图 6-1-4)。

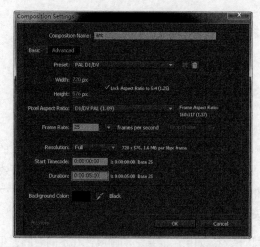

图 6-1-3

图 6-1-4

（3）将"ant.ai"素材拖曳到时间线上，得到"ant.ai"层，并使用选择工具将其拖曳到合成左侧居中位置（见图 6-1-5）。

图 6-1-5

（4）展开"ant.ai"层的 Position 属性，将时间指示标拖曳到 0 s 位置，单击 Position 属性左边的秒表按钮，建立关键帧（见图 6-1-6）。

图 6-1-6

（5）将时间指示标拖曳到 5 s 位置，使用选择工具拖曳"ant.ai"层至合成右侧位置（见图 6-1-7）；由于 Position 参数产生变化，在 5 s 位置自动建立关键帧（见图 6-1-8）。

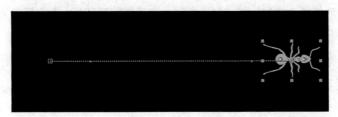

图 6-1-7

图 6-1-8

在编辑的过程中，由于设置关键帧是非常频繁的操作，需要了解一些重要的与层属性和关键帧相关的快捷键。

· 选择一个或多个层，按"A"键可以展开层的 Anchor Point 属性。

· 选择一个或多个层，按"P"键可以展开层的 Position 属性。

· 选择一个或多个层，按"S"键可以展开层的 Scale 属性。

- 选择一个或多个层，按"R"键可以展开层的 Rotation 属性。

- 选择一个或多个层，按"T"键可以展开层的 Opacity 属性。

- 选择一个或多个层，按"U"键可以展开层中所有设置关键帧的属性。

- 选择一个或多个层，按"U+U"键可以展开层中所有被修改的属性。

展开属性后再次按相同的快捷键，可以将展开的属性重新折叠。

如需要在某个属性展开的基础上再次展开其他属性，可在按需要展开属性的快捷键的同时按"Shift"键。

6.1.4 运动模糊

运动模糊（Motion Blur）在视频编辑领域是一个重要的概念，当回放所拍摄的视频的时候，会发现快速运动的对象的成像是不清晰的。当手在眼前快速挥动时，会产生虚化的拖影，这个现象称之为运动模糊，即由运动产生的模糊效果。

拍摄影像的一些特性决定了运动模糊的产生。以电影为例，电影以胶片作为记录影像的载体，每秒拍摄 24 格画面，每格画面的曝光时间为 1/24 s。如果拍摄的主体在这 1/24 s 中产生了运动变化，就会在感光过程中产生模糊的影像，所以运动模糊始终存在于影像中。

运动模糊现象在视频合成领域具有重要作用，两个场景的匹配并不仅仅是匹配位置和色彩这么简单，两个场景的摄影机焦距和光圈大小会直接导致透视和景深的不同。如果场景中有元素的运动，比如天空中的飞鸟，那么这两个场景中运动元素的运动模糊也应该一模一样。所以，运动模糊是区分一个场景是否真实的重要条件。

1. 开启运动模糊

在 After Effects 的时间线上想要开启运动模糊需要有 3 个条件：

- 层的运动必须由关键帧产生。

- 要激活合成的运动模糊开关 。

- 要激活层的运动模糊开关 。

以上 3 个条件，缺少其中的任何一个，都不会产生运动模糊效果。

合成的运动模糊开关与层的运动模糊开关在时间线调板中，单击即可激活。图 6-1-9 所示为开启合成的运动模糊开关，即该合成允许运动模糊效果；图 6-1-10 所示为开启层的运动模糊开关，即该层开启运动模糊效果。

图 6-1-9

图 6-1-10

每个层都有自己单独的运动模糊开关，哪一层需要开启运动模糊就单击打开哪一层的运动模糊开关，用户可以控制哪层开启运动模糊。如果看不到层的运动模糊开关，可以激活时间线调板，并按键盘上的"F4"键调出运动模糊开关。

运动模糊开启后可以看到运动的层产生了模糊效果（见图 6-1-11）。如运动模糊效果不明显，可修改运动模糊。

图 6-1-11

2. 修改运动模糊

有时候软件默认产生的运动模糊强度和实际拍摄的素材中物体的运动模糊强度是不一样的，这时需要修改软件产生的运动模糊强度。有两种修改的方法。

（1）改变物体的运动速度，物体的运动速度越快，运动模糊越大。

（2）修改合成参数。建立的合成相当于一架摄像机，所有的层与动画相当于在这架摄像机拍摄的范围内进行表演，所以修改这架摄像机的参数也可以改变运动模糊值。

使用菜单命令"Composition > Composition Settings"，可以弹出"Composition Settings"对话框（见图 6-1-12）。

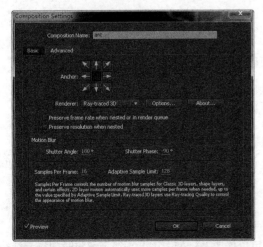

图 6-1-12

- Shutter Angle：快门角度，可以直接影响运动模糊效果，这个数值越大，模糊量越大，极限值为720。

- Shutter Phase：快门相位，定义运动模糊的方向。

- Samples Per Frame：最少采样次数。

- Adaptive Sample Limit：最大采样次数。

Samples Per Frame 与 Adaptive Sample Limit 仅对 3D 层或形状层有效，采样次数越多，运动模糊过渡得越细腻，同时渲染时间也会越长。

相对而言，这两种方法互有优劣：改变物体运动速度的方法可以单独修改一层的模糊量，但是模糊改变的同时运动也随之改变；修改合成设置的方法可以保证层运动的同时增加或减少模糊量，但是所有层的模糊程度会同时发生改变。

6.2　关键帧操作技巧

6.2.1　添加关键帧

单击属性名称左边的秒表按钮 ，可以记录关键帧动画并产生一个新的关键帧。

在秒表按钮激活的状态下，使用快捷键"Alt+Shift+ 属性快捷键"，可以在时间指示标的位置建立新的关键帧。比如添加 Position 关键帧，可以使用快捷键"Alt+Shift+P"。

在秒表按钮激活的状态下，将时间指示标拖曳到新的时间点，直接修改参数可以添加新的关键帧。

选择需要复制的关键帧，使用快捷键"Ctrl+C"将关键帧复制，然后将时间指示标拖曳到新的时间点，使用快捷键"Ctrl+V"将关键帧粘贴。

也可以通过追踪、抖动等特殊操作产生新的随机关键帧。

6.2.2　删除关键帧

单击属性名称左边的秒表按钮 ，可以将该属性的所有关键帧删除。

用选择工具点选或框选关键帧，可删除选择的关键帧。

6.2.3　修改关键帧

将时间指示标拖曳到关键帧所在的时间位置，修改参数即可对关键帧进行修改。如时间指示标没有在关键帧所在的时间位置，则会产生新的关键帧。

6.2.4　转跳吸附

由于时间指示标需要位于关键帧所在的时间位置才可以修改关键帧，因此需要了解将时间指示标精确对齐到关键帧位置的方法。

时间指示标与关键帧之间的关系可以在时间线调板中观察到（见图 6-2-1）。

图 6-2-1

要将时间指示标精确对齐到关键帧，可以使用以下几种方法。

· 单击关键帧导航按钮 ◀ ◆ ▶，可以将时间指示标转跳到最近的上一个关键帧或下一个关键帧。

· 按住"Shift"键的同时拖曳时间指示标，会自动吸附到拖曳位置的关键帧上。

· 使用"J"与"K"快捷键，可以将时间指示标转跳到最近的上一个关键帧或下一个关键帧。

6.2.5 关键帧动画调速

如果需要对关键帧动画进行整体调速处理，可框选需要调速的所有关键帧，按住"Alt"键的同时拖曳最后一个关键帧即可（见图 6-2-2、图 6-2-3）。

图 6-2-2

图 6-2-3

6.2.6 复制和粘贴关键帧

如果需要对关键帧动画进行复制操作，可选择需要复制的一个或多个关键帧，使用快捷键"Ctrl+C"，然后将时间指示标拖曳到需要的位置，使用快捷键"Ctrl+V"，可直接将关键帧粘贴。

6.3　关键帧解释

在编辑的过程中，有时可能需要一些特殊的关键帧运动。比如由默认的直线运动修改为曲线运动，或者由默认的匀速运动修改为平滑变速运动，这些都需要对关键帧类型进行重新解释。关键帧包含多达十几种类型，而 After Effects 默认的关键帧只是其中的一种状态。

这些关键帧类型可以划分为空间差值和时间差值两种。空间差值主要指的是关键帧运动路径的变化，比如是直线运动还是曲线运动；而时间差值主要指的是关键帧运动速度的变化，比如是加速运动还是减速运动。

6.3.1　空间差值

空间差值主要体现在关键帧的运动路径上。

在设置动画的时候，一般使用最少的关键帧完成动画，可以得到最流畅的运动效果，所以，一个复杂的运动尽量不要用太多的关键帧，可通过调整空间差值的 Bezier 曲线完成。

空间差值的曲线也称为"运动路径"，显示在合成调板中，只有 Position、Anchor Point 和特效控制点才有运动路径（见图 6-3-1）。也就是说，只有 Position、Anchor Point 和特效控制点才具有空间差值属性。

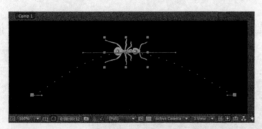

图 6-3-1

选择需要修改空间差值的关键帧，使用菜单命令"Animation > Keyframe Interpolation"，会弹出"Keyframe Interpolation"对话框（见图 6-3-2）。

图 6-3-2

"Spatial Interpolation"（空间解释）下拉列表中显示的是 After Effects 提供的空间差值方法（见图 6-3-3）。

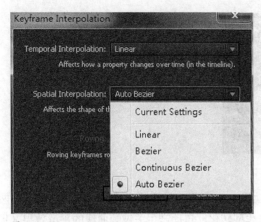

图 6-3-3

· Linear：线型运动，即直线运动，运动路径中没有 Bezier 曲线调节手柄（见图 6-3-4）。

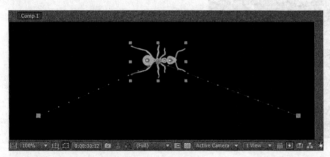

图 6-3-4

· Bezier：贝赛尔型运动，即曲线运动，运动路径中包含 Bezier 曲线调节手柄，可以随意控制两个手柄的运动（见图 6-3-5）。

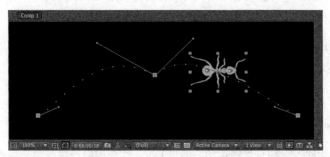

图 6-3-5

· Continuous Bezier：持续贝赛尔型运动，也是一种曲线运动，两个调节手柄可以拖曳改变长度，但是两个调节手柄之间的夹角始终为 180°，这样牺牲了调节手柄的可控性，但是可以确保运动路径永远是平滑的（见图 6-3-6）。

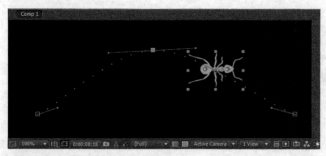

图 6-3-6

· Auto Bezier：自动贝赛尔型运动，也是一种曲线运动，两个调节手柄距离关键帧的长度相同，两个调节手柄之间的夹角始终为 180°，一般用于 Linear 向曲线型转化，自动产生关键帧曲线的平滑效果（见图 6-3-7）。

图 6-3-7

除了在"Keyframe Interpolation"对话框中指定空间差值类型外，也可以使用快捷键在合成调板中修改关键帧的空间差值类型。

· 按住快捷键"Ctrl+Alt"的同时，在 Linear 型关键帧上单击，可以将关键帧由 Linear 直线运动转化为 Auto Bezier 型曲线运动。

· 按住快捷键"Ctrl+Alt"的同时，在 Bezier、Continuous Bezier、Auto Bezier 型关键帧上单击，可以删除调节手柄，将关键帧由 Linear 型（直线运动）转化为 Bezier 型（曲线运动）。

· 拖曳 Auto Bezier 型曲线的调节手柄，可以将其转化为 Continuous Bezier 型曲线。

· 按住"Alt"键的同时拖曳 Continuous Bezier 型曲线的调节手柄，可以将其转化为 Bezier 型。

可以认为 After Effects 只提供两种空间运动：一种是直线运动，通过 Linear 型关键帧产生；另一种是曲线运动，通过 3 种 Bezier 型关键帧产生。选择一种关键帧差值方式，就是制定一种运动类型。3 种 Bezier 型关键帧在本质上并无差别，只是调整的方便程度不同，任何形状都可以通过 Bezier 型差值调整出来。

6.3.2 时间差值

在设置关键帧动画的过程中，运动速度可以影响影片的节奏和真实性，是需要非常重视的方面。以位移动画为例，关键帧动画中元素的运动速度是由元素起始点的距离和关键帧间隔时间来决定的，同样的时间，距离越大，速度越快；同样的距离，间隔时间越短，速度越快。

以上的情况在运动速度匀速的情况下才有效，然而在自然界一切元素的运动中，完全的匀速运动是不存在的。比如汽车前进需要加速，停止的时候又需要减速。在设置动画时，经常需要对关键帧进行加速或减速等变速操作，这些操作需要调整关键帧的时间差值。时间差值可以修改关键帧的运动速度。

选择需要修改时间差值的关键帧，使用菜单命令"Animation > Keyframe Interpolation"，会弹出"Keyframe Interpolation"对话框。"Temporal Interpolation"（时间解释）下拉列表中显示的是 After Effects 提供的时间差值方法（见图 6-3-8）。

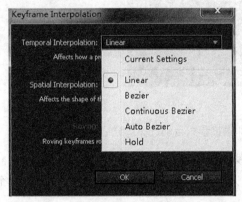

图 6-3-8

· Linear：线型运动，即匀速运动。

· Bezier、Continuous Bezier、Auto Bezier：贝赛尔型运动，变速运动，通过调整曲线形态来控制运动速度。

· Hold：突变性运动，关键帧之间没有过渡动画，会产生突变效果。

修改时间差值需要在图表编辑器（Graph Editor）中进行。选择需要修改时间差值的关键帧，单击时间线顶部的图表编辑器（Graph Editor）按钮可以在时间线上开启图表编辑器（见图 6-3-9），其中显示的曲线就是当前参数的关键帧曲线。图表编辑器在使用时需要注意坐标，图表的横坐标始终为时间，纵坐标根据选择参数或显示方式的不同会发生改变。默认情况下位移图表的纵坐标单位是 px/s，即每秒运动多少像素，是一种代表速度变化的曲线。

图表编辑器主要有两种图表显示方式，可以展开图表编辑器底部的快捷菜单进行指定（见图 6-3-10）。

· Edit Value Graph：编辑数值曲线，曲线横坐标代表当前选择参数的数值变化。

· Edit Speed Graph：编辑速度曲线，曲线横坐标代表当前选择参数的速度变化。

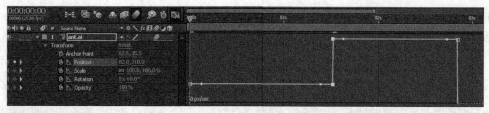

图 6-3-9

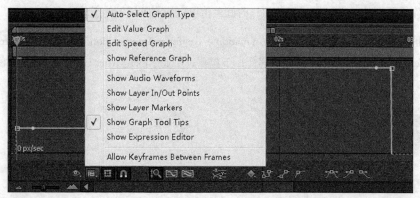

图 6-3-10

After Effects 默认勾选的是"Auto-Select Graph Type",即根据参数自动选择最合适的图表曲线类型。

如果将位移曲线修改为 Value Graph,可以看到图表曲线产生了变化,一条速度曲线变成了 x、y 方向分离的两条数值曲线,同时纵坐标单位变成了 px(像素值)(见图 6-3-11)。对于诸如 Position 这样具有两个或更多数值的参数,调整速度曲线比较方便。

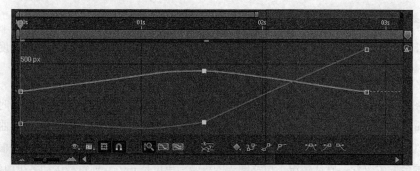

图 6-3-11

图表编辑器底部提供了诸多的快捷操作按钮(见图 6-3-12),从左至右依次说明如下。

图 6-3-12

- Specify which properties are shown in the Graph Editor 👁. ：选择可显示在图表编辑器中的控制器及属性。

- Graph options in the Graph Editor 🔲. ：可选择图表的显示方式，比如显示速度曲线或数值曲线。

- Show transform box when multiple keys are selected ▨：当选择多个关键帧的时候，可选择是否显示变换框。

- Snap 🧲 ：选择在拖曳关键帧的时候是否自动吸附到时间指示标所在的位置。

- Auto Zoom Height 🔍：自动匹配高度，当关键帧数值发生改变时，会自动缩放图表曲线的最高点和最低点，与时间线高度一致。

- Fit Selection ⋈：匹配选择的关键帧，将选择的图表曲线区域自动匹配到时间线的宽度和高度大小。

- Fit all ⋈：匹配所有关键帧，将所有的图表曲线区域自动匹配到时间线的宽度和高度大小。

- Separate Dimensions ⚡：分离轴向，可以将参数的每个轴向分离为一个单独参数。

- Edit selected keyframes ◆：编辑选择的关键帧，可编辑关键帧的时间差值或空间差值属性。

- Convert Selected Keyframes to Hold ⬚：将选择的关键帧转为 Hold 型（见图 6-3-13，该图例为 Position 的速度曲线）。

图 6-3-13

- Convert Selected Keyframes to Linear ⬚：将选择的关键帧转为 Linear 型（见图 6-3-14）。

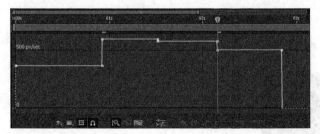

图 6-3-14

- Convert Selected Keyframes to Auto Bezier ⌒：将选择的关键帧转为 Auto Bezier 型（见图 6-3-15）。

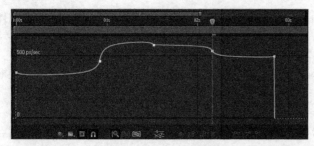

图 6-3-15

- Easy Ease ⚒：平缓，自动平缓进入或离开关键帧的速度，快捷键为"F9"（见图 6-3-16）。

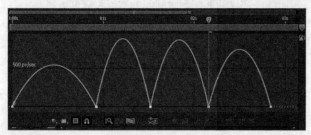

图 6-3-16

- Easy Ease In ⚒：平缓进入，自动平缓进入关键帧的速度，快捷键为"Shift+F9"（见 6-3-17）。

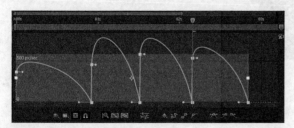

图 6-3-17

- Easy Ease Out ⚒：平缓离开，自动平缓离开关键帧的速度，快捷键为"Ctrl+Shift+F9"（见图 6-3-18）。

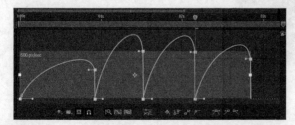

图 6-3-18

💡 Easy Ease、Easy Ease In、Easy Ease Out 是一种由 Linear 到 Bezier 的快速转化，并直接产生由静止加速或运动减速到静止的动画效果。在使用这 3 种方式转化之前，关键帧的时间差值类型不应为 Hold 型。分别设置 Easy Ease In 和 Easy Ease Out 两种效果与设置 Easy Ease 相同。

如果对通过这 3 个功能产生的快速平缓效果不满意，可以拖曳控制手柄进行修改，或者不使用自动平滑效果，直接从 Bezier 型曲线调整到需要的效果（见图 6-3-19）。

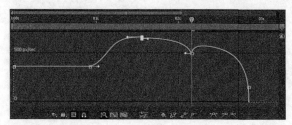

图 6-3-19

比如，创建一辆小汽车的移动动画，在默认时间差值为 Linear 的情况下，图表编辑器显示速度曲线为一条直线，即速度不产生变化（见图 6-3-20）。如需要创建小汽车由静止开始加速，然后减速至停止的动画，可调整速度曲线为图 6-3-21 所示的状态。

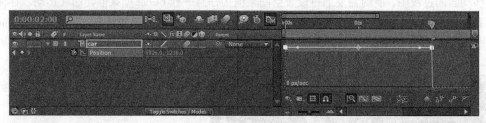

图 6-3-20

图 6-3-21

调整关键帧的时间差值会影响关键帧在时间线调板上的显示状态（见图 6-3-22）。

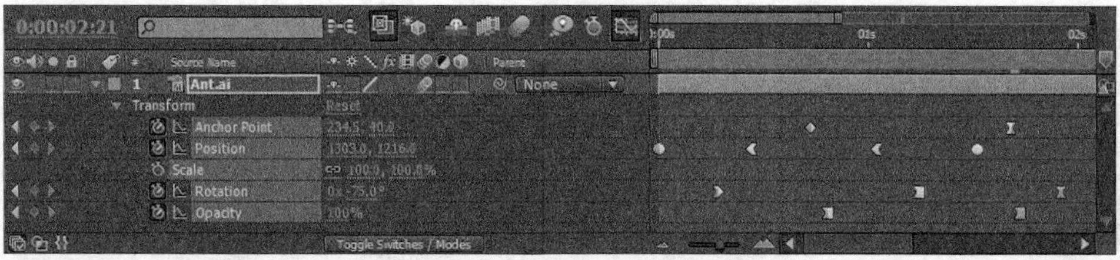

图 6-3-22

关键帧有 5 种不同的形态（见图 6-3-23）。

图 6-3-23

A：线型关键帧。

B：线型入，突变型出。

C：自动贝赛尔型。

D：持续贝赛尔型或贝赛尔型。

E：线型入，贝赛尔型出。

6.3.3 运动自定向

在创建位移动画的过程中，有时需要通过设置空间差值为任意一种 Bezier 型来创建曲线运动。在曲线运动过程中，默认情况下层的朝向并不会根据曲线运动方向进行自动修改（见图 6-3-24），而使用 Rotation 参数创建旋转动画来匹配曲线运动转向又太难控制。在这种情况下可以设置层的运动自定向功能。

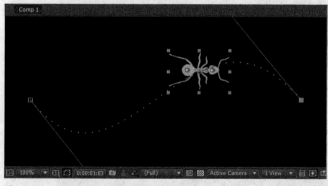

图 6-3-24

选择需要开启运动自定向的层，使用菜单命令"Layer > Transform > Auto-Orientation"，可打开"Auto-Orientation"对话框，选中"Orient Along Path"（沿运动路径自定向）选项（见图 6-3-25）。

图 6-3-25

设置完毕后，合成调板中会显示方向对齐运动路径（见图 6-3-26）。

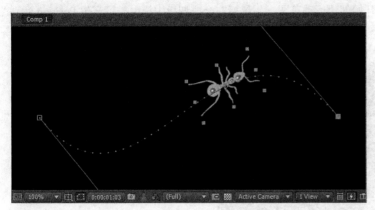

图 6-3-26

6.4 快速创建与修改动画

6.4.1 运动草图

层位置的动画需要设置 Position 关键帧，除了对每一帧进行手动设置之外，After Effects 还提供了一些快速创建关键帧的方法。比如用鼠标拖曳层在合成调板中移动，移动的路径即为关键帧的运动路径。需要用运动草图调板来完成上述操作。

（1）选择时间线调板中需要创建运动草图的层。

（2）在时间线调板中设置工作区，这个工作区时间即运动草图动画的持续时间，可使用"B"和"N"快捷键定义工作区的起点与终点。

（3）使用菜单命令"Window > Motion Sketch"，可以开启 Motion Sketch 调板（见图 6-4-1）。

图 6-4-1

· Show Wireframe：在运动草图创建过程中，层以线框方式显示。

· Show Background：在运动草图创建过程中，是否显示其他层。

（4）单击"Start Capture"按钮开始创建运动草图，用鼠标在合成调板中拖曳，可产生 Position 运动路径（见图 6-4-2、图 6-4-3）。

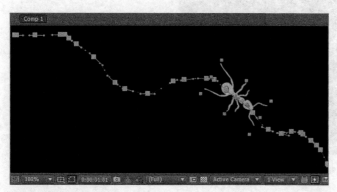

图 6-4-2

图 6-4-3

💡 鼠标的拖曳速度与产生关键帧动画的速度相同，选择的层的 Position 参数会产生很多关键帧，一般需要对这些关键帧进行一些平滑处理，这就是为什么称其为"运动草图"。

6.4.2　关键帧平滑

如果需要使关键帧产生的动画效果流畅，可以对关键帧进行平滑处理。

（1）选择某个属性需要平滑的关键帧。选择单一属性的多个关键帧才可以进行平滑操作。

（2）使用菜单命令"Window > Smoother"，可以开启 Smoother 调板（见图 6-4-4）。

图 6-4-4

· Apply To：选择对关键帧的空间差值还是时间差值进行平滑操作。Temporal Path 是时间差值路径；Spatial Path 是空间差值路径。空间平滑是使运动路径更加流畅，时间平滑是让运动速度更加流畅。

· Tolerance：容差，数值越大，运动越平滑。

（3）设置 Tolerance 参数后，单击"Apply"按钮对关键帧应用平滑效果（见图 6-4-5、图 6-4-6）。

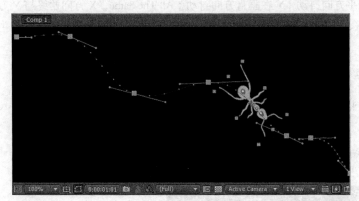

图 6-4-5

图 6-4-6

💡 如果选择多个属性或 3 个以下的关键帧，则无法使用平滑调板功能。

6.4.3 关键帧抖动

如果需要使关键帧产生的动画产生随机变化的效果，可以对关键帧进行抖动处理。

（1）选择某个属性需要进行随机化处理的关键帧。选择单一属性的多个关键帧才可以进行抖动操作。

（2）使用菜单命令"Window > Wiggler"，可以开启 Wiggler 调板，并根据需要设置参数（见图 6-4-7）。

图 6-4-7

· Apply To：选择对关键帧的空间差值还是时间差值进行抖动操作。Temporal Path 是时间差值路径；Spatial Path 是空间差值路径。空间抖动是对运动路径进行抖动，时间抖动是对运动速度进行抖动。

· Noise Type：抖动类型，可以选择"Smooth"或"Jagged"。Smooth 型抖动相对于 Jagged 型抖动，运动稍微平滑一些。

· Dimensions：抖动方向。X 在水平方向抖动；Y 在垂直方向抖动；All The Same，X 方向始终与 Y 方向具有相同值抖动；All Independently，X、Y 方向完全随机抖动。如果抖动的是 Scale 属性，并希望层产生等比变化效果，应选择"All The Same"。

· Frequency：抖动频率，即每秒产生几次数值变化。

· Magnitude：抖动振幅，即每次抖动程度值。这个值与当前选择的参数的单位有关，假使振幅为 10，对应 Position 属性指的是 10 像素位移，对应 Scale 属性指的是 10% 的缩放。

（3）单击"Apply"按钮，确定抖动变化效果（见图 6-4-8、图 6-4-9）。

图 6-4-8

图 6-4-9

💡 如果选择多个属性或两个以下的关键帧，则无法使用抖动调板功能。无论是平滑操作还是抖动操作，都不建议多次应用效果，因为每次应用会在原始效果中进行累积。如果应用之后发现效果不合适，应按快捷键"Ctrl+Z"撤销操作，重新修改参数后再次应用。

6.4.4　关键帧匀速

在 After Effects 中编辑关键帧，如果手动调整很难做到多个关键帧之间的匀速运动。因为层的运动速度由关键帧的数值差异大小以及关键帧间距共同决定。

Roving Keyframes 是创建匀速运动的快捷方法，可以在多个关键帧产生的运动中快速实现匀速运动效果。这个方法不会影响关键帧参数，是通过影响关键帧之间的时间距离来使运动匀速。

观察设置 Roving 操作之前的合成调板与图表编辑器中的显示状态，可以看到合成调板中关键帧疏密不一致，为非匀速运动，图表编辑器中的曲线为 x 轴方向的数值曲线而不是速度曲线（见图 6-4-10）。

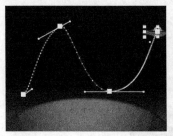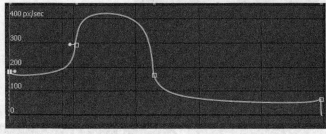

图 6-4-10

观察设置 Roving 操作之后的合成调板与图表编辑器中的显示状态，可以看到合成调板中关键帧疏密一致，为匀速运动（见图 6-4-11）。

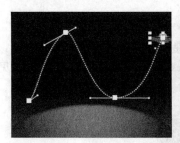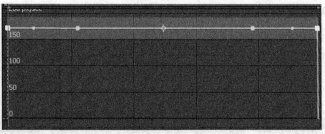

图 6-4-11

创建 Roving 的方法如下：

（1）选择需要匀速运动的某段关键帧，注意首尾两个关键帧不要选择，若选择的是第 2、3 个关键帧，则会在第 1 ～ 4 个关键帧之间产生匀速运动（见图 6-4-12）。

图 6-4-12

（2）使用菜单命令"Animation > Keyframe Interpolation"，在弹出的"Keyframe Interpolation"对话框中展开"Roving"下拉列表，并选择"Rove Across Time"（见图 6-4-13）。

（3）可以看到时间线上的关键帧的位置和形态发生了改变（见图 6-4-14）。

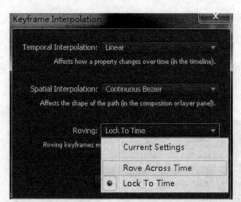

图 6-4-13

图 6-4-14

6.4.5　关键帧时间反转

如需对关键帧进行反转操作，即对关键帧产生的动画进行倒放处理，可以选择需要反转的关键帧，使用菜单命令"Animation > Keyframe Assistant > Time-Reserve Keyframes"，对关键帧进行反转操作（见图 6-4-15）。

图 6-4-15

6.5　速度调节

6.5.1　将层调整到特定速度

可以快速将层调整到某个特定速度，比如 40% 速度或 300% 速度。

（1）在时间线调板中选择需要进行调速处理的层。

（2）使用菜单命令" Layer > Time > Time Stretch"，会弹出"Time Stretch"对话框（见图 6-5-1）。

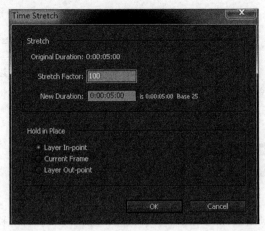

图 6-5-1

Stretch Factor（拉伸程度）与 New Duration（新持续时间）可以设置调速值，这两个参数互相影响，用户可以选择基于百分比或时间单位进行精确调速处理。

（3）设置合适的 Stretch Factor 与 New Duration 值后，单击"OK"按钮确定调速变化。

比如，设置 Stretch Factor 为 50% 会使层的持续时间变为 50%，速度提高一倍，如果层上有关键帧，也会随之缩放（见图 6-5-2）。

图 6-5-2

如果对调速后的效果不满意，可以再次执行该操作。

6.5.2　帧时间冻结

如果需要对画面进行冻结操作，首先需要拖曳时间指示标，浏览层到需要冻结的帧，然后使用菜单命令"Layer > Time > Freeze Frame"，可以对当前帧进行冻结处理。冻结后整个层都显示为当前帧（见图 6-5-3）。

图 6-5-3

冻结后层中会出现 Time Remap（时间重映射）参数，如果不需要冻结效果或对冻结效果不满意，可以选择该参数，将其删除，取消冻结效果。

6.5.3　时间重映射

如果需要对时间进行任意处理，比如快放、慢放、倒放、静止等，可以通过调整 Time Remap 参数来完成。

选择时间线上需要进行时间处理的层，使用菜单命令"Layer > Time > Enable Time Remapping"，可以为层添加 Time Remap 参数（见图 6-5-4）。默认情况下，该参数在层的首尾部位有两个关键帧，左边关键帧数值为 0 s，右边关键帧数值为层的总持续时间。

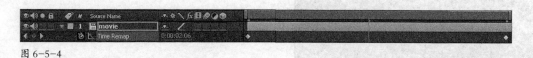

图 6-5-4

Time Remap 参数表示当前层显示的是什么时间的画面，可以对这个时间设置关键帧，从而实现各种调速效果。

·　在合成的 1 s 到 2 s 之间设置 Time Remap 从 1 s 到 3 s 的关键帧动画，会产生 200% 速度效果。

·　在合成的 1 s 到 2 s 之间设置 Time Remap 从 1 s 到 1.5 s 的关键帧动画，会产生 50% 速度效果。

·　在合成的 1 s 到 2 s 之间设置 Time Remap 从 1 s 到 1 s 的关键帧动画，会产生时间静止效果。

·　在合成的 1 s 到 2 s 之间设置 Time Remap 从 2 s 到 1 s 的关键帧动画，会产生倒放效果。

时间重映射产生的关键帧动画也可以在 Graph Edit 中进行更为清晰的观察（见图 6-5-5）。

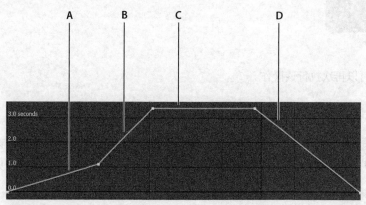

图 6-5-5

A：曲线坡度正常，没有产生速度变化。

B：曲线坡度陡峭，产生快放效果。

C：曲线水平，产生静止效果。

D：曲线反方向坡度，产生倒放效果。

💡 在图表编辑器中，横坐标始终代表影片时间，纵坐标代表时间重映射的层时间。以静止为例，影片时间逐渐变大，而层时间没有产生变化，所以产生静止效果。

如果调整时间导致层速度过慢，每秒无法播放足够的帧以使画面运动流畅，则需要对不流畅的运动进行融合处理。

6.5.4 帧融合与像素融合

由于视频文件每秒需要播放足够的帧数才可以保持视觉的流畅性，如果过度慢放，则视频播放不流畅。帧融合主要解决层慢速播放产生的画面跳动问题。

操作方法如下：

（1）单击时间线调板上的帧融合开关。

（2）选择需要进行融合处理的层，单击层的帧融合开关，或使用菜单命令"Layer > Frame Blending > Frame Mix"，可以对层进行帧融合操作。

（3）如果融合效果不能满足需要，可以再次单击层的帧融合开关，将其切换为像素融合，或使用菜单命令"Layer > Frame Blending > Pixel Motion"，可以对层进行像素融合操作。

💡 这两种融合方式都可以对层进行融合处理，帧融合对画面的融合效果没有像素融合真实和流畅，但像素融合的渲染速度要大大慢于帧融合。两种融合开启后都会降低渲染速度，一般在所有动画设置完成后在最终输出前开启。

6.6 木偶动画

使用木偶工具可以快速为层创建自然运动效果，可以通过控制点控制层的不同位置具有不同的运动，而不是像传统关键帧动画那样将层分层，然后分别调整动画效果。

6.6.1 木偶动画的基本操作方法

木偶工具的工作原理是通过用户设定的控制点将层划分为不同区域，然后分别为这些控制点的位移参数设置动画来产生复杂而真实的动画效果（见图 6-6-1）。

图 6-6-1

木偶动画的创建主要通过 Tool 面板上的 3 个木偶工具来完成。

Puppet Pin Tool 📌：控制点工具，通过在层上单击或拖曳可以设置和移动变形点，木偶动画就是通过变形点的移动来完成的。图 6-6-2 所示就是添加的控制点。

图 6-6-2

创建木偶动画的层会自动添加 Effects 属性，展开 "Effects >Puppet> Mesh1 > Deform" 参数，可以看到 Puppet Pin 参数，这些就是添加的控制点，根据添加的先后顺序，依次命名为 Puppet Pin 1、Puppet Pin 2、Puppet Pin3 等（见图 6-6-3）。

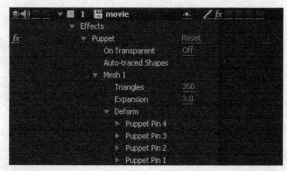

图 6-6-3

每个 Puppet Pin 下有一个 Position 参数，通过对该参数设置关键帧动画，可以使变形点带动层的某些区域运动。

可以输入参数或使用 Puppet Pin 工具修改 Puppet Pin 的位置来添加动画效果，也可以在按住 "Ctrl" 键的同时拖曳层上添加的控制点，可以实时记录拖曳产生的动画效果（见图 6-6-4、图 6-6-5）。

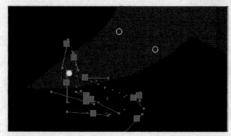

图 6-6-4

图 6-6-5

6.6.2 木偶动画的高级操作方法

Puppet Overlap Tool ：层交叠工具。在层上单击可以添加交叠点，添加大量的交叠点可以使层的某些区域连接为面，通过设置这些交叠点可以确定面的遮挡关系。

比如在两个胳膊交叉挥动的时候，由于两个胳膊属于一个素材，并且在一个层上，如果对其设置木偶动画，则胳膊的遮挡顺序由 Puppet Overlap Tool 决定。

怪物的前臂可以设置在右腿之前或右腿之后，可使用该工具完成（见图 6-6-6）。

图 6-6-6

添加交叠点后，展开"Effects > Puppet > Mesh 1 > Overlap"参数，可以看到 Overlap 参数（见图 6-6-7）。

图 6-6-7

一般需要添加多个交叠点，使这些交叠点区域组成一个面积，可以对这个面积中的画面元素进行统一处理（见图 6-6-8）。

图 6-6-8

Overlap 参数共有 3 个子参数。

· Position：位移，交叠点的位置，通过 Overlap Tool 定义，一般不设置关键帧。

· In Front：在前权重。这个数值越大，表示当前交叠点所在位置的像素会遮挡其他权重比较小的像素。通过对权重的设置可以确定某些像素会遮挡其他位置像素，或被其他位置像素遮挡。

· Extent：每一个交叠点可以影响多大范围内的像素，可以快速将控制点组成一个控制面。

Puppet Starch Tool ✋：粘合工具。使用这个工具可以在层的某些位置添加粘合点，这些点可以使当前位置的扭曲效果减弱。

比如对怪物进行扭曲时，如果仅仅需要对怪物的身体进行扭曲，而怪物的嘴巴不需要跟随身体产生扭曲效果，可以对怪物的嘴巴进行冻结处理。可以使用 Puppet Starch Tool 将整个嘴部冻结，这样可以使头部整体运动（见图 6-6-9）。

图 6-6-9

添加冻结点后，展开"Effects > Puppet > Mesh1 > Stiffness"参数，可以看到 Starch 参数（见图 6-6-10）。

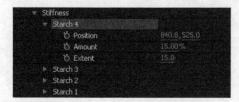

图 6-6-10

一般需要添加多个冻结点，使这些冻结点区域组成一个面积，可以对这个面积中的画面元素进行统一处理（见图 6-6-11）。

图 6-6-11

Starch 参数共有 3 个子参数。

· Position：位移，冻结的位置，通过 Puppet Starch Tool 定义，一般不设置关键帧。

· Amount：冻结程度，数值越大，受到变形的影响越小。

· Extent：每一个冻结点可以影响多大范围内的像素，可以快速将控制点组成一个控制面。

💡 每一个工具只具有某一种特定功能，如果想进行任何一种操作，必须切换到相应的工具，否则调整参数无法在合成调板中得到正确的动画预演。

6.7　回放与预览

动画创建完成后，需要对动画效果进行回放和预览，以确定动画效果。预览主要通过预览调板进行，使用菜单命令"Window > Preview"，可以开启 Preview 调板（见图 6-7-1）。

图 6-7-1

6.7.1　预览动画的方法

通过以下两种方法，可以直接预览创建完成的动画。

（1）单击 Preview 调板中的播放按钮 ▶ 可以预览动画，也可以激活合成调板或时间线调板，再按空格键。这种动画预演的方法有一些缺陷，主要是画面非实时播放，在预览画面运动节奏时不适用，并且无法预览音频（见图 6-7-2）。

图 6-7-2

（2）单击 Preview 调板中的内存预览按钮，可以对动画进行内存预览。使用这种预览方式之前，需要先设置时间线的工作区，预览会在工作区范围内进行（设置工作区起点和终点的快捷键为"B"和"N"）。这种预览只在工作区范围内进行，可以实时播放画面，并且可以预览音频（见图 6-7-3）。

图 6-7-3

绿线区域代表渲染完成的区域，该区域内的动画可以实时播放。渲染长度与物理内存大小有关，内存越大，最大可渲染长度越长。

6.7.2　延长渲染时长

1. 降低帧速
在 Preview 调板中将"Frame Rate"（渲染帧速）参数设置得小一些（见图 6-7-4）。

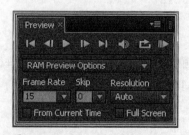

图 6-7-4

2. 降低分辨率
在 Preview 调板中将"Resolution"（渲染分辨率）参数指定为一个较低的程度，比如 Half（一半质量）、Third（三分之一质量）都可以（见图 6-7-5）。

图 6-7-5

💡 要设置 Resolution，也可以在合成调板底部展开分辨率下拉列表进行设置。

内存渲染相当于先将工作区内的动画渲染到内存中，然后再进行播放，所以能够实时播放，因此渲染长度也依赖于内存大小。如果需要将渲染的结果保存到硬盘上，可以使用菜单命令"Composition > Save Ram Preview"。

3. 设定渲染区域

单击激活合成调板底部的"Region of Interest"（兴趣框）按钮 ▣ ，可以在合成调板中直接绘制兴趣框，从而将渲染的范围限定在兴趣框范围内（见图 6-7-6）。如果希望删除兴趣框，再次单击该按钮取消激活即可。

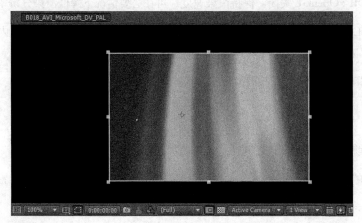

图 6-7-6

4. Live Update（实时更新）

实时更新按钮 ▣ 位于时间线调板顶部，默认情况下处于激活状态，在拖曳时间指示标的同时，合成调板中的画面也产生即时的更新。如果需要在拖曳时间指示标的过程中画面不产生更新，可以单击该按钮取消激活。

5. Draft 3D

Draft 3D 按钮 ▣ 位于时间线调板顶部，默认情况下未被激活。如果在创建三维场景的时候渲染速度太慢，可以单击激活该按钮暂时关闭渲染灯光与投影，以提高渲染速度。

6.7.3 OpenGL

OpenGL（Open Graphi Library）是一种开放的图形程序接口，它定义了一个跨编程语言、跨平台的编程接口的规格，用于二维或三维图像。OpenGL 是一个专业的图形程序接口，是一个功能强大、调用方便的底层图形库。开启 OpenGL 可加快渲染速度，增强渲染效果。

单击合成调板底部的"Fast Previews"按钮 ▣ ，可以展开 OpenGL 渲染选项（见图 6-7-7）。

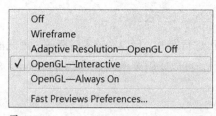

图 6-7-7

· Wireframe：线框。只显示合成中每一个层的外框，不显示层内容。可以预览基本的层运动，渲染速度最快。

· Adaptive Resolution—OpenGL Off：OpenGL 关闭。保持渲染速度，可在必要情况下降低渲染分辨率。

· OpenGL—Interactive 和 OpenGL—Always On：OpenGL 开启。 OpenGL 模式可以在较短的时间内提供高质量渲染。开启 OpenGL 甚至可以在最终渲染影片的时候提高渲染速度。

在 After Effects 中开启 OpenGL 需要硬件的支持，一般取决于显卡。

6.7.4　Snapshots 快照

在编辑的过程中，如果需要对当前帧和任何一帧进行对比，可以使用快照功能。

（1）拖动时间指示标至时间线上的某一个位置，单击合成调板底部的"Snapshot"按钮，将该位置的画面记录下来。

（2）拖动时间指示标至时间线上需要与该帧对比的位置，按键盘上的"F5"键，可以显示记录的快照内容。

6.7.5　在其他监视器中预览

After Effects 允许用户将层、素材、合成调板中的画面显示在其他监视设备中，但是可能需要硬件的支持，比如视频采集卡或火线接口。如果设备已经正确连接，在 After Effects 中需要进行如下设置：

（1）使用菜单命令"Edit > Preferences > Video Preview"，After Effects 会打开"Preferences"对话框（见图 6-7-8）。

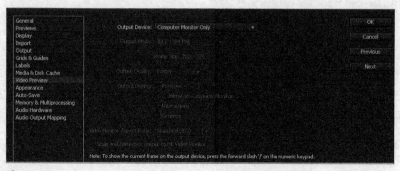

图 6-7-8

（2）展开"Output Device"下拉列表，选择已经连接的设备。设备连接后，会在"Output Device"下拉列表中找到相应的设备（见图 6-7-9）。

图 6-7-9

（3）在"Output Mode"下拉列表中选择一种联机模式，联机模式由联机设备提供（见图 6-7-10）。

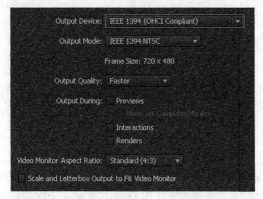

图 6-7-10

（4）根据需要设置其他参数，比如预览类型和画面宽高比等。

7

遮罩与抠像

学习要点:

· 了解 Mask 抠像的操作方法
· 了解形状图层的创建与修改方法
· 理解并掌握 Matte 抠像技术
· 熟练掌握 Keying 的基本流程

7.1　遮罩

　　遮罩,即遮挡画面中的某一部分,从而提取主体。Mask 虽然名为遮罩,但是它除了作为遮罩外,还有很多其他的用途,比如为 Mask 描边,或被特效调用;某些变形特效需要使用 Mask 限定变形的区域。Mask 主要有以下用途。

· 在 After Effects 中进行矢量绘图。

· 封闭的 Mask 用于对层产生遮罩作用,也就是可以抠取画面中需要的部分。

· 和描边特效结合使用来创建描边效果,这对封闭或非封闭的 Mask 都适用。

· 被特效调用使用。

7.1.1　创建遮罩

　　在 After Effects 中提供了多种创建 Mask 的方法,比较基本的是通过形状工具或 Bezier 曲线绘制。如果直接在合成调板中绘制 Mask,After Effects 会自动建立形状层(Shape Layer)。如果需要通过 Mask 创建选区,则需要先选择时间线上的层,然后再为这个层绘制 Mask。

1. 利用形状工具绘制

　　可以利用工具栏上的形状工具组 ■ 绘制规则选区。按住形状工具不放可以将形状工具组展开,其中包含 5 个形状工具,分别是矩形工具、圆角矩形工具、椭圆形工具、多边形工具、星形工具(见图 7-1-1)。

图 7-1-1

选择任何一个工具，然后激活时间线上的层，可以在该层绘制规则的 Mask 形状，使用鼠标拖曳即可绘制 Mask。该层会显示在绘制的 Mask 区域中，即产生了抠像效果（见图 7-1-2）。

如果需要绘制等比 Mask 选区，比如正圆形、正方形等，可以在拖曳鼠标的同时按住"Shift"键（见图 7-1-3）。

图 7-1-2

图 7-1-3

如果需要从中心向外绘制 Mask 选区，可以在拖曳鼠标的同时按住"Ctrl"键，这样可以方便地绘制同心圆。如果需要从中心向外绘制等比 Mask 选区，可以在拖曳鼠标的同时按住"Ctrl"键和"Shift"键（见图 7-1-4）。

图 7-1-4

2. 利用钢笔工具绘制

形状工具仅仅可以绘制规则的 Mask 选区，如果抠像主体比较复杂，则需要使用钢笔工具 创建 Bezier

曲线来精确定位抠像边缘。钢笔工具组中共有 4 个工具（见图 7-1-5），分别如下。

图 7-1-5

- Pen Tool ✎ ：钢笔工具。

- Add Vertex Tool ✎ ：添加锚点工具。

- Delete Vertex Tool ✎ ：删除锚点工具。

- Convert Vertex Tool ╲ ：转换锚点工具。

- Mask Feather Tool ✎ ：遮罩羽化工具。

钢笔工具绘制的路径与关键帧的运动路径相似，主要由路径、锚点、方向线和方向手柄组成。路径是绘制得到的最终图形，锚点、方向线和方向手柄是为了定位路径而由用户自定义的。用户可以任意添加或删除锚点与方向线，也可以对其进行任意调整操作，来定位最终路径的形态（见图 7-1-6）。

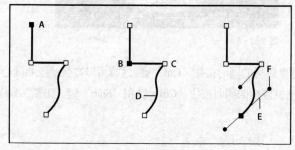

图 7-1-6

A、B：选择的锚点。

C：未选择的锚点。

D：路径段。

E：方向线。

F：方向手柄。

路径的定位主要基于锚点，路径的锚点有两种基本形态，即折角锚点与平滑锚点。平滑锚点与折角锚点的区别在于是否拥有方向线与方向手柄，它们可以使路径更加平滑。锚点的左右两边可以同时拥有方向线与方向手柄，也可以单边拥有，这些都可以在绘制的过程中进行控制（见图 7-1-7）。

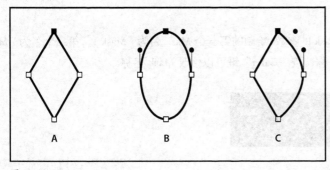

图 7-1-7

A：4 个都是折角锚点。

B：4 个都是平滑锚点。

C：折角锚点和平滑锚点混合在一条路径中。

3. 从 Photoshop 或 Illustrator 中复制

After Effects 毕竟是一款特效合成软件，绘图不是其强项。Adobe 软件中的 Photoshop 与 Illustrator 则提供了比较丰富的 Mask 控制和运算选项，可以快速地创建复杂的 Mask 形态。

After Effects 允许从 Photoshop 或 Illustrator 中快速导入绘制的 Mask，导入步骤如下。

（1）在 Photoshop 或 Illustrator 中绘制 Mask（见图 7-1-8）。关于这两个软件的具体应用，请参考相应的说明手册。

（2）选择绘制的 Mask，按"Ctrl+C"快捷键，将 Mask 复制。

（3）打开 After Effects，选择时间线上的一个层，按"Ctrl+V"快捷键可以直接将 Mask 粘贴到该层中（见图 7-1-9）。

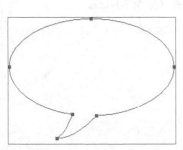

图 7-1-8

图 7-1-9

7.1.2 Mask 运算

展开添加了 Mask 的层可以看到名为 Mask 的参数，绘制的第一个 Mask 名为"Mask 1"，第二个名为"Mask 2"，以此类推（见图 7-1-10）。选中 Mask 名称，按"Enter"键可以修改 Mask 名称。

图 7-1-10

Mask 名称的右边为 Mask 运算方式，通过设置运算方式可以使多个 Mask 选区进行相加、相减等运算，并提供了反转（Inverted）Mask 选区的按钮（见图 7-1-11），如单击激活"Inverted"按钮，Mask 选区会自动反转（见图 7-1-12）。

图 7-1-11

图 7-1-12

展开 Mask 运算下拉列表，After Effects 共提供了 7 种 Mask 运算方式（见图 7-1-13）。

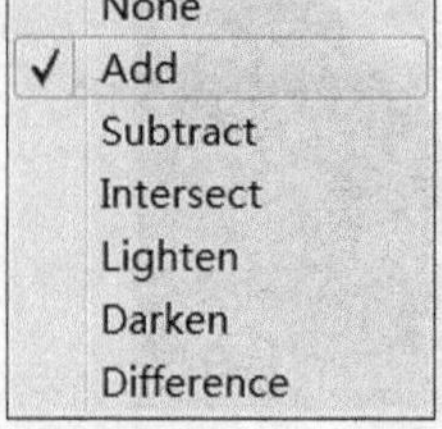

None
✓ Add
Subtract
Intersect
Lighten
Darken
Difference

图 7-1-13

· None：路径不产生抠像效果，一般用来创建描边，或定义特效作用边缘区域等（见图 7-1-14，以下的所有运算截图都是圆形 Mask 对圆角矩形 Mask 进行运算处理，即设置圆形 Mask 的运算方式）。

· Add：一个或多个 Mask 选区相加，最终选择区域为所有 Mask 相加得到的选择区域（见图 7-1-15）。

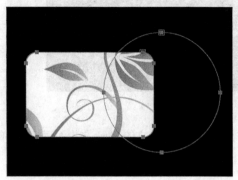

图 7-1-14

图 7-1-15

· Subtract：一个或多个 Mask 选区相减，后建立的 Mask（下面的 Mask）在上面运算后的选区基础上减去自身的选区范围（见图 7-1-16）。

· Intersect：一个或多个 Mask 选区交叉，后建立的 Mask 与上面运算得到的选区进行交叉运算，即共同存在的选区保留，非交集选区去除（见图 7-1-17）。

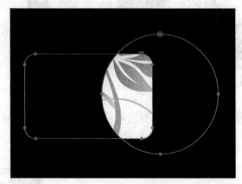

图 7-1-16

图 7-1-17

· Lighten：与 Add 方式类似，也是一种加选的运算方式。在 Mask Opacity（Mask 不透明度）都为 100 的情况下，产生效果与 Add 方式相同；在 Mask Opacity（Mask 不透明度）为非 100 的情况下，交叠区域的不透明度以不透明度最高的 Mask 为准。比如，一个 Mask 的不透明度为 100，另一个的不透明度为 50，则混合后最终交叠区域的不透明度为 100（见图 7-1-18）。

· Darken：与 Intersect 方式类似，也是一种减选的运算方式。在 Mask Opacity（Mask 不透明度）为非 100 的情况下，交叠区域的不透明度以不透明度最低的 Mask 为准。比如，一个 Mask 的不透明度为 100，另一个的不透明度为 50，则混合后最终交叠区域的不透明度为 50（见图 7-1-19）。

图 7-1-18

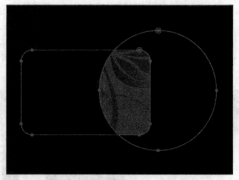
图 7-1-19

· Difference：求异运算方式，与 Intersect 运算方式产生效果相反。后建立的 Mask 与上面运算得到的选区进行求异运算，即共同存在的选区去除，非交集选区保留（见图 7-1-20）。

图 7-1-20

💡 并非所有的 Mask 都具有运算属性，只有闭合的 Mask 才可以称之为选区，非闭合的 Mask 没有运算属性（见图 7-1-21），也不能产生抠像效果（见图 7-1-22），一般作为描边或文字的排列路径。

图 7-1-21

图 7-1-22

Mask 共有 4 个重要的参数设置，在合成工作中经常需要修改（见图 7-1-23）。

· Mask Path：Mask 形状参数，对 Mask 的形状进行任何修改都记录在 Mask Path 参数中。在对 Mask 进行动态抠像过程中，如果抠像主体产生运动，则需要对该参数设置关键帧，使 Mask 形状跟随主体运动。

图 7-1-23

· Mask Feather：Mask 羽化，抠像边缘比较生硬，可以通过设置该参数柔化抠像边缘，使边缘具备比较好的融合效果。

· Mask Opacity：Mask 透明度，设置 Mask 选区的半透明效果。

· Mask Expansion：Mask 收缩与扩展，设置 Mask 选区边缘的收缩或扩展效果。一般情况下，Mask 边缘羽化后向内与向外都会有一定的扩展，向外扩展的部分会将原本抠除的区域再次显示出来，这时没有必要调整 Mask 形状，将 Mask 收缩几个像素即可。

💡 按"M"键可以展开 Mask Path 参数，按"M+M"键（按两次"M"键）可以展开所有的 Mask 参数。

7.1.3 Mask 抠像合成

Mask 在抠像合成领域有着极其重要的作用。在需要抠取的元素与背景之间如果既没有亮度差异，也没有色彩差异，那么可能需要沿着元素边缘进行精确 Mask 抠像。如果元素运动，则需要设置 Mask 形状的关键帧去跟随元素运动。在这种情况下，使用 Mask 是抠像的唯一方法，但并不总是完美的方法，因为元素的边缘细节无法用 Bezier 曲线绘制，比如发丝。

Mask 与 Matte 和 Keying 相比具有巨大的优势，首先，它不需要元素与背景有任何差异存在，其次是通过精确地设计整个镜头，Mask 可以将元素的部分区域在图像中抠除，比如没有脑袋的人等。但是抠除区域会留下空白，需要填补背景，因此摄影机不能运动，只有静止的镜头才可以确保填补的背景与图像背景没有运动偏差。

可根据下面的案例进行操作，步骤如下：

（1）找到"Mask 抠像"序列和"背景 .jpg"将其导入到合成调板中（见图 7-1-24）。

图 7-1-24

（2）将该素材拖曳到项目调板底部的"Create a new Composition"按钮上，以"抠像"的参数（大小、像素比、时间长度等）建立一个新合成（见图 7-1-25）。

图 7-1-25

（3）播放预览该素材，可以看到这是一个静止机位拍摄的，摄像机没有任何变化的镜头。这是古装电视剧中的一个攻城镜头，可以看到爆炸是墙上挂的炸药包制造的（见图 7-1-26）。本例要实现的效果就是，需要将墙上的炸药包擦除掉。

图 7-1-26

（4）选择项目窗口的"背景 .jpg"，将其拖拽到时间线上，放在底层（见图 7-1-27）。

图 7-1-27

（5）选择"抠像"层，将时间指示标拖曳到第一帧，使用钢笔工具沿着爆炸的边缘绘制 Mask，将 Mask 闭合后，"抠像"显示在 Mask 区域中（见图 7-1-28）。由于下层"背景 .jpg"将整个场景补全，所以显示的依然是整个场景。

图 7-1-28

（6）由于手是运动的，而 Mask 是静止的，Mask 与爆炸会产生错位。解决的方法就是为 Mask 形状设置关键帧，跟随爆炸范围运动。选择"抠像"层，按"M"键展开 Mask Path 参数，在第一帧的位置单击秒表按钮，设置 Mask Path 关键帧（见图 7-1-29）。

图 7-1-29

（7）按"Page Down"键将时间指示标后移一帧，然后使用选择工具调整 Mask 形状至爆炸的新位置。移动 Mask 形状，确保 Mask 边缘始终沿着爆炸的边缘。重复上述操作，最终完成 Mask 跟随爆炸移动的动画（见图 7-1-30）。

可以看到 Mask 抠像边缘还比较生硬（见图 7-1-31），需要进一步处理。

图 7-1-30

图 7-1-31

（8）选择"抠像"层，按"F"键展开 Mask Feather，设置该参数为"3"左右，可得到比较好的羽化过渡效果（见图 7-1-32）。

图 7-1-32

（9）可以看到羽化后有些爆炸点漏了出来，可以对遮罩范围进行收缩。选择"抠像"层，按"M+M"键展开所有 Mask 属性，设置 Mask Expansion 值为"﹣3"左右，这样可以将羽化边缘整体收缩。同时，可以使用遮罩羽化工具 ✐ 在 Mask 上拖拽，来产生内外两条羽化扩展线。该扩展线就是羽化限定的范围，控制起来更精确（见图 7-1-33）。最终效果如图 7-1-34 所示。

图 7-1-33

图 7-1-34

7.2 亮度抠像

Mask 抠像是通过绘制 Bezier 曲线产生抠像效果，是比较烦琐的，而且很难得到非常细致的边缘，比如发丝就无法通过 Mask 抠取。因此抠像尽量还是采用亮度抠像或色彩抠像，也就是抠像主体与背景只要有亮度或色彩差异，就可以快速地抠取出来（如果没有差异，则必须使用 Mask，因此所有抠像方式都有其适用的范围）。

亮度抠像主要采用两种方式：一种通过"Effects > Keying"特效组下的亮度键控（Keying 也称之为键控，即指定一种关键色彩或亮度使其透明显示，从而得到主体）特效完成（见图 7-2-1），另一种通过 Matte 进行抠像。使用亮度键控特效抠像速度比较快，但可调性不如 Matte 方式。

图 7-2-1

7.2.1　键控特效抠像

Keying，也称之为键控。键控的意思就是在画面中选取一个关键的色彩，使其透明，这样就可以很容易地将画面中的主体提取出来。After Effects 关于亮度或色彩的键控特效都在"Effects > Keying"特效组中。

一般来说，在做人物和背景合成的时候，经常会在人物的后面放置一个蓝色背景或绿色背景进行拍摄，图 7-2-2 所示就是在蓝色背景下拍摄后的合成结果，这种蓝布和绿布称之为蓝背和绿背。在后期处理的过程中可以很容易地使这种纯色背景透明，从而提取主体。由于欧美人的眼睛接近蓝色，所以欧美一般使用绿背；亚洲人黄皮肤的肤色与蓝背的色彩互为补色，对比最强，所以亚洲一般使用蓝背。不过由于补色融合的边缘接近黑色，所以亚洲人在蓝背下皮肤边缘部分容易产生黑边，这些都需要特别注意。

图 7-2-2

添加"抽出"特效的步骤如下。

（1）选择需要抠像的层，使用菜单命令"Effects > Keying > Extract"，添加"抽出"特效（见图 7-2-3）。

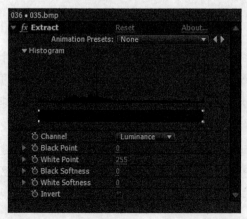

图 7-2-3

（2）根据需要修改 Extract 特效的参数。

· Histogram：直方图，检测当前层在某些特定亮度下的像素分布。

· Channel：通道，设置根据哪个通道的亮度作为抠像依据，默认情况下为 Luminance，即以画面的明度差异进行抠像。

· Black Point：设置某个亮度以下为透明。

· White Point：设置某个亮度以上为透明。

这两个参数用于定义需要抠除的保留区域。默认情况下 Black Point 为 0，White Point 为 255。0 ～ 255定义了画面的亮度范围，0 为纯黑，255 为纯白，中间亮度为由黑到白之间的过渡灰阶。通过设置这两个参数，可以控制将某些亮度范围保留，其余部分透明处理。

· Black Softness：暗部键控区域柔化。

· White Softness：亮部键控区域柔化。

· Invert：反转抠像效果。

也可以直接拖曳直方图下方的 4 个点来进行抠像处理，上边的两个点分别代表 Black Point 与 White Point，下面的两个点分别代表 Black Softness 与 White Softness。

7.2.2　经典键控流程

一个成功的键控需要注意很多细节，这些细节的处理需要不同的特效来实现。下面介绍经典键控流程。

1. 选色键

键控的第一步需要确定键出色彩，需要选择一个键控工具来拾取色键。After Effects 的 Keying 特效组中有繁多的色键键控特效，比如 Color Difference Key、Color Key、Color Range、Keylight 等。这里选用 Color Difference Key。

使用菜单命令"Effects > Keying > Color Difference Key"，这个特效默认情况下会自动选择键出色，默认为键出蓝色，蓝背被键出透明。由于默认的拾取色与蓝色背景不一定完全匹配，人物部分半透明化，蓝背没有完全键出（见图 7-2-4）。

选择拾取键出色吸管工具，在原素材画面的蓝色背景处单击，重新拾取键出色（见图 7-2-5）。

2. 调整 Matte

抠像的原理可以理解为在原始层的基础上创建一个黑白动态图像，白色代表该层的显示区域，黑色代表该层的隐藏区域，灰色代表半透明区域。键控操作的主要工作是处理这个黑白图像，只要人物为纯白，背景为纯黑，就可以达到键控目的，从而得到更精准的抠像效果。

图 7-2-4

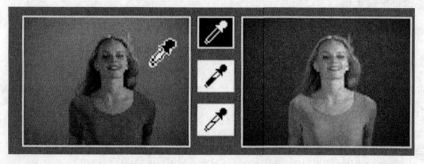

图 7-2-5

选择键出透明吸管工具，观察 Matte 图像，在半透明的蓝背区域中拖动，可以将拖动处的灰色区域调整为纯黑色，使背景透明（见图 7-2-6）。

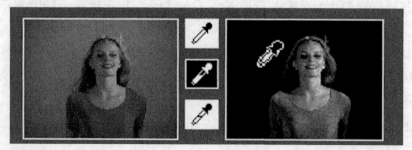

图 7-2-6

选择保留前景吸管工具，在半透明的人物区域中拖动，可以将拖动处的灰色区域调整为纯白色，使前景更多地保留（见图 7-2-7）。

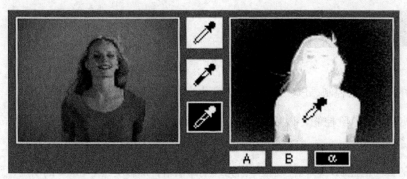

图 7-2-7

反复使用这两个工具对 Matte 进行调整，直到前景纯白、背景纯黑为止。

使用吸管工具比较直观，但精确度不是很高，也可以使用 Color Difference Key 的功能参数微调 Matte。

展开"View"下拉列表，选择"Matte Corrected"，即放大化显示可调 Matte（见图 7-2-8），设置完毕后合成调板中显示的是图像的 Matte（见图 7-2-9）。

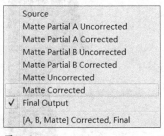

图 7-2-8

调整 Matte In Black、Matte In White 与 Matte Gamma 的值，可以得到对比和细节都很好的 Matte（见图 7-2-10）。

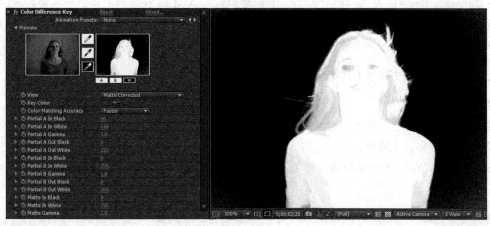

图 7-2-9

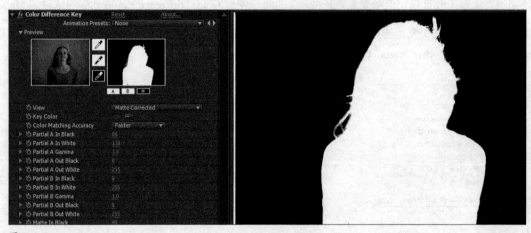

图 7-2-10

· Matte In Black：Matte 的暗部色阶控制，该数值以下的亮度均为纯黑，默认值为 0。

· Matte In White：Matte 的亮部色阶控制，该数值以上的亮度均为纯白，默认值为 255，与 Matte In Black 共同作用区域包含 256 级灰阶。

· Matte Gamma：Matte 的伽马值控制，可以控制整体偏亮或整体偏暗，即影响整个 Matte 的明度，默认值为 1，低于 1 则画面变暗，高于 1 则画面变亮。

调整完毕后合成调板如图 7-2-11 所示，调整后得到的是一个主体与背景黑白分明的图像。

图 7-2-11

一般通过 Matte In Black、Matte In White 参数增强画面对比，通过 Matte Gamma 保留 Matte 的层次。

在 Color Difference Key 中，Matte 被划分为 A、B 两种 Matte，A Matte 代表键出色之外的蒙版区域，B Matte 代表键出色区域，这两个区域相加，共同组成了最终的 Matte。如果需要更细致的调整，可以采用相同的方法调整 A、B 两种 Matte。

Matte 处理完毕后，人物主体基本从背景中抠取出来（见图 7-2-12）。

3. 边缘控制

由于光线传播的一些特性，物体的边缘部分会与周围环境有一定的融合，这样造成人物边缘带有蓝背的色彩。同时，为了得到宽容度更高的选区，画面中的有些噪点并没有完全去除。这些都需要通过边缘控制来处理。After Effects 有一组特效专门处理半透明边缘区域，包括收缩、扩展、平滑与柔化等多种方式。

使用菜单命令"Effects > Matte > Matte Choker"，可以添加 Matte Choker 特效（见图 7-2-13）。

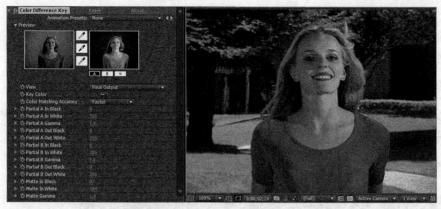

图 7-2-12

图 7-2-13

- Geometric Softness：几何柔化，产生边缘平滑效果。

- Choke：产生收边或扩边效果。

- Gray Level Softness：产生边缘羽化效果。

每一种效果可以设置两次叠加。

在对边缘进行收缩与柔化处理后，人物边缘显得更加真实自然，边缘的一些小瑕疵也由于平滑与收缩操作自动消失（见图 7-2-14）。

图 7-2-14

4. 溢色

任何物体除了受到照明光线的影响外，还受到环境反射光线的影响。在蓝背下拍摄的视频主体某些部分会由于蓝色环境光的照射而泛蓝，这样会使主体无法正常融入到其他环境中。

使用菜单命令"Effects > Keying > Spill Suppressor"，添加溢色效果。

Spill 为溢出的意思，有些控制溢色特效的参数名为 Spill，有些则名为 DeSpill 或 Spill Suppressor，即抑制溢出色的意思，一般称其为溢色。

人物身上的蓝色区域被抑制除去，得到正常的头发与皮肤色彩（见图 7-2-15）。

图 7-2-15

· Color To Suppress：需要抑制的色彩，或称之为选择溢色。

· Suppression：溢色的抑制程度，相当于添加溢色的补色。

5. 匹配环境色

最后可能需要对主体调色以匹配背景，或者给主体与背景整体赋予一种环境色或调色影调以使场景更加真实。如果背景有运动的话，还需要进行运动追踪处理。

7.2.3 Matte 方式抠像

Matte 抠像流程一般是先将需要抠像的层复制作为其选区使用，然后调整其亮度与对比度，直到需要抠像的主体与背景的亮度完全分离出来，再将选区通过 Matte 指定给抠像层。由于 Matte 需要根据亮度来作为选区使用，一般会将上层选区处理为黑白图像，然而直接去色无法得到对比最强的黑白图像，最好的方式是指定某个对比最强的通道。

本案例需要将火焰抠取出来，并保留火焰的亮度过渡与细节，步骤如下：

（1）导入"火焰 _.MOV"文件，并以素材的参数建立新合成（见图 7-2-16）。

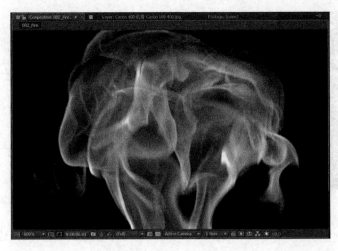

图 7-2-16

（2）找到对比最强的通道。单击合成调板底部的"显示通道"按钮，依次设置显示画面的红、绿、蓝通道（见图 7-2-17）来进行详细观察。本例中设置白色为选区部分，因此红通道为最好的选区通道。查看完毕后将"显示通道"设置为默认的 RGB 通道。

图 7-2-17

（3）复制 Matte 层。选择"火焰 _.MOV"层，按"Ctrl+D"快捷键将层复制，并将上层命名为"Matte"（见图 7-2-18）。

图 7-2-18

（4）提取层通道。选择"Matte"层，使用菜单命令"Effects > Channel > Shift Channels"，添加通道偏移特效。设置"Take Green From"（设置绿通道）为"Red"，"Take Blue From"（设置蓝通道）为"Red"，即用红通道替换原画面的绿通道和蓝通道，这样画面最终显示的就是红通道的效果（见图 7-2-19）。一般情况下，对比最强的通道在默认情况下很难达到最完美的选区效果，因此需要进行亮度或对比度调整。

图 7-2-19

（5）调整选区。使用菜单命令"Effects > Color Correction > Curves"，增强画面亮度，从而扩大选区范围（见图 7-2-20）。

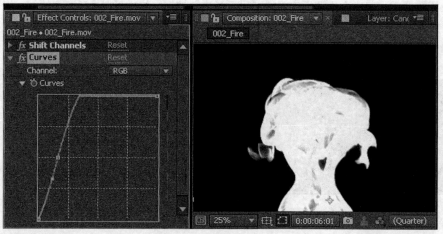

图 7-2-20

（6）指定 Matte。找到时间线调板中的 TrkMat 栏，如果时间线调板中没有显示，可以按"F4"键调出（见图 7-2-21）。

图 7-2-21

（7）将"火焰 _.MOV"层的 TrkMat 设置为"Luma Matte 'Matte'"，即以"Matte"层的亮度为选区显示本层（见图 7-2-22）。

（8）设置完毕后时间线调板如图 7-2-23 所示，合成调板如图 7-2-24 所示。如果背景以黑色显示，单击合成调板底部的"显示透明网格"按钮 ⬛ 将透明部分以网格方式显示。

图 7-2-22

图 7-2-23

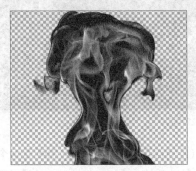

图 7-2-24

如果画面上有未抠除干净的瑕疵，可以使用 Mask 将瑕疵抠除。

7.2.4　Roto 画笔工具抠像

Roto 画笔工具 ✏️ 可以将运动主体从复杂背景中自动分离出来。对于一些主体与背景分离不是很明显的素材，可以使用 Roto 画笔工具进行抠像处理。

（1）导入素材，并将素材拖曳到合成调板中，双击时间线上的素材，在层（Layer）调板中将其打开（见图 7-2-25）。

图 7-2-25

（2）使用 Roto 画笔工具沿着需要保留的区域的边缘绘制一条细线，确保可完全包围保留物体（见图 7-2-26）。绘制完成后，得到图 7-2-27 所示的抠像结果。可以看到这个结果是非常不精确的，身体的上半部分与背景融合在一起。

图 7-2-26

图 7-2-27

（3）默认结果的背景为保留区域，而身体部分则在去除区域内（注意线条的包围区域），需要将两个区域反转。在 Effects Control 调板中可以看到 Roto 画笔的参数，勾选"Invert Foreground/ Background"（见图 7-2-28），可以在 Layer 调板中看到选区被反转了（见图 7-2-29）。

图 7-2-28

图 7-2-29

（4）按住"Alt"键，使用 Roto 画笔工具在需要保留的区域内绘制，可以将选区扩展到保留区域的边缘（见图 7-2-30）。如绘制区域超过边缘部分，可以直接使用 Roto 画笔工具绘制来减去超出的部分。默认情况下 Roto 画笔工具可以扩大选区，而按住"Alt"键的同时使用 Roto 画笔工具可以去除选区，由于选区被反转过，所以需要反向操作。切换到合成调板，可以看到 Roto 画笔工具的抠像结果比较粗糙，边缘太过生硬（见图 7-2-31）。

图 7-2-30

图 7-2-31

（5）在 Effects Control 调板中调整 Smooth（平滑）、Feather（羽化）、Choker（收边）值，对抠像边缘进行处理（见图 7-2-32），并得到最终结果（见图 7-2-33）。

图 7-2-32

图 7-2-33

文字动画

8

8.1 创建并编辑文字层

利用文字层，可以在合成中添加文字，可以对整个文字层施加动画，或对个别字符的属性施加动画，例如颜色、尺寸或位置。

8.1.1 文字层概述

文字层与 After Effects 中的其他层类似，可为其施加效果和表达式，施加动画，设置为 3D 层，并可以在多种视图中编辑 3D 文字。

文字层是合成层，即文字层不需要源素材，尽管可以将一些文字信息从一些素材项目转换到文字层。文字层也属于矢量层。像形状层和其他矢量层一样，文字层通常连续栅格化，所以当缩放层或重新定义文字尺寸时，其边缘会保持平滑。不可以在层调板中打开一个文字层，但可以在合成调板中对其进行操作。

After Effects 使用两种方法创建文字：点文字和段落文字。点文字经常用来输入一个单独的词或一行文字（见图 8-1-1）；段落文字经常用来输入和格式化一个或多个段落（见图 8-1-2）。

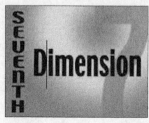

图 8-1-1

图 8-1-2

可以从其他软件如 Photoshop、Illustrator、InDesign 或任何文字编辑器中复制文字，并粘贴到 After Effects 中。由于 After Effects 也支持统一编码的字符，因此可以在 After Effects 和其他支持统一编码字符的软件之间复制并粘贴这些字符，包含所有的 Adobe 软件。

文字格式包含在源文字属性中，使用源文字属性可以对格式施加动画并改变字符本身（见图 8-1-3）。因为可以在文字层中混合并匹配格式，所以能够方便地创建动画，转化每个单词或词组的细节。

图 8-1-3

8.1.2 输入点文字

输入点文字时，每行文字都是独立的。编辑文字的时候，行的长度会随之变化，但不会影响下一行。

文字工具光标 I 上的短线用于标记文字基线。比如横排文字，基线标记文字底部的线；而竖排文字，基线标记文字的中轴。

当输入点文字时，会使用字符（Character）调板中当前设置的属性。可以通过选择文字并在字符调板中修改设置的方式改变这些属性。

（1）可使用如下方式创建文字层。

· 使用菜单命令"Layer > New > Text"，创建一个新的文字层，横排文字工具的插入光标出现在合成调板中央。

· 选择横排文字工具 T 或竖排文字工具 IT，在合成调板中欲输入文字的地方单击，设置一个文字插入点。

（2）使用键盘输入文字。按主键盘上的"Enter"键，开始新的一行。

（3）按数字键盘上的"Enter"键，选择其他工具或使用快捷键"Ctrl+Enter"都可以结束文字编辑模式。

8.1.3 输入段落文字

当输入段落文字时，文本换行，以适应边框的尺寸，可以输入多个段落并施加段落格式，也可以随时调整边框的尺寸，以调整文本的回流状态。

当输入段落文字时，使用字符（Character）调板和段落（Paragraph）调板中的属性设置。可以通过选择文字并在字符调板和段落调板中修改设置的方式改变这些属性。

（1）选择横排文字工具 T 或竖排文字工具 IT 。

（2）在合成调板中进行如下操作以创建文字层。

· 从一角单击并拖曳，以定义一个文字框。

· 按住"Alt"键，从中心点单击并拖曳，以定义一个文字框。

（3）使用键盘输入文字。按主键盘上的"Enter"键，开始新的段落。使用快捷键"Shift+Enter"，可以创建软回车，开始新的一行，而并非新段落。如果输入的文字超出了文字框的限制，会出现溢流标记 ⊞ 。

（4）按数字键盘上的"Enter"键，选择其他工具或使用快捷键"Ctrl+Enter"，都可以结束文字编辑模式。

8.1.4 选择与编辑文字

可以在任意时间编辑文字层中的文字。如果设置文字跟随一条路径，可以将其转化为 3D 层，对其进行变化并施加动画，还可以继续编辑。在编辑文字之前，必须将其选中。

💡在时间线调板中，双击文字层，可以选择文字层中所有的文字，并激活最近使用的文字工具。

在合成调板中，文字工具的光标的改变取决于它是否在文字层上。当光标在文字层上时，表现为编辑文字光标 I ，单击可以在当前文本处插入光标。

使用如下方式可以使用文字工具选择文字。

· 在文本上进行拖曳，可以选择一个文本区域。

· 单击后移动光标，然后按住"Shift"键进行单击，可以选择一个文本区域。

· 双击鼠标左键可以选择单词，三连击可以选择一行，四连击可以选择整段，五连击可以选择文字层内的所有文字。

· 按住"Shift"键，按右方向键"→"或左方向键"←"，可以使用方向键选择文字。按住"Shift+Ctrl"快捷键，按右方向键"→"或左方向键"←"，可以以单词为单位进行选择。

8.1.5 文字形式转换

在 After Effects 中，可以对点文字和段落文字的形式进行相互转换。

💡将段落文字转化为点文字，所有文字框之外的文字都将被删除。要避免丢失文字，可重新定义文字框，使得所有文字在转换前可见。

（1）使用选择工具 ▶ ，选择文字层。

💡在文字编辑模式下，无法转换文字层。

（2）选择一种文字工具，用鼠标右键单击合成调板中的任意一处，选择弹出式菜单命令"Convert To Paragraph Text"或"Convert To Point Text"，转换为段落文字或点文字。

当从段落文字转换为点文字时，会在每行文字后面添加一个回车，除了最后一行。

8.1.6 改变文字方向

横排文字是从左到右排列（见图 8-1-4），多行横排文字是从上到下排列（见图 8-1-5）。

图 8-1-4   图 8-1-5

竖排文字从上到下排列（见图 8-1-6），多列竖排文字从右到左排列（见图 8-1-7）。

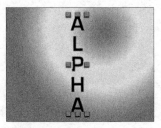
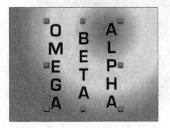

图 8-1-6   图 8-1-7

（1）使用选择工具 ▶，选择文字层。

💡 在文字编辑模式下，无法转换文字层。

（2）选择一种文字工具，用鼠标右键单击合成调板的任意位置，选择弹出式菜单命令"Horizontal"或"Vertical"，转换为横排文字或竖排文字。

8.1.7 将 Photoshop 中的文字转换为可编辑文字

Photoshop 中的文字层在 After Effects 中依然保持其风格和可编辑性。当以合并层的方式导入 Photoshop 文件时，必须选中层，并使用菜单命令"Layer > Convert To Layered Comp"以分解导入的 Photoshop 文件为多层合成。

（1）将 Photoshop 文字层（见图 8-1-8）添加到合成中，并选中该层。

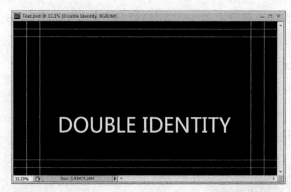

图 8-1-8

（2）使用菜单命令"Layer > Convert To Editable Text"，可以将其转化为可编辑的文字层（见图 8-1-9）。

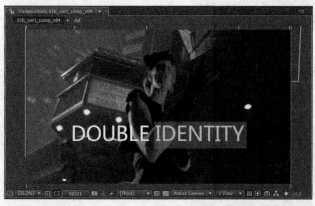

图 8-1-9

这个层变为一个 After Effects 文字层，并且不再使用 Photoshop 文字层作为源素材项。如果层中包含层风格，可在转化为可编辑文字前，使用菜单命令"Layer > Layer Styles > Convert To Editable Styles"，层风格被转化为可以编辑的层风格。

8.2 格式化字符和段落

在 After Effects 中，经常需要对字符和段落进行格式化，以满足文字版式的制作需求。

8.2.1 使用字符调板格式化字符

使用字符（Character）调板可以格式化字符（见图 8-2-1）。如果选择了文字，在字符调板中做出的改变仅影响所选文字。如果没有选择文字，在字符调板中作出的改变会影响所选文字层和文字层中所选的 Source Text 属性的关键帧。如果既没有选择文字，也没有选择文字层，则在字符调板中作出的改变会作为新输入文字的默认值。

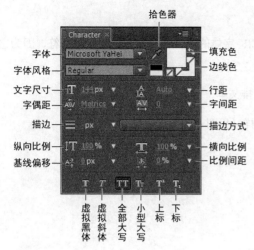

图 8-2-1

使用菜单命令"Window > Character",可以显示字符调板。选择一种文字工具,在工具调板中单击调板按钮，也可以显示字符调板。

💡 在工具调板中勾选"Auto-Open Panels",可以在使用文字工具时,自动打开字符调板和段落调板。

在字符调板中可以设置字体、文字尺寸、间距、颜色、描边、比例、基线和各种虚拟设置等。使用调板的弹出式菜单命令"Reset Character",可以重置调板中的设置为默认设置。

8.2.2 改变文字的转角类型

描边的转角类型决定了当两个边线片段衔接时边线的外边框形状。可以在字符调板的弹出式菜单中的转角设置中为文字边线设置转角类型。在调板的弹出式菜单中选择"Line Join > Miter/Round/Bevel",可以将转角类型分别设置为尖角、圆角或平角(见图 8-2-2)。

图 8-2-2

8.2.3 正确使用 Tate–Chuu–Yoko 命令

After Effects 为中文、日文、韩文提供了多个选项。CJK 字体的字符经常被称为双字节字符，因为它们需要比单字节更多的信息，以表达每个字符。

其中的 Tate-Chuu-Yoko 用于定义一块竖排文字中的横排文本，步骤如下。

（1）使用竖排文字工具 ↓T 输入"05 年 2 月 14 日"字样（见图 8-2-3）。

图 8–2–3

（2）选中数字部分"05"（见图 8-2-4），在字符调板的弹出式菜单中选择"Tate-Chuu-Yoko"选项。

图 8–2–4

（3）用相同的方法对剩下的数字部分的方向进行变换，最后得到包含横排数字的文字层（见图 8-2-5）。

💡 选中数字部分，在字符调板的弹出式菜单中选择"Standard Vertical Roman Alignment"，也可以调整竖排中文、日文、韩文中的数字为习惯的横排方式。但与 Tate-Chuu-Yoko 命令不同的是，Standard Vertical Roman Alignment 命令是以所选文字中的单个字符为单位进行竖排调整，而不是以所选文字整体为单位（见图 8-2-6），使用时注意随需选择。

图 8-2-5

图 8-2-6

8.2.4 使用段落调板格式化段落

段落就是一个以回车结尾的文字段。使用段落(Paragraph)调板可以为整个段落设置相关选项,例如对齐、缩进和行间距等（见图 8-2-7）。如果是点文字，每行都是一个独立的段落；如果是段落文字，每个段落可以拥有多行，这取决于文字框的尺寸。

图 8-2-7

如果插入点在一个被选中的段落或文字中，在段落调板中作出的更改仅影响所选部分。如果没有选中文字，在段落调板中做出的更改会成为下一次输入文字时新的默认值。

使用菜单命令"Window > Paragraph"，可以显示段落调板。选择一种文字工具，在工具调板中单击调板按钮 ，可以显示字符调板。

♀ 在工具调板中勾选"Auto-Open Panels"，可以在使用文字工具时，自动打开字符调板和段落调板。

使用调板的弹出式菜单命令"Reset Paragraph"，可以重置调板中的设置为默认设置。

8.2.5 文本对齐

既可以按照一边对齐文字，也可以对齐段落的两边。对于点文字和段落文字，对齐选项都适用；而端对齐选项仅对段落文字有效。

在段落调板中，通过单击以下对齐选项，可以设置对齐。

· ▤：左对齐横排文字，右边缘不齐。

· ▥：居中对齐横排文字，左右边缘均不齐。

- ▤：右对齐横排文字，左边缘不齐。

- ▥：上对齐竖排文字，下边缘不齐。

- ▥：居中对齐竖排文字，上下边缘均不齐。

- ▥：下对齐竖排文字，上边缘不齐。

在段落调板中，通过单击以下端对齐选项，可以设置端对齐。

- ▤：两端对齐横排文字行，但最后一行左对齐。

- ▤：两端对齐横排文字行，但最后一行居中对齐。

- ▤：两端对齐横排文字行，但最后一行右对齐。

- ▤：两端对齐横排文字行，包括最后一行，强制对齐。

- ▥：两端对齐竖排文字行，但最后一行顶对齐。

- ▥：两端对齐竖排文字行，但最后一行居中对齐。

- ▥：两端对齐竖排文字行，但最后一行底对齐。

- ▥：两端对齐竖排文字行，包括最后一行，强制对齐。

8.2.6　缩进与段间距

缩进用于指定文字和文本框或包含文字的行之间的距离，仅影响所选段落，所以，可以为段落设置不同的缩进量。

在段落调板上的缩进选项部分输入数值，可以为段落设置缩进。

- Indent Left Margin：缩进左边距，从文字的左边界进行缩进；对于竖排文字，这个选项控制从段落顶端进行缩进。

- Indent Right Margin：缩进右边距，从文字的右边界进行缩进；对于竖排文字，这个选项控制从段落底端进行缩进。

- Indent First Line：缩进首行。对于横排文字，首行缩进是相对于左缩进；对于竖排文字，首行缩进是相对于顶缩进。要创建首行悬挂缩进，可输入一个负值。

在段落调板中的段前距 ▘▤ 和段后距 ▁▤ 中分别输入数值，以改变段落前和段落后的空间。

8.3　创建文字动画

在 After Effects 中，可以通过多种方式施加文字动画。可以像对其他层一样，为文字层整体施加位移、缩放和旋转等变换属性的动画；使用文字动画预置，为文本源（Text Source）施加动画；使用 Animator

Groups 中的 Animator 和 Selector，为指定的字符区域施加多种属性的动画。

8.3.1　使用文字动画预置

在效果和预置（Effects & Presets）调板中，预置了大量精彩的文字动画效果（见图 8-3-1）。效果和预置调板中的文字动画效果存储的是 Animator Groups 中的信息，可以将认为满意的文字动画效果存储到效果和预置调板中，随需调用。

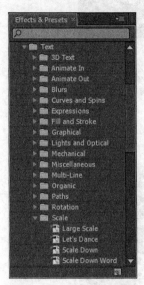

图 8-3-1

图 8-3-2 所示分别为原始文字层施加了 Raining Characters In、360 Loop、Chaotic 以及 Squeeze 4 种预置字效果后的文字层。

图 8-3-2

8.3.2　文本源动画

在 After Effects 中，可以对文字层的 Source Text 属性设置关键帧，使文字层的源文字发生变化，从而制作出文字随需变化的效果。通过为文字层的 Source Text 属性逐字设置关键帧（见图 8-3-3），即将 Source Text 属性记录的每个关键帧所对应的源文字逐字显示，可以制作出类似于打字机逐个打字的效果（见图 8-3-4）。每个关键帧只对应一段格式固定的源文字。

图 8-3-3　　　　　　　　　　　　　　　　　　　图 8-3-4

 由于只可以为 Source Text 添加静止插值的关键帧，变化起来会比较生硬，所以只适合制作类似于打字机逐个打字这类变化比较突然的效果。要制作比较平滑的文字变化效果，建议使用 Animator Groups。

8.3.3　Animator Groups 系统简介

After Effects 制作文字效果最核心的部分是文字层的 Animator Groups 系统，通过对其进行操作和设置，可以完成绝大多数的文字动画效果。

每组 Animator Groups 包含两方面内容，一部分是 Animator Property，即文字的动画属性，其中包括以下内容：各种 Transform 属性、字体的填充颜色、字体轮廓的颜色及宽度、字间距、行间距和字符偏移等属性。还有一部分是 Selector，通过设置 Selector，并为其设置关键帧，可以控制动画的影响范围，Selector 起到蒙版的作用。After Effects 提供了 3 种 Selector，分别如下：

· Range Selector：范围选取，可以以字符为单位或以百分比的形式选取字符，是默认状态下默认的 Selector。每新增一个 Animator Groups，都会自动生成一个 Range Selector。

· Wiggly Selector：随机选取，可以根据设置的参数，随机计算选取字符，生成文字随机动画效果。

：Expression Selector：表达式选取，可以通过编写表达式选取字符，是一种高级的选择方式。

一组 Animator Groups 可以包含多个 Animator Property 以及多个 Selector。一个文字层也可以包含多个 Animator Groups，可以通过时间线调板上的添加按钮为文字层添加 Animator Groups 或为某个 Animator Groups 添加 Animator Property 和 Selector（见图 8-3-5）。

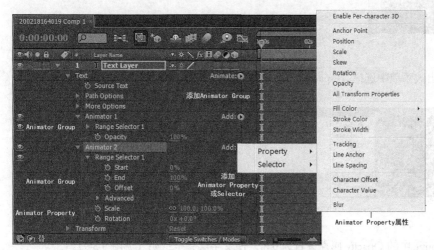

图 8-3-5

下面通过几个案例来进一步理解在实际应用领域中使用文字工具和 Animator Groups 系统创建文字动画的方法。

8.3.4 制作文字渐隐的效果

使用 Animator Groups 配合文字工具是创建文字动画最主要的方式。本小节将介绍一个简单的案例，通过设置 Animator Groups 中的 Opacity 属性以及 Range Selector 的 End 属性来制作文字渐隐的动画效果（见图 8-3-6）。制作时体会 Selector 对文字的动态选择作用。

图 8-3-6

（1）使用文字工具 **T** 输入"Round the world"字样（见图 8-3-7）。

图 8-3-7

（2）在 Animator 弹出式菜单中选择"Opacity"添加该属性（见图 8-3-8）。

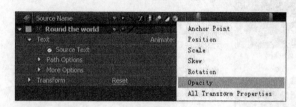

图 8-3-8

（3）将 Animator Groups 中的 Opacity 属性设置为 0%，使文字层完全透明（见图 8-3-9）。

图 8-3-9

（4）在欲施加渐隐效果的开始位置，将 Range Selector 的 End 属性设置为 0%，并为其记录为关键帧（见图 8-3-10）。

（5）向右拖动时间指示标，在渐隐效果的结束位置将 End 属性设置为 100%，自动生成关键帧（见图 8-3-11）。至此，创建完成文字渐隐效果。

图 8-3-10

图 8-3-11

通过以上简单的几步操作，只为 End 属性设置了两个关键帧，就完成了文字渐隐的效果，这是 Animator Groups 最简单的操作方法之一。从本案例不难看出，Animator Property 的作用是设置文字动画的效果，而 Selector 则动态地选择文字，决定效果的作用范围，从而生成动画。以 Range Selector 为例，其 Start、

End 和 Offset，即选取区域的始末位置及偏移量 3 个属性决定了文字动画效果的作用范围。

8.3.5 制作文字波动的效果

在前面的案例中，只对其 End 属性设置了关键帧，还可以用 Start 和 End 两个属性确定一个区域，再为其 Offset 属性设置关键帧，这样可以制作放大镜掠过文字层的文字波动效果。如果需要，还可以为 Start、End 和 Offset 分别设置关键帧，从而制作更为复杂的文字动画。本小节将通过案例讲解如何使用 Scale 制作文字波动的效果（见图 8-3-12），练习 Range Selector 的综合使用技法。

图 8-3-12

（1）使用文字工具 **T** 输入"Digital Design Connection"字样（见图 8-3-13）。

图 8-3-13

（2）在 Animator 弹出式菜单中选择"Scale"，添加该属性。

（3）将 Animator Groups 中的 Scale 属性调整为 140.0%，或按实际需求将所有字符放大。为了不使文字过于拥挤，可以添加 Tracking 属性，调整其数值，使字间距合适（见图 8-3-14）。

图 8-3-14

（4）通过调整 Range Selector 的始末位置即 Start 和 End 属性（见图 8-3-15），将放大效果影响的区域集中在放大镜范围内（见图 8-3-16），并考虑使文字的缩放随放大镜的运动显得尽量自然。还可以使用鼠标对表示 Range Selector 始末位置的标记进行拖曳，从而更自由地设定动画范围。

图 8-3-15

图 8-3-16

（5）为 Range Selector 的 Offset 属性设置关键帧（见图 8-3-17、图 8-3-18），使放大效果的影响区域随放大镜的运动轨迹移动，完成文字波动效果。

图 8-3-17

图 8-3-18

在本案例中，通过对 Range Selector 的 Start、End 和 Offset 3 个属性进行综合设置，用简单的步骤和较少的两个关键帧做出了这组文字波动效果。如果对初步制作出来的文字动画不满意，觉得动画有些生硬，不够自然，或想改变选择的文字的单位和选择范围的叠加模式，还可以展开 Range Selector 的 Advanced 高级属性组（见图 8-3-19），进一步设置其中的各参数。在 Range Selector 的 Advanced 高级属性组中，可以设置制作更为复杂的文字动画效果，还可以为文字制作随机动画。

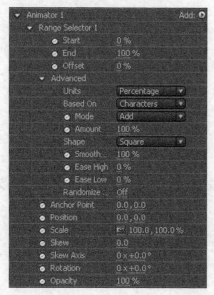

图 8-3-19

8.3.6 制作文字随机跳动并变换颜色的效果

在制作文字随机动画方面，Wiggly Selector 比 Range Selector 要方便得多，只需要设置其各个参数，通过运算随机选择文字，无须设置关键帧。本小节将通过使用 Wiggly Selector 制作文字随机跳动并变换颜色的效果（见图 8-3-20），讲解其基本操作方法。

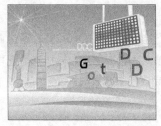

图 8-3-20

（1）使用文字工具 T 输入"Go to DDC"字样（见图 8-3-21）。

（2）在 Animator 弹出式菜单中选择添加一个 Fill Color（RGB），并通过 Add 弹出式菜单命令，添加一个 Position 属性，同时，为了让动画更为活泼柔和，可以为其添加 Fill Opacity 属性。

（3）默认状态下，Animator Groups 的默认 Selector 为 Range Selector，所以要通过菜单命令手动为 Animator Groups 增加一个 Wiggly Selector（见图 8-3-22）。由于 Wiggly Selector 无须设置关键帧，所以已经生成了文字随机变色的效果（见图 8-3-23）。

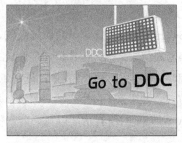

图 8-3-21   图 8-3-22

图 8-3-23

（4）根据需要将 Position 属性的纵轴数值设置为正值，同时将 Fill Opacity 属性的数值设置为 0%（见图 8-3-24），配合 Wiggly Selector 的选择作用，可以生成文字随机跳动并随机缺隐的效果。

图 8-3-24

（5）效果已基本制作完成，还可以继续设置 Wiggly Selector 的各项属性参数（见图 8-3-25）。通过调节 Wiggly Selector 的各项参数，可以设置 Wiggly Selector 选取文字区域的叠加模式、选取单位、随机选取速率以及时空相位等多个属性，使随机选择的方式更符合文字动画效果的需求，完成最终效果。

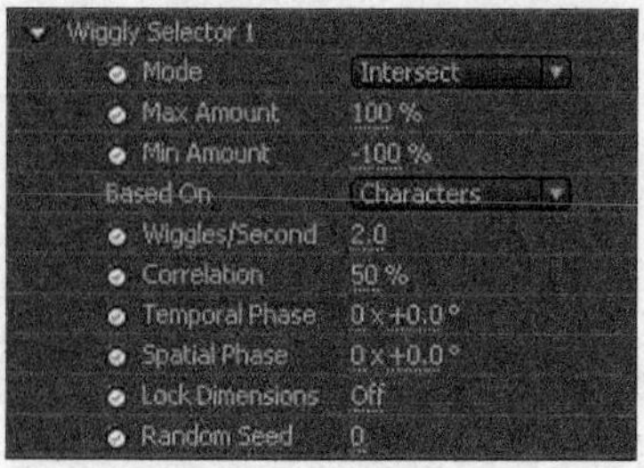

图 8-3-25

在前面的 3 个案例中，Range Selector 是通过设置始末位置来规定一个连续的选择区域，而 Wiggly Selector 是通过设置其各属性参数，利用运算随机选择文字。用最简单的步骤以及设置最少的关键帧来达到相应的效果，但在实际工作中，会遇到更为复杂的情况，对文字区域的选择有更高、更精确的要求。如果使用以上两种 Selector，会使创作过程变得非常复杂，需要大量的 Selector 共同决定效果的影响区域。而 After Effects 中功能完善的 Expression Selector 可大大简化工作，通过编写表达式来描述欲选择文字区域的属性，从而选择符合表达式要求的区域。通过一个 Expression Selector，就可以完成一些比较复杂的选择工作，是 Animator Groups 系统中最高级的 Selector。语言是最为灵活的表达方式，如果善于应用表达式语言，则使用 Expression Selector 选取文字，几乎可以包括 Range Selector 和 Wiggly Selector 的所有功能以及一些它们不可能完成的效果。

9

应用效果

学习要点：

- 了解 Effects 效果组的操作方法
- 掌握 Effects 效果组中效果的使用方法
- 掌握在实际操作中选择使用不同效果的技巧

9.1 应用效果基础

作为一款优秀的效果合成软件，After Effects 具有非常强大的效果创建功能。After Effects 的效果主要集中在 Effects 效果组中，这些效果可以应用在图像、视频，甚至音频层上。

9.1.1 基本操作

1. 添加效果

选择需要添加效果的层，然后选择 Effects 菜单下的任何一个效果，或在 Effects & Presets 调板中展开相应的效果组，选择需要的效果，双击或拖曳到需要添加的层上即可（见图 9-1-1）。

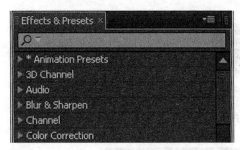

图 9-1-1

Effects & Presets 调板中的效果名称前面标注了不同的图标，这些图标代表不同的含义（见 图 9-1-2）。

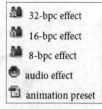

图 9-1-2

- · 32-bpc effect：支持每个通道 32 位浮点精度的效果。

- · 16-bpc effect：支持每个通道 16 位精度的效果。

- · 8-bpc effect：支持每个通道 8 位精度的效果。

- · audio effect：音频效果。

- · animation preset：动画预设。

2. 修改效果参数

添加效果后 After Effects 会自动激活名为"Effect Controls"的调板，可以对效果参数进行调整（见图 9-1-3）；或选择添加效果的层，按"E"键可以展开该层添加的所有效果（见图 9-1-4）。

图 9-1-3

图 9-1-4

如果 Effect Controls 调板被用户关闭或没有激活，使用菜单命令"Window > Effect Controls"打开即可。

3. 隐藏或删除效果

单击效果名称左边的 **fx** 按钮可以隐藏该效果，再次单击可将该效果开启（见图 9-1-5）。

图 9-1-5

单击时间线调板上层名称右边的 **fx** 按钮可以隐藏该层的所有效果，再次单击可将效果开启（见图 9-1-6）。

图 9-1-6

选择需要删除的效果，按"Delete"键可以将其删除。

如果需要删除所有添加的效果，选择需要删除效果的层，使用菜单命令"Effects > Remove All"即可。

9.1.2　动画预设

在 Effects & Presets 调板中不仅可以选择与添加效果，还可以选择与添加动画预设。

动画预设是 After Effects 中设计师做好的一些动画效果，这些效果由一个或多个效果产生，用户可以直接调用这些效果。这些效果集中在 Effects & Presets 调板中名为"Animation Presets"的组中（见图 9-1-7）。

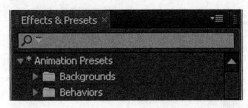

图 9-1-7

1. 动画预设分类

After Effects 提供了非常多的动画预设，供用户选择和调用，主要包括以下几个组：

· Backgrounds：提供动态背景预设，一般添加在时间线底层的固态层上。

· Behaviors：提供层的运动特性控制，比如随机缩放或移动、自动淡入和淡出等。

· Image-Creative：提供一些创造性的色彩调整方式，比如落日晚霞等。该组动画预设需要添加到图片或视频素材上。

· Image-Special Effects：提供一些特殊的图像处理方式，比如电视机花屏扭曲效果等。该组动画预设需要添加到图片或视频素材上。

· Image-Utilities：提供一些实用的图像处理方式，比如反转 Alpha 通道，图像水平或垂直翻转等。

· Shapes：提供一些创建好的形状，这一组效果需要添加在 Shape Layer 形状层上，或在未选择任何层的状态下，直接双击动画预设创建形状层。

· Sound Effects：提供音频效果预设，可直接为层产生诸如电话拨号等音效。

· Synthetics：提供合成效果，比如细胞运动、闪电等。

· Text：提供繁多的文本动画。

· Transform：提供分离层的 x、y、z 轴参数预设，层轴向分离为多个参数后，可以更方便地设置表达式连接。

· Transitions：提供多种转场效果，控制层如何进入或移出合成。

2. 添加动画预设

主要通过以下两种方式添加动画预设：

· 选择需要添加预设的层，直接双击动画预设，可以添加动画预设。

· 直接将需要添加的动画预设拖曳到层上。

3. 删除动画预设

直接将 Effect Controls 调板中添加的效果删除，即可清除动画预设效果。

如果需要清除 Effects & Presets 调板中的动画预设，可以按以下步骤进行操作：

（1）选择 Effects & Presets 调板中需要删除的动画预设。

（2）展开调板右上角的快捷菜单，选择"Reveal In Windows Explorer"。

（3）删除硬盘上的动画预设（.ffx）文件。

（4）选择快捷菜单中的"Refresh List"命令刷新效果及动画预设。

4. 新建动画预设

如果需要将做好的效果保存为动画预设，可以按以下步骤操作：

（1）在 Effect Controls 或时间线调板上选择做好的效果，展开 Effects & Presets 调板右上角的快捷菜单，选择"Save Animation Preset"，会弹出"Save Animation Preset As"对话框。

（2）选择"C:\Program Files\Adobe\Adobe After Effects CS6\Support Files\Presets\"文件夹，将新预设重命名后保存。该路径为 After Effects 的默认安装路径，根据个人安装习惯的不同可能需要作相应更改。

9.2 3D Channel（三维通道效果）

三维通道效果组工作在特定的 2D 层，这种 2D 层不是普通的 2D 层，是 3D 应用软件中创建的包含 3D 信息的 2D 层。这些 3D 信息被保存在一种特定的通道中，使用该效果组可以在 2D 环境下修改 3D 合成场景效果。

3D 文件一般在 3D 软件中输出为 RLA、RPF、Softimage PIC/ZPIC 和 Electric Image EI/EIZ 格式，可以被 After Effects 正确识别。三维通道效果组并不会影响或修改这些文件，仅仅读取和编辑某些特定的信息，比如 Z-Depth（Z 通道）、Surface Normals（法线）、Object ID（物体 ID）、Texture Coordinates（贴图坐标）、Background Color（背景色）、Unclamped RGB（非钳制 RGB 色）和 Material ID（材质 ID）。

通过提取 3D 元素的 Z 通道，可以将 3D 场景中的不同元素快速合成在一起，比如景深模糊、雾化，甚至直接提取某个元素。

9.2.1　3D Channel Extract Effect

该效果可以将保存在特定通道中的信息提取为灰度图像或多通道色彩图像，得到的最终图像可以作为其他层或效果的贴图（见图 9-2-1）。

图 9-2-1

比如，提取的灰度图像可以作为粒子效果的贴图，或被复合模糊效果调用，作为场景模糊程度的依据。该效果在 8 位模式下工作。随需设置参数（见图 9-2-2）。

图 9-2-2

· 3D Channel：选择提取 3D 通道的某种信息。

· Z-Depth：物体与摄像机之间的距离，白色代表距离摄像机比较远，黑色代表距离摄像机比较近。该效果可以被 After Effects 中诸如 Lens Blur（镜头模糊）等效果调用，来确定场景模糊的程度，得到景深效果。也可以作为一个白色固态层的亮度蒙版使用，得到相应的雾化效果。选择该参数后，White Point、Black Point 参数被激活。

· White Point：映射选择通道的某个数值为最终图像的纯白部分。

· Black Point：映射选择通道的某个数值为最终图像的纯黑部分。

· Object ID：在 3D 应用软件中，每个物体被赋予独立的 ID 值。可以直接指定为某个 ID 的物体添加效果。

· Texture UV：该通道保留 3D 软件中建立的映射坐标纹理贴图，映射为红、绿通道。该效果可用于检验 UV 贴图的正确性，或作为贴图信息被 Displacement Map（置换贴图）等效果调用，以扭曲画面。

· Surface Normals：该通道映射物体表面法线到 RGB 通道。

· Coverage：该通道特性被众多的 3D 应用程序所支持。该通道被用于标记物体边缘或拓扑，以提供抗锯齿或更精确的物体边缘交叠。

· Background RGB：该通道包含背景的 RGB 像素信息，经常用于存储动态环境，比如在 3D 程序中由程序贴图创建的天空或地面。

- Unclamped RGB：该通道包含 3D 应用程序的色彩信息，影响最终渲染的曝光值与亮度调整。

- Material ID：在 3D 应用程序中每个材质都有一个单独的 ID。可以使用该贴图快速选择某种材质。

9.2.2　Depth Matte Effect

该效果可以提取 3D 图像的 z 轴信息，比如，可以去除 3D 场景中的背景元素，或者在 3D 场景中添加一个新物体（见图 9-2-3）。

图 9-2-3

随需设置参数（见图 9-2-4）。

图 9-2-4

- Depth：提取某个特定 z 轴范围内的物体，若所有物体小于该数值深度，则被透明处理。

- Feather：Matte 边缘的羽化程度。

- Invert：反转提取范围。若 z 轴范围内的所有物体大于该数值深度，则被透明处理。

9.2.3　Depth of Field Effect

该效果可以模仿摄像机的对焦效果。该效果调用导入的 3D 场景中的深度信息，并指定相应的对焦平面（见图 9-2-5）。

图 9-2-5

随需设置参数（见图 9-2-6）。

图 9-2-6

- Focal Plane：对焦平面，即对焦点与摄影机在 z 轴上的距离。

- Maximum Radius：最大半径，对焦平面外非对焦区域的模糊程度。

- Focal Plane Thickness：景深大小，对焦平面外多少距离内为清晰范围。

- Focal Bias：值越大，物体在对焦平面距离越大，则越容易脱离焦点。

9.2.4 Fog 3D Effect

该效果可以模拟真实的空间雾化效果。在一个真实的场景中，由于空气与灰尘的作用，物体在 z 轴方向距离摄像机越远，雾化效果越明显（见图 9-2-7）。

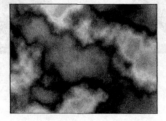

图 9-2-7

随需设置参数（见图 9-2-8）。

图 9-2-8

· Fog Start Depth：从 z 轴的某个位置开始产生雾化效果。

· Fog End Depth：从 z 轴的某个位置开始结束雾化效果。

· Fog Opacity：雾化透明度，设置雾化效果的程度。

· Scattering Density：雾化密度扩散，确定雾化扩散的速度，值越大，雾化密度在开始位置越明显。

· Foggy Background：创建雾化背景（默认）。如果取消勾选，则 3D 场景底部为透明显示，可以用于与其他场景合成。

· Gradient Layer：可以指定一个灰度图像作为该参数的控制层，该控制层的亮度可以影响雾化强度。

· Layer Contribution：该渐变层影响雾化效果的程度。

9.2.5　ID Matte Effect

诸多 3D 程序可以将元素划分为特定的物体 ID，该效果可以指定特定 ID 物体显示在场景中，其他物体不可见（见图 9-2-9）。

图 9-2-9

随需设置参数（见图 9-2-10）。

图 9-2-10

· Aux. Channel：选择要提取物体的物体 ID 或材质 ID。

· ID Selection：选择某一个特定 ID。

· Feather：选择提取物体的边缘羽化程度。

· Invert：将选择反转，选择除某个特定 ID 外的其他所有物体。

· Use Coverage：创建清除蒙版，可以清除物体背后和边缘的隐藏色彩。仅当 3D 图像包含清除通道时才可使用。

9.3 Blur & Sharpen（模糊和锐化）

一般来说，模糊效果会对一个像素周围区域平均采样，然后赋予该区域内的像素一个平均值，这个采样区域越大，理论上来说模糊值越大。某些模糊效果（比如 Fast Blur）提供 Repeat Edge Pixels 设置，选择这个设置可以让边缘区域因模糊而使像素扩散程度降到最低；如果没有这个设置，则在图像边缘部分，由于模糊的作用，不会存在任何像素。

9.3.1 Bilateral Blur Effect

双向模糊效果可以选择性地模糊图像中的某些部分，而保留画面中事物的边缘与细节。图像中对比度比较低的地方被选择性模糊，对比度比较高的地方被选择性保留。该效果产生的模糊效果与 Photoshop 中的 Surface Blur 滤镜比较接近（见图 9-3-1）。随需设置参数（见图 9-3-2）。

图 9-3-1

图 9-3-2

· Radius：数值越大，图像的模糊程度越大。

· Threshold：模糊阈值，确定图像中高于多少对比度的部分可以不模糊，低于这个数值就会产生模糊效果，是保持边缘的主要设置参数。如果这个数值设置得比较低，则会得到更多的细节；反之则得到更为简化的效果。

· Colorize：着色。勾选后会显示原本的图像色彩，未勾选则只能产生黑白图像。

9.3.2 Box Blur Effect

该效果与 Fast Blur 或 Gaussian Blur 相似，但它有一个重要的优势，就是可以控制模糊质量，这样用户可以在质量与渲染速度之间指定一个平衡点。随需设置参数（见图 9-3-3）。

图 9-3-3

· Blur Radius：模糊半径，即模糊大小。

· Iterations：模糊效果的精度，该值越高，渲染质量越高，速度越慢。

9.3.3　Channel Blur Effect

该效果可以直接对红、绿、蓝，甚至 Alpha 通道进行模糊处理。随需设置参数（见图 9-3-4）。

图 9-3-4

如果素材在一个主要通道中包含更多的噪波，比如，以 MPEG 编码压缩的视频影像，可能在蓝通道中包含更多的噪波，就可以用该效果对蓝通道进行模糊。

9.3.4　Compound Blur Effect

该效果可以对模糊效果进行精确控制，而不仅仅局限于整体模糊值大小。

通过调用贴图，该效果可以设置图像的不同位置具有不同程度的模糊效果，一切根据贴图亮度确定，比如图像比较亮的位置模糊程度比较大，比较暗的位置模糊程度比较小（见图 9-3-5）。

图 9-3-5

随需设置参数（见图 9-3-6）。

图 9-3-6

· Maximum Blur：最大模糊值，设置图像中最大模糊程度的大小，位置默认由贴图的纯白位置决定。

· Stretch Map to Fit：如果贴图大小与图像大小不匹配，激活该选项可以使贴图大小自动匹配为图像大小。

9.3.5 Directional Blur Effect

方向模糊可以将模糊效果限定在某个方向，造成一种视觉运动感（见图 9-3-7）。

图 9-3-7

随需设置参数（见图 9-3-8）。

图 9-3-8

· Direction：模糊方向的角度。

· Blur Length：模糊程度。

9.3.6 Fast Blur Effect

该效果产生的模糊效果与高斯模糊接近，但是速度更快（见图 9-3-9）。

随需设置参数（见图 9-3-10）。

· Blurriness：模糊程度。

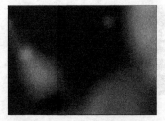

图 9-3-9

图 9-3-10

· Blur Dimensions：模糊方向，可设置为 Horizontal（水平）、Vertical（垂直）或 Horizontal and Vertical（水平与垂直方向）。

9.3.7 Gaussian Blur Effect

该效果可以模糊图像或清除噪波，层的质量设置不影响高斯模糊的最终效果（见图 9-3-11）。

图 9-3-11

随需设置参数（见图 9-3-12）。

图 9-3-12

· Blurriness：模糊程度。

· Blur Dimensions：模糊方向，可设置为 Horizontal（水平）、Vertical（垂直）或 Horizontal and Vertical（水平与垂直方向）。

9.3.8　Lens Blur Effect

该效果可以模糊摄像机对焦与脱焦产生的景深效果。模糊效果基于控制景深效果的贴图层，根据贴图层的变换产生不同的模糊效果。

该效果与 Compound Blur 类似，但它提供了更多的模糊形态，更接近于真实的景深效果（见图 9-3-13）。

图 9-3-13

所需设置参数（见图 9-3-14）。

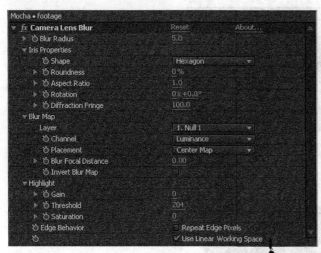

图 9-3-14

· Depth Map Layer：选择控制模糊程度的贴图，模糊程度根据该贴图的亮度确定。

· Depth Map Channel：提取贴图的某个通道，根据这个通道的亮度作为模糊贴图。该通道中比较暗的像素代表距离摄像机更近（模糊程度小），比较亮的像素代表距离摄像机更远（模糊程度大）。选中"Invert Depth Map"可以将贴图的黑白影像反转。

· Blur Focal Distance：对焦平面深度，指定贴图中何种亮度为对焦位置，其他像素无论比该像素亮或比该像素暗，都会处于焦点之外。

· Iris Shape：指定某种多边形作为模糊形状。

· Iris Radius：模糊形状半径大小，该值影响模糊程度。

- Iris Blade Curvature：模糊形状边缘圆度。

- Iris Rotation：模糊形状旋转大小。

- Specular Brightness：镜面高光强度。

- Specular Threshold：镜面反射阈值，所有像素高于指定亮度则显示为镜面高光效果。

- Noise Amount：为图像添加噪波会使合成效果更加真实，设置该参数可以添加图像动态噪波。

- Noise Distribution：噪波分布方式，可以以 Uniform（同一）或 Gaussian（高斯）方式分布。默认情况下，添加的是彩色噪波，如果仅仅需要亮度噪波，可勾选"Monochromatic Noise"参数。

- Stretch Map to Fit：如果贴图大小与图像大小不一致，可以选中该参数使贴图大小匹配图像大小。

9.3.9　Radial Blur Effect

该效果可以模拟围绕对焦点的模糊效果，比如旋转或推拉摄影机产生的特殊模糊效果（见图 9-3-15）。

图 9-3-15

随需设置参数（见图 9-3-16）。

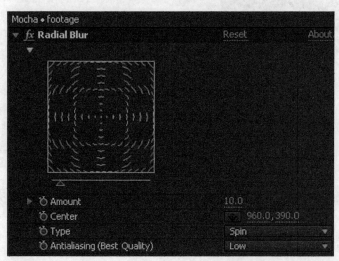

图 9-3-16

- Amount：模糊程度。

- Center：对焦点位置。

- Type：可设置为 Spin（旋转）方式或 Zoom（缩放）方式，采用不同的方式会产生不同的模糊效果。无论选取哪种方式，对焦点位置总是清晰的。

- Antialiasing（Best Quality）：抗锯齿选项可以提供更高的渲染质量，可设置为 Low（低质量）或 Higher（高质量）。

9.3.10　Reduce Interlace Flicker Effect

该效果可消除隔行扫描产生的闪烁问题，使图像在隔行扫描设备（诸如电视）上播放时具有更平滑的显示效果。随需设置参数（见图 9-3-17）。

图 9-3-17

例如，图像水平方向上的一条清晰线条在电视上播放会产生闪烁，该效果通过提供垂直方向上的轻微模糊来解决类似问题。

9.3.11　Sharpen Effect

与模糊效果产生的作用相反，该效果可以增强画面边缘对比，使画面更加清晰（见图 9-3-18）。

图 9-3-18

随需设置参数（见图 9-3-19）。

图 9-3-19

9.3.12 Smart Blur Effect

该效果可以指定图像中对比较强的区域保持清晰，对比较弱的区域受到模糊影响（见图 9-3-20）。

图 9-3-20

随需设置参数（见图 9-3-21）。

图 9-3-21

· Radius：模糊半径，即调整模糊大小。

· Threshold：指定图像高于多少对比则区域保留细节，低于该对比则区域被模糊处理。

· Mode：定义图像的什么位置受到模糊影响。Normal 定义模糊应用到整个图像，Edge Only 与 Overlay Edge 定义模糊效果仅保留边缘像素或将边缘叠加到 Normal 模式产生的效果之上。

9.3.13 Unsharp Mask Effect

该效果可以增强色彩或亮度像素边缘的对比，从而使画面更加清晰（见图 9-3-22）。

图 9-3-22

随需设置参数（见图 9-3-23）。

图 9-3-23

- Amount：数量，即锐化程度。

- Radius：锐化基于像素对比，该参数用于定义距离高对比像素边缘多少范围的像素受到锐化影响。

- Threshold：多少对比度以下不受到锐化影响，调整该参数可以控制某些低对比边缘不被锐化。

9.4　Channel（通道效果）

9.4.1　Alpha Levels Effect

该效果可以直接对图像的 Alpha 通道的明度进行调节，Alpha 通道的明度代表层的透明度，其明度越高，层越不透明。随需设置参数（见图 9-4-1）。

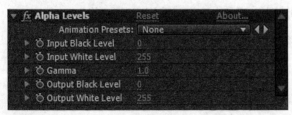

图 9-4-1

- Input Black Level：调整输入色阶的黑色区域，即对应图像的透明区域。

- Input White Level：调整输入色阶的白色区域，即对应图像的不透明区域。

- Gamma：伽马值，整体调整画面的明度。

- Output Black Level：调整输出色阶的黑色区域，该值用于定义图像可产生的最小的透明值，0 代表完全透明。

- Output White Level：调整输出色阶的白色区域，该值用于定义图像可产生的最大的透明值，255 代表完全不透明。

9.4.2　Arithmetic Effect

该效果提供了许多基于红、绿、蓝通道的简易数学运算。随需设置参数（见图 9-4-2）。

图 9-4-2

- Operator：该参数提供像素混合运算方式。

- And、Or 和 Xor：应用位逻辑运算。

- Add、Subtract、Multiply 和 Difference：应用基本的数学运算。

- Max：设置通道中的像素值到最大定义值。

- Min：设置通道中的像素值到最小定义值。

- Block Above：通道中的像素值如果大于定义值，则返回 0（最小）值，反之则不发生改变。

- Block Below：通道中的像素值如果小于定义值，则返回 0 值，反之则不发生改变。

- Slice：通道中的像素值如果大于定义值，则返回 1.0（最大）值，反之则返回 0 值。

- Screen：将设置的通道值与原始图像混合，得到的最终结果比所有像素要亮。

- Multiply：将设置的通道值与原始图像混合，得到的最终结果比所有像素要暗。

- Clip Result Values：控制混合的色彩不超出合理范围，以解决边缘色彩溢出问题。

9.4.3　Blend Effect

该效果可以使用 5 种混合模式混合两个层，得到最终结果。使用层的混合模式可以简单地进行图像混合，但不能像 Blend 效果这样对混合模式设置关键帧动画。随需设置参数（见图 9-4-3）。

图 9-4-3

- Blend With Layer：选择与该层进行混合的层。

- Mode：效果提供的混合模式。

- Crossfade：交叉溶解，产生两层淡入、淡出效果。

· Color：根据指定的层的色彩产生本层的着色效果。

· Tint：仅对本层中饱和度不为 0 的像素进行着色处理。

· Darken：同一位置的本层像素如果比指定层像素亮，则显示指定层。

· Lighten：同一位置的本层像素如果比指定层像素暗，则显示指定层。

· Blend With Original：产生的效果与原始层之间进行透明度混合的百分比，如果值为 100，则仅显示原始层，不产生任何效果。

· If Layer Sizes Differ：如果贴图大小与原始层大小不一致，则匹配贴图层大小为原始层大小。

9.4.4　Calculations Effect

该效果可以将原始层的某个通道提取出来，与提取的贴图层的某个通道进行运算，得到最终结果。随需设置参数（见图 9-4-4）。

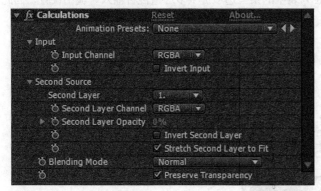

图 9-4-4

· Input Channel：指定原始层需要计算的通道，R、G、B、A 分别代表红、绿、蓝与 Alpha 通道。Gray 通道代表明度通道。

· Invert Input：反转指定通道明度。

· Second Layer：指定要计算的贴图层，该层与原始层进行计算。

· Second Layer Channel：指定贴图层需要计算的通道。

· Second Layer Opacity：贴图层的透明度。

· Invert Second Layer：反转贴图层的指定通道明度。

· Stretch Second Layer to Fit：如果贴图大小与原始层大小不一致，则匹配贴图层大小为原始层大小。

· Preserve Transparency：保持透明度，确保原始层的 Alpha 通道没有被修改。

9.4.5 Channel Combiner Effect

该效果可以提取、显示或调整层的通道，通过该效果可以提取层中任何一个通道的黑白图像或计算后的图像。随需设置参数（见图 9-4-5）。

图 9-4-5

· Use 2nd Layer：是否使用第二个层参与运算。

· From：选择某个选项作为输入。该下拉列表中的某些选项提供多通道混合输入、输出设置，因此 To 属性是不可用的。

· Invert：反转计算完成的输出通道。

· Solid Alpha：使 Alpha 通道值始终为 1.0，即保持不透明度。

9.4.6 Compound Arithmetic Effect

该效果提供原始层与贴图层之间的混合计算效果。随需设置参数（见图 9-4-6）。

图 9-4-6

· Second Source Layer：指定参与计算的贴图层。

· Operator：指定原始层与贴图层之间的计算操作。

· Operate on Channels：效果应用计算到指定通道。

· Overflow Behavior：指定如果计算后超过 0 ～ 255 灰度范围应如何处理。

· Clip：计算值高于 255，统一指定为 255；低于 0，统一指定为 0。

· Wrap：计算值高于 255 或低于 0 会自动折回到 0 ～ 255 范围。

· Scale：匹配计算的最大值到 255，最小值到 0，中间范围自动匹配。

· Stretch Second Source to Fit：如果贴图大小与原始层大小不一致，则匹配贴图层大小到原始层大小。

9.4.7　Invert Effect

该效果可以对图像的某个通道信息进行反转明度处理，从而产生奇异的效果（见图 9-4-7）。

图 9-4-7

随需设置参数（见图 9-4-8）。

图 9-4-8

· Channel：选择需要反转的通道。

· RGB/Red/Green/Blue：RGB 反转 3 个色彩通道，Red、Green 与 Blue 可单独反转某个色彩通道。

· HLS/Hue/Lightness/Saturation：HLS 反转色相、亮度与饱和度 3 个通道，Hue、Lightness 与 Saturation 单独反转色相、亮度与饱和度通道。

· YIQ/Luminance/In Phase Chrominance/Quadrature Chrominance：YIQ 反转 NTSC 制式的亮度与着色通道，Y（Luminance）、I（In Phase Chrominance）和 Q（Quadrature Chrominance）可单独反转特定通道。

· Alpha：反转透明通道。

· Blend With Original：计算得到的效果与原始层进行透明混合。

9.4.8　Minimax Effect

该效果可以将指定通道的像素计算并扩展为具备一定半径的区域，同时指定该区域中的像素显示最大亮度或最小亮度。该效果经常用于收缩或扩展亮度蒙版。随需设置参数（见图 9-4-9）。

图 9-4-9

· Operation：指定运算方式。Minimum 指定显示像素以采样半径内像素的最小值代替所有像素。Maximum 指定显示像素以采样半径内像素的最大值代替所有像素。

· Direction：可选择处理 Horizontal（水平方向）或 Vertical（垂直方向），或者 Horizontal & Vertical（水平与垂直方向）。

9.4.9　Remove Color Matting Effect

该效果可以去除 Premultiplied（预乘）型色彩通道产生的杂色边缘。在解释通道的时候，如果将预乘型通道的原始背景色解释为其他背景色，则会出现杂边。

该效果同样可以去除键控后未除尽的边缘（见图 9-4-10）。

图 9-4-10

随需设置参数（见图 9-4-11）。

图 9-4-11

使用 Background Color 参数后面的吸管工具直接吸取边缘色彩即可。

9.4.10　Set Channels Effect

该效果可以使层的红、绿、蓝与 Alpha 通道的信息被其他层的某个通道替换。该效果可以分别为 4 个通道设置 4 个贴图，并分别提取这 4 个贴图的某个通道信息替换选择的通道。随需设置参数（见图 9-4-12）。

图 9-4-12

9.4.11　Set Matte Effect

该效果可以使层的 Alpha 通道信息由其他贴图替换，即由贴图的某个通道影响层的透明信息。该效果与时间线调板上的 TrkMat 功能类似，同样是指定层的透明蒙版。TrkMat 的蒙版层必须在显示层之上，而 Set Matte 创建的蒙版效果对贴图没有这个要求（见图 9-4-13）。

图 9-4-13

随需设置参数（见图 9-4-14）。

图 9-4-14

- Take Matte From Layer：选择蒙版层。

- Use For Matte：选择蒙版层的某个通道作为层的透明蒙版。

- Invert Matte：反转蒙版层亮度，即将透明与显示反相。

- Stretch Matte to Fit：如果贴图大小与原始层大小不一致，则匹配贴图层大小到原始层大小。

- Composite Matte with Original：产生的蒙版效果与原始层之间进行透明度混合。

- Premultiply Matte Layer：将产生的 Matte 层与原始层进行预乘处理。

9.4.12 Shift Channels Effect

该效果可以设置层的红、绿、蓝与 Alpha 通道的信息被本层的某个通道替换。随需设置参数（见图 9-4-15）。

图 9-4-15

Take Channel From：选择本通道被何种通道替换。

9.4.13 Solid Composite Effect

该效果提供了一种快速方式，可以将固态层与原始层进行色彩混合。随需设置参数（见图 9-4-16）。

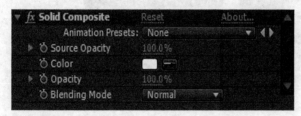

图 9-4-16

· Source Opacity：原始层的透明度。

· Color：固态层色彩。

· Opacity：固态层的透明度。

· Blending Mode：固态层与原始层以何种混合模式混合在一起。

9.5 Color Correction（色彩调整效果）

9.5.1 Auto Color Effect 与 Auto Contrast Effect

Auto Color 效果用于调整图像的色彩与对比度，该效果可分析图像的暗调、中间调与高光部分来进行调整。随需设置参数（见图 9-5-1）。

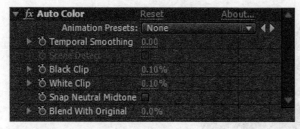

图 9-5-1

Auto Contrast Effect 用于调整全局对比度与色彩。随需设置参数（见图 9-5-2）。

图 9-5-2

这两个效果都可以将图像中最亮的像素与最暗的像素分别定义为图像的纯白点与纯黑点，从而使灰阶亮度更丰富，拉开画面层次。Auto Contrast 与 Auto Color 效果不会单独调整各个色彩通道，主要是对画面亮度进行调整。

Auto Levels 效果与 Auto Color 和 Auto Contrast 效果具有很多相同的参数，实现的也是类似的效果。

· Temporal Smoothing：时间平滑，处理帧与周围帧之间的色彩与亮度融合，该参数可以使画面过渡得更加平滑。如果该值为 0，则每一帧都是独立进行分析与调整，与其他帧没有关联。

· Scene Detect：在开启时间平滑时，可以自动探测场景，如随着时间变化场景发生切换（即影片被剪辑），则重新开始计算时间平滑。

· Black Clip、White Clip：拖动滑块可变暗图像的暗部，变亮图像的亮部。

· Snap Neutral Midtone（Auto Color 才有该参数）；保持中间调，使色彩调整更加自然。

· Blend With Original：在调整结果与原始层之间设置透明度混合。

9.5.2 Auto Levels Effect

该效果可以重映射每一个通道的高光与暗调值到纯白与纯黑值，并会修改中间调，调整图像的整体明暗效果。与前面的两个自动调整效果不同，Auto Levels 会分别修改 3 个通道，由于 3 个通道的明度不同，最终调整结果会影响色彩（见图 9-5-3）。

图 9-5-3

随需设置参数（见图 9-5-4）。

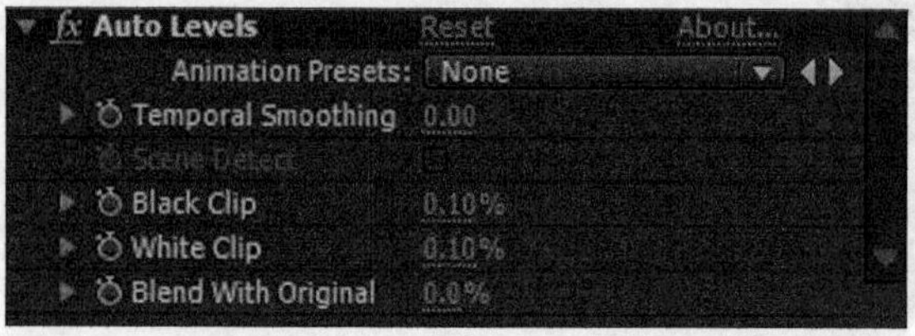

图 9-5-4

9.5.3 Brightness & Contrast Effect

该效果可以调整图像的亮度与对比度，该效果直接调整图像的明度，因此不会对图像色彩产生影响。随需设置参数（见图 9-5-5）。

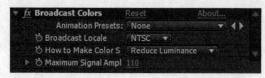

图 9-5-5

9.5.4 Broadcast Colors Effect

该效果可以将图像的亮度或色彩值保持在电视允许的范围内，色彩由色彩通道的亮度产生，因此该效果主要是限制亮度，亮度在视频模拟信号中对应于波形的振幅。随需设置参数（见图 9-5-6）。

图 9-5-6

- Broadcast Locale：影片的播出标准，可设置为 NTSC 或 PAL。

- How to Make Color Safe：采用何种方式减弱信号振幅。

· Reduce Luminance：降低像素亮度。

· Reduce Saturation：降低像素饱和度 。

· Maximum Signal Amplitude（IRE）：IRE 单位下的最大振幅，在该数值以上的振幅将被更改。

9.5.5　Change Color Effect

该效果可以将图像中的某一种色彩替换为其他的色彩，可同时修改指定色彩的亮度与饱和度。随需设置参数（见图 9-5-7）。

图 9-5-7

· View：Corrected Layer 用于显示最终调整效果。Color Correction Mask 用于显示选择色彩的灰度选区，偏白色区域代表受到更多的色彩调整影响，偏黑色区域代表受到比较少的色彩调整影响。

· Hue Transform：调整选择色色相的变化。

· Lightness Transform：调整选择色亮度的变化。

· Saturation Transform：调整选择色饱和度的变化。

· Color To Change：指定需要调整的色彩，即选择色。

· Matching Tolerance：与选择色的接近程度在多少范围内同样受到色彩调整的影响。

· Matching Softness：选择色彩选区的羽化，一个较大的羽化值可使色彩变化不会太生硬。

· Match Colors：定义调整结果色的色彩空间。

· Invert Color Correction Mask：反转色彩调整选区，即勾选该项后除选择的色彩不变外，其他色彩都受到调色影响。

9.5.6　Change to Color Effect

该效果可以选择图像中的一种色彩，将其转换为另外一种指定的色彩。该效果可修改选择色的色相、亮度、饱和度值，而图像中的其他色彩不受调色影响（见图 9-5-8）。

图 9-5-8

随需设置参数（见图 9-5-9）。

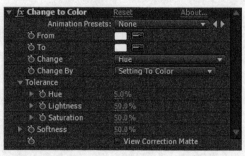

图 9-5-9

· From：需要被修改替换的原始色彩。

· To：需要修改替换的最终色彩。

· Change：效果允许影响原始色彩的哪个或哪些通道。

· Change By：如何修改色彩。

· Setting To Color：直接将选择色替换为结果色。

· Transforming To Color：选择色使用 HLS 运算方式向结果色进行色相偏移，由于选择色有容差的作用，并不是所有的色彩都是拾取的原始选择色。选择这种方式，原始选择色会与结果色吻合，其他色彩会产生一定的色相偏移，这个色相偏移程度由选择色的容差确定。

· Tolerance：选择色的容差，增加该值会选择与选择色接近的其他色彩。

· Softness：选择的色彩与未选择色彩之间的选区过渡，一个较大的羽化值可使色彩变化不会太生硬。

· View Correction Matte：显示调色蒙版，显示的灰度图像表明在某些范围内受到色彩调整影响，偏白色区域代表受到更多的色彩调整影响，偏黑色区域代表受到比较少的色彩调整影响。

9.5.7　Channel Mixer Effect

　　该效果可以单独调整某一个色彩通道的亮度，亮度调整是以另一个通道的亮度作为调整蒙版，蒙版通道亮的地方调色效果明显，暗的地方调色效果不明显。随需设置参数（见图 9-5-10）。

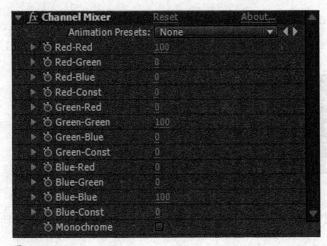

图 9-5-10

· [输出通道]-[输入通道]：该数值以百分比显示，输入通道的百分比值会添加到输出通道的百分比值。举例来说，Red-Green 设置为 10% 表示以绿通道为蒙版调亮红通道 10 的亮度。

· [输出通道]-Const：某恒值会添加到输出通道的百分比值。举例来说，Red-Const 设置为 100 表示红通道的每个像素增加 100% 的亮度。该增长是纯粹的，没有任何蒙版因素。

· Monochrome：勾选该项后输出为黑白图像。

9.5.8 Color Balance Effect

该效果可以分别调整暗调、中间调和亮调的红、绿、蓝通道，从而产生色彩偏移效果，一般用来矫正色偏。随需设置参数（见图 9-5-11）。

图 9-5-11

Preserve Luminosity：由于红、绿、蓝通道的变化同时会影响亮度的变化，勾选该选项可以保持平均亮度，使该效果仅调整色偏，不影响亮度。

9.5.9　Color Balance（HLS）Effect

该效果可以调整图像的色相、亮度与饱和度，从而达到色彩变化的目的。随需设置参数（见图 9-5-12）。

图 9-5-12

该效果主要用于早期在 After Effects 中创建的包含该效果的项目文件。现在调整类似效果可以通过"Hue/Saturation"命令来实现。

9.5.10　Color Link Effect

该效果的作用是匹配两个层的亮度与色彩，使其感觉在同一个场景中。随需设置参数（见图 9-5-13）。

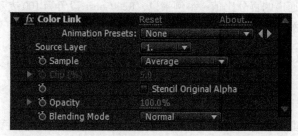

图 9-5-13

· Source Layer：指定需要进行色彩匹配的层。

· Sample：采样，定义以何种方式采样指定层，从而得到该层最有代表性的像素，该操作可得到一个填充的纯色层。

· Clip：采样得到的纯色层与原始层之间的透明度混合。

· Stencil Original Alpha：该效果是否保持原始层的透明信息。

· Blending Mode：采样得到的纯色层与原始层之间使用何种混合模式进行混合，通过混合模式的选择可确定最终混合结果。

9.5.11　Color Stabilizer Effect

该效果可在图像中的某个参考帧中分别采样暗调、亮调和中间调 3 个位置的色彩与亮度，当影片的色彩发生变化时，该效果可将定义的 3 个位置的亮度和色彩始终保持为原始采样状态，从而使影片的色彩稳定下来。随需设置参数（见图 9-5-14）。

图 9-5-14

- Stabilize：选择稳定画面的方式。

- Brightness：仅稳定画面的亮度，提供 1 个可控采样点。

- Levels：稳定画面的亮度与色彩，提供 2 个可控采样点。

- Curves：稳定画面的亮度与色彩，提供 3 个可控采样点。

- Black Point：将该点放置在需要稳定的暗部。

- Mid Point：将该点放置在需要稳定的中间调位置。

- White Point：将该点放置在需要稳定的亮调位置。

- Sample Size：采样点的采样半径大小。

9.5.12　Colorama Effect

该效果是一种复杂而强大的效果，可以在指定图像上根据亮度差异创建需要替代的色彩，并可设置动画。该效果可以通过提取图像的某个特定通道或多个通道计算得到一个黑白图像，并根据该图像的亮度进行着色。比如，可以将图像的暗部设置为红色，亮部设置为黄色等。随需设置参数（见图 9-5-15）。

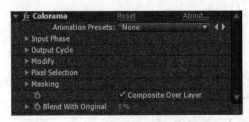

图 9-5-15

1. Input Phase

该属性用于定义着色效果基于原始图像的什么通道产生，以及对该通道的运算及变化。随需设置参数（见图 9-5-16）。

- Get Phase From：定义着色效果基于原始层的某个通道产生。

- Add Phase：指定提取输入通道的第二个层，如果不指定该层，则原始层提取的通道不进行任何运算，直接进行着色处理。

图 9-5-16

- Add Phase From：指定第二个层的着色运算通道。

- Add Mode：这两个层选择的通道以何种方式进行运算。

- Phase Shift：定义结果通道的亮度偏移，并直接对着色效果产生色彩偏移影响。

2. Output Cycle

输出色环用于定义着色结果。随需设置参数（见图 9-5-17）。

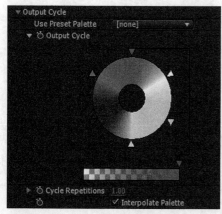

图 9-5-17

- Use Preset Palette：输出色环的预设，展开下拉列表，可以定义一些 Adobe 提供的色彩方案。

- Output Cycle：通过色环自定义着色方式。色环左上方映射贴图的纯白位置，右上方映射贴图的纯黑位置，整个色环为从纯黑到纯白的亮度过渡。色环上的小三角滑块用于定义在不同亮度的着色，两个三角滑块之间的色彩可以进行自由过渡，色环共可定义 1 ～ 64 个不同的着色三角。

- Cycle Repetitions：色环重复，默认情况下着色色环对应图像提取通道的整个亮度。调整该数值可定义整个亮度对应多个色环循环，即产生更丰富的色彩变化。

- Interpolate Palette：定义两个着色三角之间的色彩是否平滑过渡。

3. Modify

Modify 用于定义 Colorama 效果允许修改何种色彩属性，比如，可以设置着色效果仅仅影响色彩，那么图像的亮度就不会根据色环的变化而改变。随需设置参数（见图 9-5-18）。

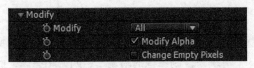

图 9-5-18

· Modify：需要修改的色彩属性。

· Modify Alpha：着色效果是否影响源图像的 Alpha 通道。

· Change Empty Pixels：着色效果是否影响源图像的完全不透明区域，该选项必须在"Modify Alpha"选项选中的情况下才可以勾选。

4. Pixel Selection

该属性可设置效果影响图像中的一些像素。随需设置参数（见图 9-5-19）。

图 9-5-19

· Matching Color：Colorama 效果影响的色彩。临时关闭 Colorama 效果可以查看该选项的影响。

· Matching Tolerance：色环上距离选择色多少范围内的色彩可以被选择。

· Matching Softness：选择色与非选择色之间的羽化过渡。

· Matching Mode：色彩匹配模式，一般当贴图为高对比度时指定为 RGB，而当层为图片的时候指定为 Chroma。

5. Masking

可以指定一个层作为着色效果的蒙版,该层可以控制着色效果显示在某些特定范围内。随需设置参数(见图 9-5-20)。

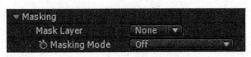

图 9-5-20

· Mask Layer：指定蒙版层。

· Masking Mode：选择蒙版层的某个通道作为蒙版使用。

· Composite Over Layer：选择着色后的效果与原始层之间的混合。

· Blend With Original：着色后的效果与原始层之间的透明度混合。

9.5.13 Curves Effect

该效果可以对图像的所有 RGB 范围进行调整，调整既包括亮度，也包括色彩。After Effects 中可以调整亮度和色彩的效果很多，比如色阶等。但是色阶仅提供 3 个滑块来控制图像的暗调、中间调和亮调，而曲线可以提供更加精确的控制。

曲线默认没有标注曲线图表坐标。

x 轴即水平轴代表输入的亮度，也就是原始画面的亮度，这个亮度从左到右代表从纯黑到纯白的亮度范围，也就是越往右，代表原始画面中越亮的区域（见图 9-5-21）。

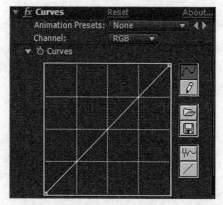

图 9-5-21

y 轴即垂直轴代表输出的亮度，也就是调整之后画面的亮度，这个亮度从下到上代表从纯黑到纯白的亮度范围，越往上，代表调整之后画面中越亮的区域。

利用曲线可以直接对当前选择通道的某个特定亮度进行明暗调整。如果调整 RGB 通道，就会修改图像的亮度；如果分别调整 R、G、B 通道，则会修改图像的红、绿、蓝色彩通道的亮度，修改色彩通道亮度也就修改了色彩；如果调整 Alpha 通道的亮度，则修改图像的透明度。

单击曲线可以添加控制点，可以添加多个控制点来精确控制图像，随需设置参数（见图 9-5-22）。

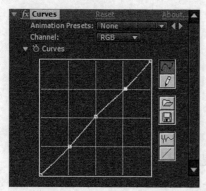

图 9-5-22

拖曳控制点到曲线外部可以删除控制点。

将控制点上移则该控制点位置的图像亮度变亮，下移则变暗。利用曲线可以设置图像某特定亮度的像素变亮或变暗，从而达到精确控制图像亮度的目的（见图 9-5-23）。

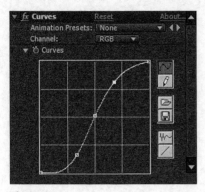

图 9-5-23

9.5.14 Equalize Effect

该效果可以调整图像的亮调位置，可以将图像中比较亮的区域再次提高亮度，经常用于对人物皮肤的调整，容易得到美白效果。该效果与 Photoshop 中的 Equalize 滤镜的功能相同（见图 9-5-24）。

图 9-5-24

随需设置参数（见图 9-5-25）。

图 9-5-25

· Equalize：RGB 平衡控制图像基于红、绿、蓝 3 个通道的亮度分别进行调整并最终进行混合。Brightness 平衡控制图像基于亮度通道进行直接调整。Photoshop 样式平衡可将图像的亮度值重新分配，从而得到更细分的色阶值，理论上运算得到的图像具有更多的层次。

· Amount to Equalize：亮度值运算叠加的程度，该值越大，运算效果越明显。

9.5.15 Exposure Effect

该效果可以通过调整图像的亮度或 R、G、B 通道来修改图像的亮度或色调。该效果可模拟摄像机的曝光程度，增加或降低摄像机光圈大小。随需设置参数（见图 9-5-26）。

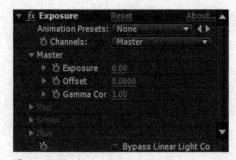

图 9-5-26

· Master：同时调整所有通道。

· Individual Channels：分别调整选择的某个通道。

· Exposure：模拟摄影机的曝光设置，单位为 F-Stops（光圈）。

· Offset：使亮调、中间调、暗调的亮度整体偏移，将画面整体调亮或调暗。

· Gamma Correction：伽马值调整。调整该参数可以让图像偏亮或偏暗，主要是调整图像的中间调。

· Bypass Linear Light Conversion：选择该选项可以使 Exposure 效果的调整结果以 RAW 方式存储下来，如果需要诸如 Color Profile Converter Effect 等效果调整，可以直接修改 Exposure 效果产生的效果。

9.5.16 Gamma/Pedestal/Gain Effect

该效果的调整效果与曲线类似，相当于分别调整亮度或红、绿、蓝通道的暗调、中间调和亮调，但是没有提供曲线那样精确的调整。该效果提供的暗调、亮调、中间调范围不可以修改。随需设置参数（见图 9-5-27）。

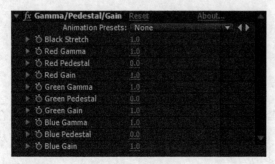

图 9-5-27

- Black Stretch：调整明度通道中比较暗的像素部分。

- Gamma：控制选择通道的中间调亮度范围。

- Pedestal 和 Gain：分别控制选择通道的暗部和亮部范围。

9.5.17 Hue/Saturation Effect

　　该效果可以调整图像的色相、饱和度和明度。该效果可以针对于某一种色相，也可以对整个图像进行调色处理，该效果的调色效果基于色环偏移。如果使用该效果提供的 Colorize 参数，则可对图像直接上色，而抛弃图像原始的色彩信息。随需设置参数（见图 9-5-28）。

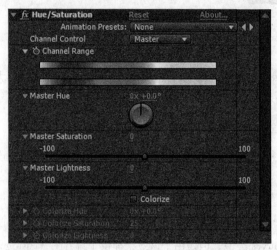

图 9-5-28

- Channel Control：选择需要调整的色彩，调色效果会在选择的色彩区域内进行。如果选择"Master"可以对所有色彩进行修改。

- Channel Range：色彩范围，通过"Channel Control"下拉列表指定。两个色彩条表示色彩在色环上的分布状态。上面的色彩条显示用户选择并需要修改的色彩，下面的色彩条显示该色彩对应的修改色。两个色彩条的状态默认是一样的，即不产生色彩偏移，通过效果的调色命令可以调整色彩条的色彩变化。

- Master Hue：定义色彩偏移值，拖曳色相环，色彩会发生改变。

- Master Saturation、Master Lightness：分别定义饱和度与亮度的变化。

- Colorize：着色。勾选该选项可以对图像去色并重新着色，色彩着色效果为单色着色。

- Colorize Hue、Colorize Saturation、Colorize Lightness：分别指定图像的色相、饱和度、亮度的着色效果。

9.5.18 Leave Color Effect

　　该效果可以指定将图像中特定色彩范围内的色彩保留，其余色彩全部进行去色处理，从而起到突出主要色彩的目的。随需设置参数（见图 9-5-29）。

· Amount to Decolor：设置去色的程度，如果该值为 0%，则不产生任何效果，如果该值为 100%，则将除选择色外的其他所有色彩全部去除。

图 9-5-29

· Color To Leave：选择需要保留的色彩。

· Tolerance：色彩匹配容差，0% 代表仅选择色保留，100% 代表所有色保留，即没有变化。该值越大，与选择色接近于一定程度内的色彩会被更多地选择进来。

· Edge Softness：选择色彩边缘的羽化，在选择色与非选择色之间进行一定程度的过渡。

· Match colors：定义对 RGB 或 HSB 色彩模式进行计算，一般来说，选择 RGB 会得到更严格的匹配。

9.5.19　Levels Effect

该效果可以将原始图像的色彩通道或 Alpha 通道映射到一个新的输出通道上，该输出通道可以将原始通道的亮度、色彩与透明信息重新定义。该效果与 Curves 类似，但是由于该效果提供了直方图（Histogram）的预览，因此它在图像调整中显得非常重要和精确（见图 9-5-30）。

图 9-5-30

随需设置参数（见图 9-5-31）。

· Channel：选择需要修改的通道。

· Histogram：直方图，显示图像在某个亮度上的像素分布，从左至右代表图像从纯黑到纯白的亮度过渡，以 0 ~ 255 级亮度表示。在某个亮度上的填充区域越高，代表该亮度的像素越多。

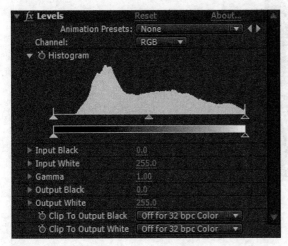

图 9-5-31

· Input Black：对输入图像（即源图像）的纯黑部分进行调整，该参数定义低于指定数值的像素都为纯黑，比如该数值为 30，则源图像中低于 30 的亮度都为纯黑。该数值对应直方图左上角的三角滑块，也可以用该三角滑块直接调整。

· Input White：对输入图像的纯白部分进行调整，该参数定义高于指定数值的像素都为纯白，比如该数值为 200，则源图像中高于 200 的亮度都为纯白，该数值对应直方图右上角的三角滑块。

· Gamma：对图像亮度进行整体调整，偏亮或偏暗，该数值对应直方图中间的三角滑块。

· Output Black：对图像输出通道的纯黑部分进行调整，该参数定义输入图像的纯黑部分输出为多少。若该数值为 30，则图像纯黑的位置也有 30 的亮度。该数值对应直方图左下角的三角滑块。

· Output White：对图像输出通道的纯白部分进行调整，该参数定义输入图像的纯白部分输出为多少。若该数值为 200，则图像纯白的位置只有 200 的亮度。该数值对应直方图右下角的三角滑块。

若 Output Black 为 30，Output White 为 200，则定义输入通道图像的亮度范围不再是 0 ~ 255，而是 30 ~ 200，即失去了画面亮度层次。在调整诸如夜色等低对比图像时可以使用这两个参数。

9.5.20　Levels（Individual Controls）Effect

该效果与 Levels 基本相同，主要是可以方便地调整图像的红、绿、蓝通道与 Alpha 通道。对这些通道的调整也可以通过 Levels 效果直接指定 Channel 来完成。随需设置参数（见图 9-5-32）。

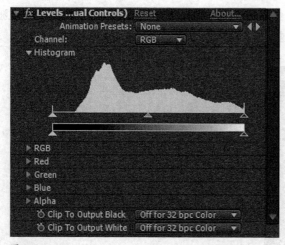

图 9-5-32

9.5.21　Photo Filter Effect

　　该效果可以模拟为图像加温或减温的操作，可以快速矫正拍摄时由于白平衡问题出现的色偏现象。用户可以选择效果自带的几种加温或减温滤镜，也可以自定义滤镜。随需设置参数（见图 9-5-33）。

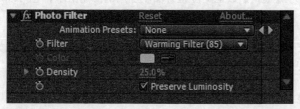

图 9-5-33

　　· Filter：可以选择多种滤镜。

　　· Warming Filter（85）和 Cooling Filter（80）：如果图像在低色温环境中拍摄，则画面会整体偏黄，需要使用 Cooling Filter（80）滤镜，它可以增添图像中的蓝色，从而抵消掉黄色色偏。如果图像在高色温环境中拍摄，则画面会整体偏蓝，需要使用 Warming Filter（85），它可以增添图像中的黄色，从而抵消掉蓝色色偏。

　　· Warming Filter(81)和 Cooling Filter(82)：这两种滤镜主要解决色温的色彩偏移问题，Warming Filter(81)可以使图像更暖，也就是更黄；Cooling Filter（82）可以使图像更冷，也就是更蓝。

　　用户可以为图像添加各种单色效果，还可以选择"Custom"对图像进行自定义着色处理。

9.5.22　PS Arbitrary Map Effect

　　该效果主要针对于早期版本创建的源文件使用，如果需要创建类似效果，一般使用 Curves 来完成。随需设置参数（见图 9-5-34）。

图 9-5-34

· Phase：Arbitrary 贴图的相位变化，拖动可以产生红、绿、蓝通道的独立亮度偏移。

· Apply Phase Map To Alpha：相位的调整同时可以影响图像的透明信息。

9.5.23 Shadow/Highlight Effect

该效果可以调整图像的暗部或亮部，使图像具有更丰富的细节。该效果一般不对图像进行整体亮度调整，而是独立地对明暗调进行调整（见图 9-5-35）。

图 9-5-35

随需设置参数（见图 9-5-36）。

图 9-5-36

· Auto Amounts：勾选该选项可以对图像的暗调或亮调亮度进行自动处理，使图像具有更多层次和细节。勾选该选项后，Shadow Amount 与 Highlight Amount 参数不可以调整。

· Shadow Amount：定义图像暗调的数量。

· Highlight Amount：定义图像亮调的数量。

· Temporal Smoothing：邻近帧范围，以秒为单位，确定在某个时间段内进行整体调整。如果设置参数为 0，则每一帧进行独立运算。

· Scene Detect：如果镜头被剪辑，帧不再连续，则连续帧范围内调整会出现亮度偏差。勾选该选项可以侦测镜头是否被剪辑。

· More Options：对图像进行更多、更精确的调整。

· Blend With Original：调色效果是否与原始图像进行透明度混合。

9.5.24 Tint Effect

该效果可以对图像进行重新着色处理（见图9-5-37）。

图 9-5-37

随需设置参数（见图9-5-38）。

图 9-5-38

· Map Black To：定义图像暗部着色。

· Map White To：定义图像亮部着色。

这两种着色即替换原始图像的原始色彩中的纯黑与纯白部分，中间调色彩为这两种着色的过渡色。

9.5.25 Tritone Effect

该效果的使用方法与Tint效果相似，只是提供了一种中间调色彩的指定，可以让过渡色更加细腻。随需设置参数（见图9-5-39）。

图 9-5-39

Tritone 比 Tint 具有更广泛的应用。定义一个画面着色，最少应由 3 部分色彩组成。暗部为纯黑，高光为纯白，这样可以确保曝光正常。需要通过 Midtones 来定义中间色调着色，这样才能得到比较好的着色效果。

9.5.26 Tritone Effect

该效果的使用方法与 Tint 效果相似，只是提供了一种中间调色彩的指定，可以让过渡色更加细腻。随需设置参数（见图 9-5-40）。

图 9-5-40

Tritone 比 Tint 具有更广泛的应用。定义一个画面着色，最少应由 3 部分色彩组成。暗部为纯黑，高光为纯白，这样可以确保曝光正常。需要通过 Midtones 来定义中间色调着色，这样才能得到比较好的着色效果。

9.6 Distort Effect（扭曲效果）

9.6.1 Bezier Warp Effect

该效果可以在图像的边界添加一个闭合的贝赛尔控制框，通过对这个贝赛尔曲线进行调整来达到扭曲图像的效果。每个贝赛尔控制点有两个控制手柄，拖曳产生的贝赛尔曲线变形与钢笔工具绘制的 Mask 相同（见图 9-6-1）。

图 9-6-1

随需设置参数（见图 9-6-2）。

曲线变化的同时可以影响图像的扭曲效果。

Quality 默认为 8，可以将其设置为 10，以增加扭曲质量，使图像边缘更加平滑，同时也会增加渲染时间。

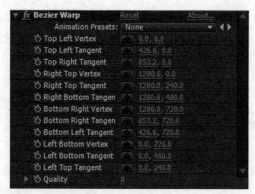

图 9-6-2

9.6.2 Bulge Effect

该效果可以设置在一个椭圆区域内膨胀或收缩图像（见图 9-6-3）。

图 9-6-3

随需设置参数（见图 9-6-4）。

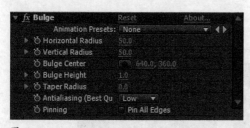

图 9-6-4

· Horizontal Radius 和 Vertical Radius：设置扭曲区域的水平与垂直半径大小，该区域为椭圆形。

· Bulge Height：设置膨胀的程度，正值为图像膨胀程度，负值为图像收缩程度。

· Taper Radius：设置膨胀从中心到边缘的深度，即设置从膨胀中心到膨胀边缘逐渐衰减的程度。

· Antialiasing：抗锯齿，即扭曲边缘的平滑程度，只有将层质量设置为 Best（最高），才能正确预览抗锯齿效果。

- Pin All Edges：在扭曲时保护层边缘像素不被扭曲。

9.6.3　Corner Pin Effect

　　该效果可以控制图像四个角点的位置，从而产生图像变形效果。如果需要对图像放大、缩小、倾斜、匹配透视等都可以通过该效果实现。该效果还可以被 After Effects 的四点（透视）追踪调用，产生透视变形追踪效果（见图 9-6-5）。

图 9-6-5

　　随需设置参数（见图 9-6-6）。

图 9-6-6

9.6.4　Displacement Map Effect

　　该效果可以根据指定贴图层某个通道的亮度对图像进行水平或垂直方向上的扭曲，扭曲效果主要与贴图层亮度有关（见图 9-6-7）。

图 9-6-7

　　随需设置参数（见图 9-6-8）。

图 9-6-8

贴图层某通道的亮度有 0 ~ 255 级灰阶，可以将该灰阶定义为−1 到 1 的值来描述贴图亮度，那么 0 值为 50% 明度的灰色。扭曲程度以贴图层亮度为依据，0 值为不扭曲，−1 到 0 为负向扭曲，0 到 1 为正向扭曲，1 或−1 亮度位置都会产生最大化扭曲，但是扭曲方向不一样。

· Displacement Map Layer：指定置换层，源图像会根据置换层某个通道的亮度产生扭曲效果。

· Use For Horizontal Displacement：指定置换层的某个通道作为水平方向扭曲的贴图通道。

· Max Horizontal Displacement：定义水平方向的最大扭曲值，即当亮度为 1 或−1 时在水平方向可产生的最大扭曲。

· Use For Vertical Displacement：指定置换层的某个通道作为垂直方向扭曲的贴图通道。

· Max Vertical Displacement：定义垂直方向的最大扭曲值，即当亮度为 1 或−1 时在垂直方向可产生的最大扭曲。

· Displacement Map Behavior：水平扭曲特性，主要指定当贴图层大小与原始层大小不一致时应如何处理贴图层大小，可设置为居中显示、自动匹配大小与拼接 3 种方式。

· Edge Behavior：边缘处理方式。勾选"Wrap Pixels Around"可以将扭曲到图像外的像素向内扭曲，从而填补边缘。勾选"Expand Output"选项可将源图像的边缘像素向外进行一定范围的扩展，从而填补边缘间隙。

9.6.5　Liquify Effect

该效果可以直接通过画笔扭曲、旋转、放大或缩小画面的特定区域，可以快速创建精确与高效的扭曲效果（见图 9-6-9）。

图 9-6-9

随需设置参数（见图 9-6-10）。

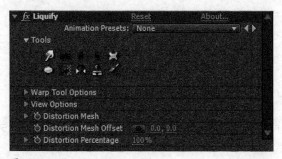

图 9-6-10

· Warp 🖌：涂抹工具，可直接涂抹，产生像素扭曲效果。

· Turbulence 🖌：紊乱扭曲工具，可平滑随机扭曲像素，用于创建火、云、水波等仿真扭曲效果。

· Twirl Clockwise 🌀：顺时针旋扭工具，以画笔中心为旋转中心顺时针旋转画笔区域内的像素。

· Twirl Counterclockwise 🌀：逆时针旋扭工具，以画笔中心为旋转中心逆时针旋转画笔区域内的像素。

· Pucker 🔅：收缩工具，将画笔区域内的像素向画笔中心收缩运动。

· Bloat ✦：膨胀工具，将画笔区域内的像素由画笔中心向外膨胀运动。

· Shift Pixels 🔳：偏移像素工具，将像素垂直于绘画方向移动。

· Reflection 🔳：镜像工具，将像素复制到画笔区域。

· Clone 🔳：克隆工具，将某一位置的扭曲效果复制到画笔区域内，需要按住"Alt"键，在扭曲效果位置单击鼠标左键，然后释放"Alt"键在需要扭曲的区域进行绘制。

· Reconstruction ✔：恢复工具，将扭曲效果恢复为原始状态。

Warp Tool Options 为工具属性设置。随需设置参数（见图 9-6-11）。

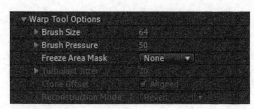

图 9-6-11

· Brush Size：画笔大小，即拖曳鼠标产生扭曲的作用区域。

· Brush Pressure：画笔压力，即拖曳鼠标产生扭曲的程度，压力越大，扭曲程度越大。

· Freeze Area Mask：冻结区域遮罩，通过调用 Mask 来限制 Mask 区域内的像素不被扭曲。

View Options 为显示设置,可在源图像上覆盖一层半透明网格来显示扭曲的细节状态。随需设置参数(见图 9-6-12)。

图 9-6-12

· Distortion Mesh:该选项不可以设置数值,只可以设置是否记录关键帧。如果单击秒表按钮记录关键帧,那么液化过程会产生动画。

· Distortion Mesh Offset:设置扭曲位置的偏移。

· Distortion Percentage:扭曲百分比,可以设置扭曲效果的程度,0 为完全不扭曲,100 为效果产生的完全扭曲效果,高于 100 则产生更大的扭曲量。

9.6.6　Magnify Effect

该效果可以放大图像的某个特定区域,产生像放大镜经过某个区域的效果(见图 9-6-13)。

图 9-6-13

随需设置参数(见图 9-6-14)。

图 9-6-14

· Shape:指定某个形状作为放大区域。

- Center：放大区域的中心在图像的绝对位置。

- Magnification：放大区域的放大比率，单位为百分比。

- Link：在放大区域内放大比率与放大区域的大小和边缘羽化之间的影响关系。

- None：放大区域的大小与边缘羽化不依赖于放大比率值。

- Size To Magnification：放大区域半径等于放大比率乘以放大值。

- Size & Feather To Magnification：放大区域半径等于放大比率乘以放大值，边缘硬度值等于放大比率乘以羽化大小。

- Size：放大区域半径大小。

- Feather：边缘羽化大小。

- Opacity：放大区域的透明度效果，半透明会显示源图像。

- Scaling：放大图像的显示类型，可设置为 Standard（清晰）、Soft（模糊柔化）和 Scatter（杂色扩散）等。

- Blending Mode：设置放大区域与原始图像之间的混合模式。

9.6.7　Mesh Warp Effect

该效果通过覆盖在图像上的网格或贝赛尔曲线的变形来控制图像的扭曲效果，每个网格点有 4 个贝赛尔手柄可供调整（见图 9-6-15）。

图 9-6-15

随需设置参数（见图 9-6-16）。

图 9-6-16

- Rows、Columns：定义水平或垂直方向的网格数量，网格数量越多，控制越精确。

- Quality：定义扭曲得到的图像质量，值越大，质量越高。

- Distortion Mesh：单击秒表按钮可记录扭曲效果动画。

9.6.8　Mirror Effect

该效果可以将图像分割为两个对称的、相同的对象，从而创建镜像效果。随需设置参数（见图 9-6-17）。

图 9-6-17

- Reflection Center：反射中心，定义产生反射效果的位置。

- Reflection Angle：反射角度，定义在哪个方向产生镜面反射效果。

9.6.9　Offset Effect

该效果可以将图像进行前后左右的偏移，偏移空余出的画面由偏移层偏移出画面的位置填补。随需设置参数（见图 9-6-18）。

图 9-6-18

- Shift Center To：定义原始图像的新位置。

- Blend With Original：效果产生的效果与原始图像之间的透明度混合。

9.6.10　Optics Compensation Effect

该效果可以添加或矫正摄像机镜头畸变效果。在创建合成时所有元素需要相同的摄像机畸变，需要该效果将元素与实际拍摄效果的畸变进行吻合处理。随需设置参数（见图 9-6-19）。

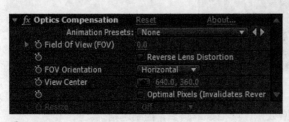

图 9-6-19

- Field Of View（FOV）：设置畸变中心的程度。该数值没有一个定数，畸变程度与摄像机和镜头有关，需要反复调整和对比。该数值越大，畸变效果越明显，默认情况下增大该数值可为图像添加桶状畸变，即矫正枕状畸变。

  - Reverse Lens Distortion：勾选该选项，则变为添加枕状畸变，即矫正桶状畸变。

  - FOV Orientation：定义镜头畸变基于哪一个轴向。

  - View Center：定义畸变中心。

  - Optimal Pixels：在扭曲过程中保留更多的像素信息。勾选该选项，FOV 值将产生更大的扭曲效果。

  - Resize：定义图像变形后层的重设大小。

9.6.11 Polar Coordinates Effect

该效果可以将图像由原始的平面坐标（x，y）向极坐标转化，从而产生转化的扭曲效果，这个操作是可逆的（见图 9-6-20）。

图 9-6-20

随需设置参数（见图 9-6-21）。

图 9-6-21

平面坐标是通过水平和垂直方向的数值来定义图像中任何一个像素的位置，而极坐标是通过定义图像中的一个点，然后计算与这个点的距离和角度来定义图像中像素的位置。

- Interpolation：定义两种坐标的转换程度。

- Type of Conversion：定义转换的类型，Rect to Polar 为平面坐标转换为极坐标方式；Polar to Rect 为极坐标方式转化为平面坐标方式。

比如，极坐标数值为半径 10 像素，角度为 45°，转换为平面坐标为水平 10 像素，垂直 45 像素。使用木偶工具时可自动添加该效果。

9.6.12 Reshape Effect

该效果可以将图像由一个特定形状向另一个特定形状进行变化，并可以限制变形区域的形状。这 3 个形状区域由 Mask 定义产生（见图 9-6-22）。

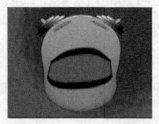

图 9-6-22

随需设置参数（见图 9-6-23）。

应提前在 After Effects 中沿着物体形状绘制 Mask，并将 Mask 运算方式设置为 None，即不需要 Mask 产生遮罩效果。

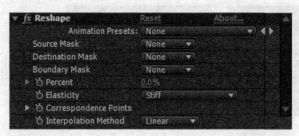

图 9-6-23

· Source Mask：指定变形前的形状，指定完毕后该形状以红色外框显示。

· Destination Mask：指定变形后的形状，指定完毕后该形状以黄色外框显示。

· Boundary Mask：指定变形区域，所有像素变化都在该区域内进行，指定完毕后该区域以蓝色外框显示，也可不指定该区域的 Mask。

· Percent：设置变形的百分比，0% 显示变形前的形状，100% 显示变形后的形状。

· Elasticity：定义变形过程中图像变化的程度。

· Stiff：粘稠效果，使图像扭曲程度最小。

· Super Fluid：超级流动效果，使图像扭曲程度最大。

其他设置的扭曲程度在这两者之间。

· Correspondence Points：显示原始形状上的某个点对应变形后形状的某个位置，可以手动设置原始形状的某个位置变化到变形后形状的某个位置，从而精确控制变形。默认情况下只有一对变形点，可以在按住"Alt"键的同时单击形状，添加更多的变形点，这些变形点在变形前后的形状上会同时出现，一一对应于修改前的位置与修改后的位置，可以直接拖动进行修改。

· Interpolation Method：定义在 Percent 参数有无关键帧的情况下不同的运算方式。

· Discrete：不需要任何关键帧，对每一帧分别进行计算，从而需要更多的渲染时间。

· Linear（Default）：需要两个或更多的关键帧，在关键帧之间进行线性关键帧解释。

· Smooth：需要 3 个或更多的关键帧，在关键帧之间进行平滑关键帧解释，从而创建出更平滑的变化效果。

9.6.13　Ripple Effect

该效果可以对选择层产生由定义的中心向外扩散的波纹扭动效果。该效果产生的效果与将石块丢进池塘产生的水波类似。随需设置参数（见图 9-6-24）。

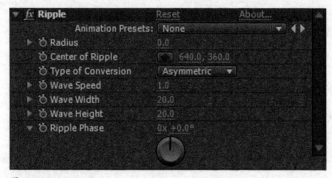

图 9-6-24

· Radius：波纹半径，定义波纹由产生中心到衰减消失的距离。

· Center of Ripple：产生波纹的中心位置。

· Type of Conversion：定义波纹如何创建。Asymmetric 方式可以产生渲染速度比较快，但是产生比较不真实的水波。Symmetric 可以产生更丰富、更真实的波动与折射效果。

· Wave Speed：设置波纹产生和扩散的速度。

· Wave Width：设置单个波纹的宽度。

· Wave Height：设置波纹的高度，该数值越大，扭曲效果越明显。

· Ripple Phase：定义波纹产生的初始状态效果。

9.6.14　Rolling Shutter Repair

滚动快门特效主要用于解决低端拍摄设备产生的画面延时（俗称果冻效应）问题。随需设置参数（见

图 9-6-25）。

图 9-6-25

- Rolling Shutter Repair：滚动快门问题修复程度。

- Scan Direction：确定扫描角度，一般设置与摄像机运动角度相同。

- Method：矫正方式。Warp 方式可以通过镜头扭曲来进行矫正。Pixel Motion 可以通过计算像素运动得到更精确的计算结果。

- Detailed Analysis：在 Method 选择"Warp"时可用，对扭曲进行细节分析。

- Pixel Motion Detail：在 Method 选择"Pixel Motion"时可用，设置像素运动程度。

- Wave Height：设置波纹的高度，该数值越大，扭曲效果越明显。

- Ripple Phase：定义波纹产生的初始状态效果。

9.6.15　Smear Effect

该效果可以对图像中的一个区域内的像素进行移动和旋转等操作，从而影响整个变形区域内像素的扭曲。这两个区域需要通过 Mask 工具进行绘制，并需要将 Mask 运算方式设置为 None，即不需要 Mask 产生遮罩效果。随需设置参数（见图 9-6-26）。

图 9-6-26

- Source Mask：指定原始 Mask，变形 Mask。

- Boundary Mask: 指定变形边界 Mask，扭曲效果将在该 Mask 内进行，如果不设置该 Mask，则不会产生扭曲效果。

- Mask Offset：设置原始 Mask 的位移，其位移会带动边界 Mask 范围内其他像素的变化。

- Mask Rotation：设置原始 Mask 的旋转。

- Mask Scale：设置原始 Mask 的缩放比例。

- Percent：定义扭曲的百分比，即扭曲的程度。

- Elasticity：定义变形过程中图像变化的程度。

- Stiff：粘稠效果，使图像扭曲程度最小。

- Super Fluid：超级流动效果，使图像扭曲程度最大。

其他设置的扭曲程度在这两者之间。

- Interpolation Method：定义在 Percent 参数有无关键帧的情况下不同的运算方式。

- Discrete：不需要任何关键帧，对每一帧进行分别计算，从而需要更多的渲染时间。

- Linear（Default）：需要两个或更多的关键帧，在关键帧之间进行线性关键帧解释。

- Smooth：需要 3 个或更多的关键帧，在关键帧之间进行平滑关键帧解释，从而创建出更平滑的变化效果。

9.6.16　Spherize Effect

该效果可以使图像产生球面放大变形效果，即放大镜放大图像的效果。随需设置参数（见图 9-6-27）。

图 9-6-27

- Radius：放大半径。

- Center of Sphere：放大中心。

该效果无法设置放大比率，可以通过添加多个 Spherize 效果来实现更大的放大效果。

9.6.17　Turbulent Displace Effect

该效果使用 Fractal Noise（分型噪波）作为原型来创建图像的扭曲效果，主要模拟图像透过气流或水流产生的紊乱扭曲效果。随需设置参数（见图 9-6-28）。

- Displacement：设置扭曲的类型。

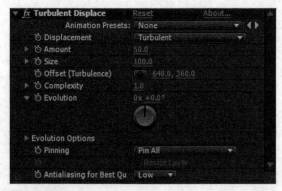

图 9-6-28

- Amount：设置扭曲的数量。

- Size：设置扭曲的大小，更大的值可得到更大的扭曲区域,而比较小的值可以得到比较细碎的扭曲变化。

- Offset（Turbulence）：设置扭曲形状的偏移。

- Complexity：复杂性，定义紊乱扭曲的复杂程度，比较小的值可以得到更平滑的扭曲效果。

- Evolution：对该属性设置关键帧可以使紊乱扭曲效果产生随机动画。

- Evolution Options：Evolution 产生的动画为一种循环动画，该属性组用于设置循环方式。

- Cycle Evolution：使动画循环一周后回到开始的状态。

- Cycle：动画在多长时间后回到开始状态，即定义循环一周的长度。

- Pinning：由于扭曲会将图像边缘撕裂，该选项用于定义某个边缘不被撕裂。

- Resize Layer：勾选该项后允许扭曲后的图像扩展到层的外部。

9.6.18　Twirl Effect

该效果可以使层围绕指定的旋转中心进行旋转扭曲，从而产生漩涡状的扭曲效果。随需设置参数（见图 9-6-29）。

图 9-6-29

- Angle：旋转扭曲的程度，增加该值，图像产生顺时针旋转，反之则产生逆时针旋转。

- Twirl Radius：旋转扭曲的影响半径。

· Twirl Center：旋转扭曲的中心。

9.6.19　Warp Effect

该效果可以产生一些基本变形，产生的效果与 Illustrator 或 Photoshop 中的文字变形基本相同（见图 9-6-30）。

图 9-6-30

随需设置参数（见图 9-6-31）。

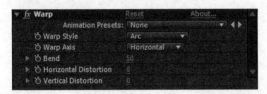

图 9-6-31

· Warp Style：扭曲类型，可设置诸如上弧、下弧、鱼眼等扭曲类型。

· Bend：扭曲程度。

· Horizontal Distortion：水平扭曲程度。

· Vertical Distortion：垂直扭曲程度。

9.6.20　Warp Stablizer

该效果可以自动去除镜头的非正常扭曲效果。将特效添加在层上的时候，该特效会自动分析层的扭曲问题，并进行自动矫正（见图 9-6-32）。

图 9-6-32

随需设置参数（见图 9-6-33）。

图 9-6-33

· Stabilization：设置稳定类型和计算方式。

· Borders：在进行扭曲矫正后，边缘应如何进行融合。

· Advanced：对扭曲进行一些高级矫正。

· Vertical Distortion：垂直扭曲程度。

9.6.21　Wave Warp Effect

该效果可以创建好像波纹划过图像，使图像产生向某个方向波动的效果。随需设置参数（见图 9-6-34）。

图 9-6-34

· Wave Type：设置波纹形态。

· Wave Height：设置波纹的高度。

· Wave Width：设置波纹的宽度，高度与宽度共同决定波纹大小。

· Direction：设置波纹划过图像的方向。

· Wave Speed：设置波纹产生的速度。

· Pinning：由于扭曲会将图像边缘撕裂，该选项用于定义某个边缘不被撕裂。

· Phase：定义波纹开始的点，比如设置为 0°代表第一个波纹从波纹中间产生；90°代表第一个波纹从波谷处产生；而 180°代表从波峰处产生。

· Antialiasing：设置抗锯齿质量，或称之为扭曲边缘的平滑程度。其下拉列表中，从上到下依次为低、中和高 3 个选项。质量越高，效果越好，渲染速度越慢。

9.7　Generate（生成效果）

9.7.1　4–Color Gradient Effect

该效果可以产生 4 色渐变填充效果。可以分别设置 4 个定位点的位置和色彩，这 4 个定位点的着色效果会自动产生过渡，从而得到平滑渐变效果。随需设置参数（见图 9-7-1）。

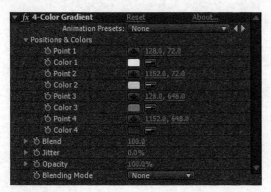

图 9-7-1

· Blend：设置 4 个色彩的融合程度，值越大，融合程度越高。

· Jitter：设置渐变效果添加杂色的数量，值越大，杂点越多。

· Opacity：渐变效果的透明度，即与原始层的透明度叠加。

· Blending Mode：渐变效果与原始层以何种混合模式混合。

9.7.2　Advanced Lightning Effect

该效果可以创建自然界真实的电击效果。随需设置参数（见图 9-7-2）。

· Lightning Type：设置闪电的类型，有多种闪电类型可选。

· Origin：定义闪电效果的产生点。

· Direction：定义闪电效果产生的目标位置。

图 9-7-2

· Conductivity State：电离状态，设置关键则可使闪电产生随机形状动画。

· Core Settings：该参数组用于对闪电核心进行调整，随需设置参数（见图 9-7-3）。

图 9-7-3

· Glow Settings：该参数组用于对闪电外发光进行调整，随需设置参数（见图 9-7-4）。

图 9-7-4

· Alpha Obstacle：定义源图像的 Alpha 通道对闪电形状的影响。

· Turbulence：定义闪电形状的紊乱程度，该值越大，闪电就拥有更多的折扭效果。

· Forking：定义主闪电周围产生多少枝节。

· Decay：衰减，定义闪电产生后的亮度和半径衰减效果。

· Decay Main Core：设置衰减效果是否影响主闪电形状，勾选该项则影响。

· Composite on Original：产生的闪电效果与原始图像之间以 Add 混合模式进行混合。

· Expert Settings：专家设置，提供了对闪电形态的更多控制，随需设置参数（见图 9-7-5）。

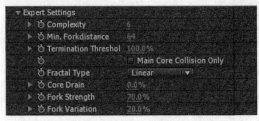

图 9-7-5

9.7.3 Audio Spectrum Effect

该效果添加在视频层上，可以根据一个音频层上某一段频率的音量（振幅）变化产生声音频谱效果（见图 9-7-6）。

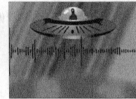

图 9-7-6

随需设置参数（见图 9-7-7）。

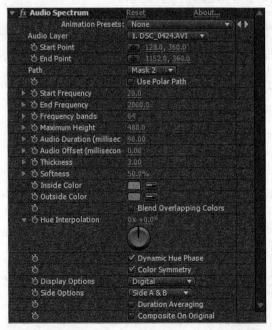

图 9-7-7

· Audio Layer：指定音频层，该效果根据指定的音频层产生频谱。

· Start Point、End Point：分别指定音频频谱产生的开始位置与结束位置，频谱在这段范围内产生。

· Path：可以指定一个绘制好的 Mask 路径代替 Start Point 与 End Point 定义的频谱产生路径。

· Use Polar Path：勾选该项则频谱由一个点产生，向四面八方扩展。

· Start Frequency、End Frequency：定义音频的开始频率与结束频率，在这段频率内产生频谱效果，在这段频率之外音频则被裁切。

· Frequency bands：频谱的分段数，分段数越多，产生的频谱条越多。

· Maximum Height：定义最大音量可以产生的频谱高度。

· Audio Duration：指定音频长度，用来计算产生的频谱，以毫秒（ms）为单位。

· Audio Offset：音频的时间偏移，即产生的频谱与原始声音之间的时间偏移。

· Thickness：产生频谱的粗细。

· Softness：产生频谱的边缘硬度。

· Inside Color、Outside Color：产生的频谱分段的内着色与外着色。

· Blend Overlapping Colors：定义内着色与外着色是否需要混合。

· Hue Interpolation：如果该值大于 0，则不同频率产生不同色彩的音频频谱。

· Dynamic Hue Phase：如勾选该项，且 Hue Interpolation 值大于 0，则开始色偏向于最大频率色。

· Color Symmetry：如勾选该项，且 Hue Interpolation 值大于 0，则开始色与结束色相同。

· Display Options：定义频谱的显示方式，可设置为 Digital(数字化)、Analog Lines(波形)或 Analog Dots(点状)。

· Side Options：定义频谱产生在路径的上面（Side A）、下面（Side B）或者两者皆有（Side A & B）。

· Duration Averaging：使频谱产生平滑过渡效果，得到平滑的频谱。

· Composite On Original：如勾选该项，则得到的频谱效果与原始图像共同显示在合成中，不勾选，则仅显示效果。

9.7.4　Audio Waveform Effect

该效果添加在视频层上，可以根据一个音频层上某一段频率的音量（振幅）变化产生声音波形效果。随需设置参数（见图 9-7-8）。

图 9-7-8

· Audio Layer：指定音频层，该效果根据指定的音频层产生波形。

· Start Point、End Point：分别指定音频波形产生的开始位置与结束位置，波形在这段范围内产生。

· Path：可以指定一个绘制好的 Mask 路径代替 Start Point 与 End Point 定义的波形产生路径。

· Maximum Height：定义最大音量可以产生的波形高度。

· Audio Duration：指定音频长度，用来计算产生的波形，以毫秒（ms）为单位。

· Audio Offset：音频的时间偏移，即产生的波形与原始声音之间的时间偏移。

· Thickness：产生波形的粗细。

· Softness：产生波形的边缘硬度。

· Random Seed（Analog）：随机，定义波形的随机形状，数值变化产生的效果不会累加，仅提供不同的随机值。

· Inside Color、Outside Color：产生波形的内着色与外着色。

· Waveform Options：指定根据音频的左声道或右声道音量产生波形，如选择"Mono"则波形基于左右声道音量的平均值产生。

· Display Options：定义波形的显示方式，可设置为 Digital（数字化）、Analog lines（波形）或 Analog dots（点状）。

· Composite On Original：如勾选该项，则得到的波形效果与原始图像共同显示在合成中，不勾选，则仅显示效果。

9.7.5 Beam Effect

该效果可以模拟激光器发射激光的效果，并可受到层运动模糊开关的影响（见图 9-7-9）。

图 9-7-9

随需设置参数（见图 9-7-10）。

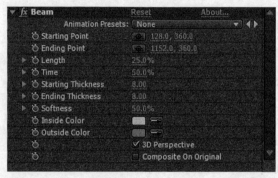

图 9-7-10

· Starting Point、Ending Point：分别指定激光产生的开始位置与结束位置，即激光的整个发射路径。

· Length：激光的长度，以百分比为单位，100% 为开始、结束位置之间的总长度。

· Time：时间偏移，为该值设置动画，则激光开始运动。

· Starting Thickness、Ending Thickness：分别定义激光开始的粗细与结束的粗细。

· Softness：定义激光边缘的柔化程度。

· Inside Color、Outside Color：产生激光的内着色与外着色。

· 3D Perspective：勾选该项则激光具有真实的 3D 空间透视效果。

· Composite On Original：如勾选该项，则得到的激光效果与原始图像共同显示在合成中，不勾选，则仅显示效果。

9.7.6 Cell Pattern Effect

该效果可以产生蜂窝状细胞效果，并可制作单细胞生物随机动画。该效果也常用来创建贴图，供其他层调用（见图 9-7-11）。

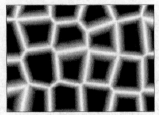

图 9-7-11

随需设置参数（见图 9-7-12）。

图 9-7-12

· Cell Pattern：指定产生的细胞形状。

· Invert：勾选该选项，可对产生的细胞进行反相处理，处理结果为黑色（0）变为白色（255），白色变为黑色，所有亮度变为 255 减去该亮度得到的数值。

· Contrast/Sharpness：定义得到细胞效果的对比度（Contrast）和边缘锐化程度（Sharpness）。该参数根据所选细胞形状的不同而不同。

· Overflow：若效果计算得到的图像亮度超出 0 ～ 255 灰度之外，则采取何种计算方法。

· Clip：数值高于 255，以 255 处理；低于 0，以 0 处理。当图像高对比的时候会产生大量的纯黑区域或纯白区域。

· Soft Clamp：将数值限定在 0 ～ 255 范围内，最暗的部分映射为 0，最亮的部分映射为 255。

· Disperse：设置细胞的分散程度，该值越小，细胞排列越规则，该值为 0，则细胞以网格方式排列。

· Offset：设置细胞的位移运动，这个运动并非控制单个细胞运动，而是接近于控制观察细胞的摄影机运动。

· Tiling Options：勾选该项可定义细胞形状在多少范围内重复，可分别调整水平或垂直方向上几个细胞重复一次形状。

· Evolution：对该数值设置关键帧，可得到随机运动的细胞效果。

· Evolution Options：定义细胞随机运动的方式。

· Cycle Evolution：以循环方式运动，即细胞运动会循环到原始形状位置。

· Random Seed：随机种子，定义产生形状的随机变化，数值变化产生的效果不会累加，仅是提供不同的随机值。

9.7.7　Checkerboard Effect

该效果可以创建方形的棋盘格效果，棋盘格的一半方格具有色彩填充，一半方格为透明显示，供用户填充。随需设置参数（见图 9-7-13）。

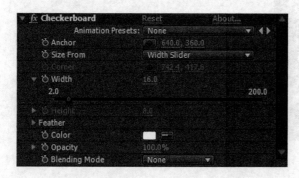

图 9-7-13

· Anchor：棋盘格的位置，拖曳可移动棋盘格。

· Size From：棋盘格大小的定义方式。

· Corner：每个棋盘格大小由 Anchor 与 Corner 参数共同设置。

· Width Slider：仅由 Width 值定义棋盘格大小，即产生正方形的棋盘格。

· Width & Height Slider：棋盘格的高度由 Height 值定义，宽度由 Width 值定义。

· Feather：棋盘格边缘的羽化程度。

· Color：指定一半非透明方格的色彩。

· Opacity：棋盘格效果的透明度。

· Blending Mode：指定棋盘格与原始层之间的混合模式。

9.7.8　Circle Effect

该效果可以创建实色填充的圆或圆环效果。随需设置参数（见图 9-7-14）。

图 9-7-14

- Center：产生圆或圆环的圆心位置。

- Radius：产生圆或圆环的半径大小。

- Edge：产生形状的类型，可设置为圆或圆环。选择"None"产生圆，其余选项则产生圆环。

- Feather：产生形状的边缘羽化。

- Invert Circle：反转产生形状的 Alpha 通道，即填充的圆或圆环转化为挖空的圆或圆环。

- Color：圆或圆环的填充色。

- Opacity：圆或圆环的透明度。

- Blending Mode：指定圆或圆环与原始层之间的混合模式。

9.7.9　Ellipse Effect

该效果可以产生发光的圆环效果。随需设置参数（见图 9-7-15）。

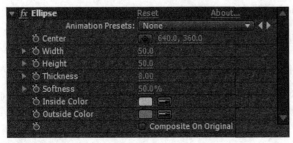

图 9-7-15

- Center：产生圆环的圆心位置。

- Width：定义产生圆环的宽度。

- Height：定义产生圆环的高度。

- Thickness：定义产生圆环的粗细。

- Softness：定义产生圆环边缘的柔化程度。

- Inside Color、Outside Color：定义产生圆环的内着色与外着色。

- Composite On Original：如勾选该项，则得到的圆环效果与原始图像共同显示在合成中，不勾选，则仅显示效果。

9.7.10 Eyedropper Fill Effect

该效果可以拾取层的某一位置或某一区域的像素的色彩，并将该色彩覆盖整个层。随需设置参数（见图 9-7-16）。

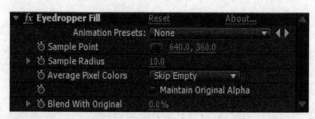

图 9-7-16

- Sample Point：采样点，即拾取色彩的位置。

- Sample Radius：采样半径，即多大范围内的像素得到结果色。

- Average Pixel Colors：定义什么类型的像素可以被采样。

- Skip Empty：忽略透明区域的像素。

- All：采样所有像素，包括透明或半透明 RGB 色。

- All Premultiplied：采样 RGB 色与 Premultiplied 型的 Alpha 通道。

- Including Alpha：采样 RGB 色与 Alpha 通道的透明信息。

- Maintain Original Alpha：保持原始图像的 Alpha 通道信息不被修改。

- Blend With Original：如勾选该项，则得到的填充效果与原始图像共同显示在合成中，不勾选，则仅显示效果。

9.7.11 Fill Effect

该效果可以在层的特定区域内填充一种色彩，可以用于填充一个已经创建描边效果的 Mask 选区。随需设置参数（见图 9-7-17）。

图 9-7-17

· Fill Mask：可指定层的某个 Mask 区域作为填充区域。

· Color：指定填充色。

· Horizontal Feather：填充在水平方向上的羽化值。

· Vertical Feather：填充在垂直方向上的羽化值。

· Opacity：填充效果的不透明度。

9.7.12　Fractal Effect

该效果可以直接根据 Mandelbrot 集或 Julia 集产生贴图图形，默认产生的是经典的 Mandelbrot 集图形。该集的特点是某个区域内为黑色着色，任何像素脱离于该区域则被上色，产生的色彩与形状取决于该集有多紧密（见图 9-7-18）。

图 9-7-18

随需设置参数（见图 9-7-19）。

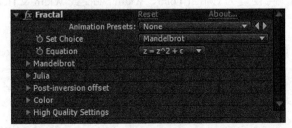

图 9-7-19

· Set Choice：定义使用的集，Mandelbrot 为典型的 Mandelbrot 集；Mandelbrot Inverse 为 Mandelbrot 集的数学反转；Julia 集基于 Mandelbrot 集产生形状；Julia Inverse 为 Julia 集的数学反转。

- Equation：方程式，指定运算的方程式。

- Mandelbrot、Julia：定义特定集的设置。X（Real）与Y（Imaginary）用于定义水平和垂直方向的像素移动。

- Color：定义效果产生的色彩。

- Overlay：为显示集创建一个叠加副本。

- Transparency：定义黑色像素是否为透明显示。

- Palette：通过一个映射的黑白图像定义产生形状的着色方式。

- Hue：定义色彩渐变的着色色相。

- Edge Highlight：色彩边缘的高光设置。

- High Quality Settings：定义效果的采样设置，从而影响最终渲染质量。

9.7.13　Grid Effect

该效果可以创建自定义网格效果，网格效果可以为单色填充或者作为显示原始层的蒙版。该效果也可以作为设计元素或其他层的蒙版使用。随需设置参数（见图 9-7-20）。

图 9-7-20

- Anchor：定义网格形状的起始点。

- Size From：设置以何种方式定义网格大小，可设置为 Corner Point、Width Slider 或 Width & Height Sliders。

- Corner Point：定义网格形状的结束点，设置为 Corner Point 方式时，网格大小以 Anchor 和 Corner Point 共同定义。

- Border：定义网格线的粗细。

- Feather：定义网格线的羽化。

- Invert Grid：反转产生网格线的透明度。

- Color：定义网格色彩。

· Opacity：定义网格的不透明度。

· Blending Mode：设置网格与原始层之间的混合模式。

9.7.14 Lens Flare Effect

该效果可以模拟强光照射在摄影机镜头上产生的镜头光斑效果（见图 9-7-21）。

图 9-7-21

随需设置参数（见图 9-7-22）。

图 9-7-22

· Flare Center：产生镜头光斑的位置。

· Flare Brightness：设置光斑的亮度。

· Lens Type：设置光斑类型，根据摄影机镜头焦距的不同分为 50-300 mm、35 mm、105 mm 几种不同的光斑类型。

· Blend With Original：如勾选该项，得到的光斑效果与原始图像共同显示在合成中，不勾选，则仅显示效果。

9.7.15 Paint Bucket Effect

该效果与 Photoshop 中的油漆桶工具产生的效果类似，就是在一个特定区域内填充色彩，该特定区域根据效果的填充点来确定。可以选择图像中的某个像素作为填充点，然后通过容差来确定与该像素色彩类似且相连的区域为填色区域。随需设置参数（见图 9-7-23）。

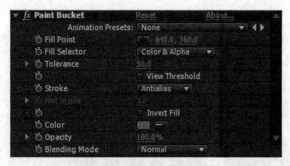

图 9-7-23

· Fill Point：选择图像上的填充点，与该点相邻且类似的像素可以一同被填充。

· Fill Selector：填充选择，指定填充在某个范围内进行。

· Tolerance：容差，指定与选择像素接近程度在多少范围内的像素可以被一同选择。

· View Threshold：显示选择区域。白色部分为选择的上色区域，黑色部分为非选择区域。

· Stroke：定义选区边缘的细节。

· Color：指定填充色。

· Opacity：填充色的不透明度。

· Blending Mode：定义填充色与原始图像以何种混合模式进行混合。

9.7.16 Radio Waves Effect

该效果可以创建由一个指定中心向外扩散的径向波动效果。该效果可以模拟池塘的水波、扩散的声波和一些复杂的几何图形。该效果不需要设置关键帧即可自动产生动画效果（见图 9-7-24）。

图 9-7-24

随需设置参数（见图 9-7-25）。

· Producer Point：指定波动产生的中心。

· Parameters are set at：指定波动效果如何受参数变化的影响。

· Birth：指定每个新产生的波动形状都从一个原始状态开始，产生相同的运动。

图 9-7-25

· Each Frame：指定每个新产生的波动形状都从不同的原始状态开始，后面产生的形状与前面产生的形状相同。如果选择一种星形波动并设置旋转动画，选择"Birth"可以使产生的每个星形依次错位，从而产生旋扭形态，选择"Each Frame"则所有的星形都旋转同一角度。

· Render Quality：控制渲染输出质量，设置更大的值可以得到更高的渲染质量。

· Wave Type：选择波动的形状。

· Polygon：多边形方式，选择该方式则波动以多边形作为形状。

· Image Contour：图像拓扑，选择该方式可以指定以图像拓扑作为形状。形状拓扑可以由图像的色相、Alpha 通道或亮度等产生高对比边缘形状。

· Mask：遮罩，选择该方式则以绘制的遮罩作为形状。

· Wave Motion：指定波动的运动方式，随需设置参数（见图 9-7-26）。

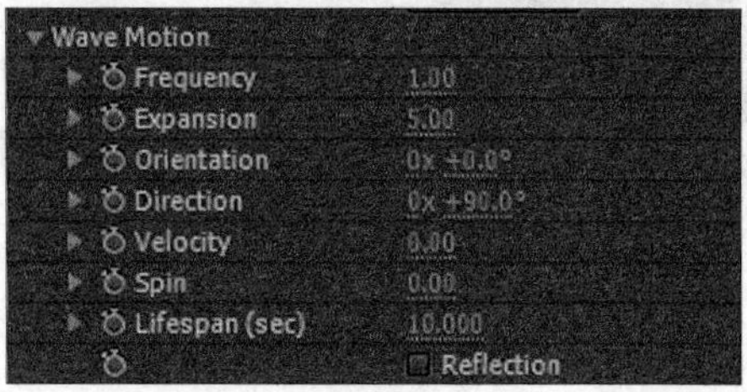

图 9-7-26

· Stroke：设置波动的描边效果，随需设置参数（见图 9-7-27）。

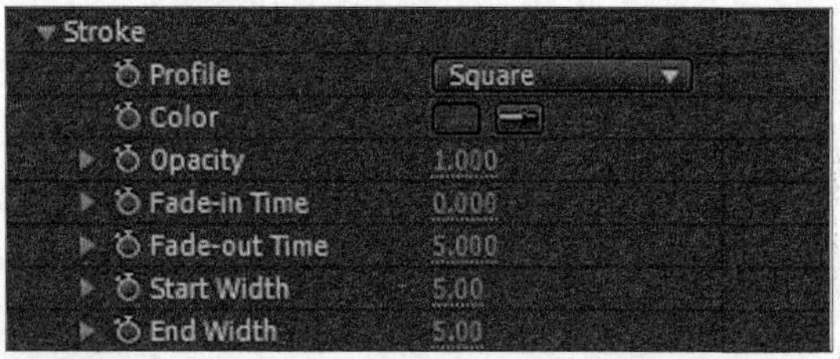

图 9-7-27

9.7.17　Ramp Effect

该效果可以创建两色的渐变效果，随需设置参数（见图 9-7-28）。

图 9-7-28

可以指定"Ramp Shape"为"Linear Ramp"（线性渐变），产生从一个位置到另一个位置的线性渐变效果，或指定为"Radial Ramp"（径向渐变），产生从中心向外的渐变效果。

Ramp Scatter：渐变色彩过渡产生的杂色程度，该值越大，杂色越多。

9.7.18　Scribble Effect

该效果可以产生像手绘一样的涂鸦效果，主要通过对一个或多个闭合 Mask 进行填充或描边来完成，通过填充为之字形线条来模拟随意涂抹效果（见图 9-7-29）。

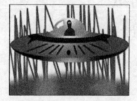

图 9-7-29

随需设置参数（见图 9-7-30）。

图 9-7-30

- Scribble：指定描边的 Mask，可以选择某个 Mask（Single Mask）或所有 Mask（All Masks）。

- Mask：选择"Single Mask"时被激活，用于指定某个特定 Mask。

- Fill Type：填充类型。指定涂鸦效果与 Mask 的位置关系，可以指定是描边还是填充。

- Edge Options：边缘设置。选择填充类型为任何一种描边类型可以激活该选项，随需设置参数（见图 9-7-31）。

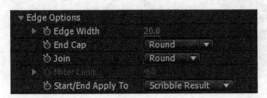

图 9-7-31

- Color：指定描线的色彩。

- Opacity：指定描线的不透明度。

- Angle：指定描线的角度。

- Stroke Width：指定描线的宽度。

- Stroke Options：设置描线的细节效果，随需设置参数（见图 9-7-32）。

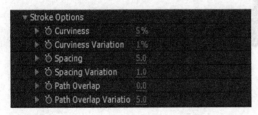

图 9-7-32

- Start、End：分别定义绘制的开始与结束位置。

- Fill Paths Sequentially：必须指定多个 Mask 描线才可激活该选项，激活该项后 Start 与 End 参数基于所有 Mask 的开始与结束，如果未激活，则每个 Mask 都按自身的开始与结束描线。

- Wiggle Type：指定随机动画类型。

- Wiggles/Second：每秒随机变化的次数，该值越大，动画速度越快。

- Composite：设置效果的显示方式。

- On Transparent：仅将效果产生的描线效果显示在合成中。

- On Original Image：效果产生的描线效果与原始层同时显示在合成中。

· Reveal Original Image：显示描线位置的原始图像，即将描线作为原始图像的 Alpha Matte 使用。

9.7.19 Stroke Effect

该效果可以沿着 Mask 边缘创建线形或点形描边效果（见图 9-7-33）。

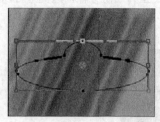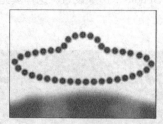

图 9-7-33

随需设置参数（见图 9-7-34）。

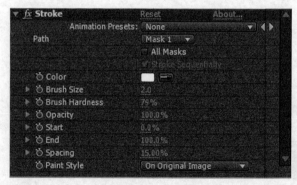

图 9-7-34

· Path：指定要描边的某个 Mask。

· All Masks：指定沿着所有 Mask 进行描边。

· Color：指定描边色。

· Brush Size：指定描边宽度。

· Brush Hardness：指定描边硬度，如果该值较小，则得到羽化边缘。

· Opacity：指定描边的不透明度。

· Start：定义描边的开始位置。

· End：定义描边的结束位置，开始与结束位置对应 Mask 的起点与终点位置，共同定义描边的长度。

· Spacing：描边间距。描边效果都是由大量的点叠加完成的，如增大该间距，则描边效果由线形转化为点形。

· Paint Style：设置效果的显示方式。

9.7.20　Vegas Effect

该效果可创建运动光线或光点效果。该效果与 Stroke 类似，但是它可以在同一个路径上创建不同粗细的描线，比如由粗到细或由细到粗，或基于图像拓扑进行描线，而不仅仅针对 Mask。随需设置参数（见图9-7-35）。

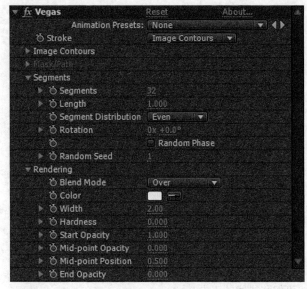

图 9-7-35

· Stroke：指定描线效果基于何种形状。

· Image Contours：基于层的拓扑进行描线，比如图像的 Alpha 通道边缘或图像某个通道的高对比位置。选择该描边方式可激活 Image Contours 参数组，随需设置参数（见图9-7-36）。

图 9-7-36

· Mask/Path：将 Stroke 设置为 Mask/Path 时可激活该项，即指定对层的 Mask 进行描线处理。

· Segments：指定描线的分段数，即一个 Mask 可产生多个描线线段。

· Length：指定每个描线线段的长度，设置为 1，则整个分段都会产生描线效果。

· Segment Distribution：指定各个分段之间的间距。

· Rotation：对该参数设置关键帧可对描线产生流动动画效果。

· Random Phase：随机相位，设置该参数可得到描线在拓扑上的随机起始点。

· Blend Mode：定义描线效果与层的应用方式。

· Transparent：仅显示描线效果。

· Over：描线效果显示在原始层之上。

· Under：描线效果显示在原始层之下。

· Stencil：将描线效果作为原始层的 Matte 使用，描线区域内显示原始层像素。

· Color：定义描边的色彩。

· Width：定义描线宽度。

· Hardness：定义描线硬度。

· Start Opacity、End Opacity：分别定义描线开始的不透明度与结束的不透明度，从而得到透明过渡的描线效果。

· Mid-point Opacity：定义描线开始与结束中间的不透明度。

· Mid-point Position：定义描线中间的位置，可偏移描线的正中心。

9.7.21　Write-on Effect

该效果可以基于笔触的 Position 变化产生类似于手写的描线效果，随需设置参数（见 图 9-7-37）。

图 9-7-37

· Brush Position：笔触的位置，需要根据手写路径设置关键帧。

- Color：定义描线色彩。

- Brush Size：指定描线宽度。

- Brush Hardness：指定描线硬度，如果该值较小，则得到羽化边缘。

- Brush Opacity：指定描线的不透明度。

- Stroke Length（secs）：描线的长度，为该值设置动画可得到描线生长的效果。

- Brush Spacing（secs）：描线间距。描线效果都是由大量的点叠加完成的，如增大该间距，则描边效果由线形转化为点形。

- Paint Time Properties 和 Brush Time Properties：绘画时间属性与笔触时间属性，指定绘画属性或笔触属性基于当前时间变化或整体描线变化。如需要设置描线整体粗细的变化，则需要设置 Brush Size 关键帧，并将 Brush Time Properties 设置为 None。如需要设置由粗变细或由细变粗的变化，则需要将 Brush Time Properties 设置为 Size。

- Paint Style：设置效果的显示方式。

9.8　Noise & Grain（噪波和杂点效果）

9.8.1　Grain Effect

　　在真实世界拍摄的几乎所有的数字图像都有噪波的存在，由于光线与摄像机镜头的差异，噪波也呈现出多样性，在进行数字合成的时候对图像进行噪波匹配是使合成真实的重要环节。三维软件中创建的动画元素没有噪波，有时需要手动添加噪波，增加其真实性。

　　噪波效果组提供了减弱或去除噪波的功能，比如，去除人皮肤上的噪点可以得到光滑的皮肤效果。此外，还提供了诸如 Fractal Noise 效果，可以直接产生一些特殊的噪波纹理，产生云、雾等仿真效果，或用做贴图。

9.8.2　Add Grain Effect

　　该效果可以为图像添加噪波效果，它提供了非常丰富的控制，可产生具有各种细节特征的噪波，甚至可以限定噪波产生的区域（见图 9-8-1）。

图 9-8-1

随需设置参数（见图 9-8-2）。

图 9-8-2

· Viewing Mode：噪波的显示模式，有 3 种模式可供选择。

· Preview：预览框，可以将噪波效果显示在特定的矩形区域内，增加渲染速度。

· Blending Matte：混合蒙版，显示噪波产生权重，选择后图像转为黑白图像，白色区域代表该区域可以产生更多的噪波效果。一般图像暗部会显示为白色区域，因为暗部感光不足，容易产生噪波。

· Final Output：最终效果，在噪波调整完毕后切换为该方式显示，并最终输出。

· Preview Region：对预览框大小进行控制，将"Viewing Mode"设置为"Preview"时可激活该选项。

· Tweaking：该参数组主要用来设置噪波的强度、大小以及噪波模糊与清晰的程度，随需设置参数（见图 9-8-3）。

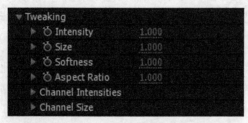

图 9-8-3

· Color：指定噪波的色彩。

· Application：指定噪波产生的区域，通过分别调整亮度通道或 R、G、B 的亮度来重新定义图像的明暗部，在暗部会产生更多的噪波。

· Animation：设置噪波动画的速度。

· Blend with Original：设置噪波与原始图像的混合方式，可以通过透明度或混合模式将噪波与源图像混合，也可以指定一个层蒙版，使噪波显示在蒙版区域内。该组效果在 Amount 值不为 0 的情况下才有效果，即必须有一定程度的混合。

9.8.3　Dust & Scratches Effect

　　Dust & Scratches 效果可以去除画面中的蒙尘与划痕杂质，得到相对干净的画面效果。该效果通过对相似区域像素进行扩展，保持高对比区域像素来保护图像中清晰的边缘，但依然容易损失细节（见图 9-8-4）。

图 9-8-4

　　随需设置参数（见图 9-8-5）。

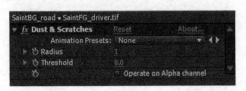

图 9-8-5

- ·　Radius：定义像素的扩展半径，该值越大，图像越不清晰，同时去除划痕的效果越好。

- ·　Threshold：指定相邻像素在多少差异内将不被处理。

9.8.4　Fractal Noise Effect

　　该效果可以直接创建多种灰度噪波纹理，该噪波可用于纹理背景、贴图，或模拟仿真效果，诸如雾、云、熔岩、火、水等。随需设置参数（见图 9-8-6）。

图 9-8-6

· Fractal Type：指定噪波形态，该效果提供了多种噪波形态供用户选择。

· Noise Type：指定噪波类型，主要设置噪波渲染网格的精度，而并非合成调板的渲染精度，该项直接影响输出效果。

· Invert：反转产生噪波的亮度。

· Contrast：设置产生噪波的对比度。

· Overflow：当亮度值不在 0 ～ 1.0 范围内时，应采取何种方式进行渲染。

· Transform：设置噪波的变换属性，诸如旋转、缩放与位移噪波。

· Complexity：定义噪波的细节，该值越大，噪波拥有的细节越多。

· Sub Settings：当分型噪波由多层噪波组成时，该参数组指定子噪波的控制方式。并非所有噪波类型都由多层噪波组成，该参数组仅对特定噪波类型起作用。随需设置参数（见图 9-8-7）。

图 9-8-7

· Evolution：为该值设置关键帧可以得到噪波随机运动动画。

· Evolution Options：可设置噪波运动，随需设置参数（见图 9-8-8）。

图 9-8-8

· Opacity：设置噪波的不透明度。

· Blending Mode：设置噪波与原始层的混合模式。

9.8.5 Match Grain Effect

该效果可以匹配两个图像的噪波效果，对于键控后合成图像具有非常重要的意义（见图 9-8-9）。

图 9-8-9

随需设置参数（见图 9-8-10）。

图 9-8-10

该效果仅能添加噪波而不能去除噪波，因此使用该效果最好遵循以下方法：效果应添加在噪波较少的层上，然后指定匹配噪波较多的层。噪波较少的层的噪波会对最终效果产生影响，建议在匹配噪波前，首先使用 Remove Grain 效果将噪波去除，然后再匹配噪波。

· Viewing Mode：噪波的显示模式，有 3 种模式可供选择。

· Noise Source Layer：指定匹配噪波的层。

· Preview Region：预览框，可以将噪波效果显示在特定的矩形区域内，增加渲染速度。

· Blending Matte：混合蒙版，显示噪波产生权重，选择后图像转为黑白图像，白色区域代表该区域可以产生更多的噪波效果。一般图像暗部会显示为白色区域，因为暗部感光不足，容易产生噪波。

· Final Output：最终效果，在噪波调整完毕后切换为该方式显示，并最终输出。

· Preview Region：对预览框大小进行控制，将"Viewing Mode"设置为"Preview"时可激活该选项。

· Compensate for Exist：补偿原始层存在的噪波。

· Tweaking：该参数组主要用来设置噪波的强度、大小以及噪波模糊与清晰的程度，随需设置参数（见图 9-8-11）。

图 9-8-11

· Color：指定噪波的色彩。

· Application：指定噪波产生的区域，通过分别调整亮度通道或 R、G、B 的亮度来重新定义图像的明暗部，在暗部会产生更多的噪波。

· Animation：设置噪波动画的速度。

· Blend with Original：设置噪波与原始图像的混合方式，可以通过透明度或混合模式将噪波与源图像混合，也可以指定一个层蒙版，使噪波显示在蒙版区域内。该组效果在 Amount 值不为 0 的情况下才有效果，即必须有一定程度的混合。

9.8.6　Median Effect

该效果可以将特定半径内的像素替换为平均色彩与亮度的像素，从而去除噪波，如该值较大，则图像会产生类似绘画的效果（见图 9-8-12）。

图 9-8-12

随需设置参数（见图 9-8-13）。

图 9-8-13

- Radius：采样半径。

- Operate On Alpha Channel：设置操作可影响 Alpha 通道。

9.8.7　Noise Effect

该效果可随机修改图像的像素值，从而实现动态噪波效果。随需设置参数（见图 9-8-14）。

图 9-8-14

- Amount of Noise：设置产生噪波数量。

- Noise Type：设置噪波类型，如选中"Use Color Noise"，则产生彩色噪波，否则产生黑白噪波。

- Clipping：裁切色彩通道值，如不选择该选项可产生更多噪波，甚至覆盖原始图像。

9.8.8　Noise Alpha Effect

该效果会在 Alpha 通道产生噪波效果（见图 9-8-15）。

图 9-8-15

随需设置参数（见图 9-8-16）。

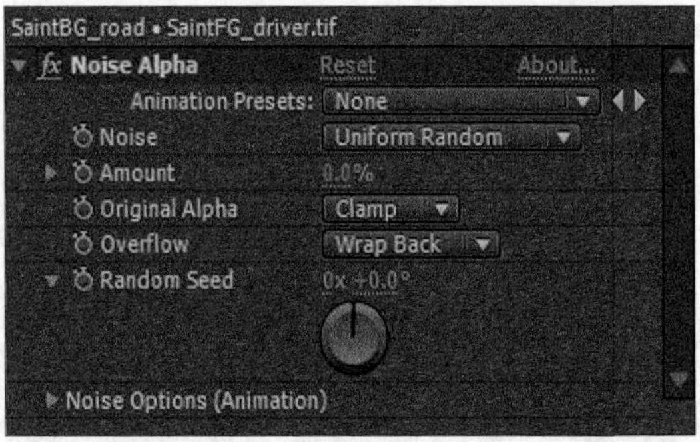

图 9-8-16

- Noise：选择噪波类型。

- Amount：设置噪波强度。

- Original Alpha：噪波与源图像的 Alpha 通道以何种方式混合。

- Overflow：当亮度值不在 0.0 ～ 1.0 范围内时，应采取何种方式进行渲染。

- Random Seed：噪波产生的随机种子。

- Noise Options：设置噪波动画。

- Cycle Noise：激活该选项可创建循环运动，即噪波运动到一定时间会回到原始状态。

- Cycle（In Revolutions）：指定噪波循环时间，该选项设置 Random Seed 为多少圈时噪波形态循环一次。

9.8.9 Noise HLS Effect 与 Noise HLS Auto Effect

Noise HLS 与 Noise HLS Auto 可以分别对图像的色相、亮度与饱和度设置噪波强度。Noise HLS Auto 效果可自动产生噪波动画，而 Noise HLS 需要通过设置 Noise Phase 参数产生噪波动画（见图 9-8-17）。

图 9-8-17

随需设置参数（见图 9-8-18）。

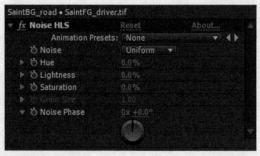

图 9-8-18

- Noise：噪波类型，Uniform 产生黑白平均的噪波动画，Squared 创建高对比噪波动画。

- Hue：在图像的色相上产生噪波强度。

- Lightness：在图像的亮度上产生噪波强度。

- Saturation：在图像的饱和度上产生噪波强度。

- Grain Size：设置噪波的大小。

- Noise Phase（Noise HLS 效果特有的参数）：为该参数设置关键帧可产生噪波动画。

- Noise Animation Speed（Noise HLS Auto 效果特有的参数）：设置噪波动画的速度。

9.8.10　Remove Grain Effect

该效果主要用于去除画面上的噪波。由于该效果提供了强大的去噪控制，因此也常用于去除面部的毛孔与瑕疵，得到光洁的皮肤效果（见图 9-8-19）。

图 9-8-19

随需设置参数（见图 9-8-20）。

图 9-8-20

- Viewing Mode：去噪效果的显示模式，可以随需选择。

- Preview Region：对预览框大小进行控制，将"Viewing Mode"设置为"Preview"时可激活该选项。

- Noise Reduction Settings：去噪效果的主参数组，设置对噪波的去除程度，随需设置参数（见图 9-8-21）。

- Fine Tuning：微调模式，可对去噪效果进行细节处理，随需设置参数（见图 9-8-22）。

- Temporal Filtering：设置对动态视频进行优化处理。

图 9-8-21

图 9-8-22

· Unsharp Mask：增强色彩或亮度像素边缘的对比，使画面更加清晰，从而解决去噪后图像模糊问题，随需设置参数（见图 9-8-23）。

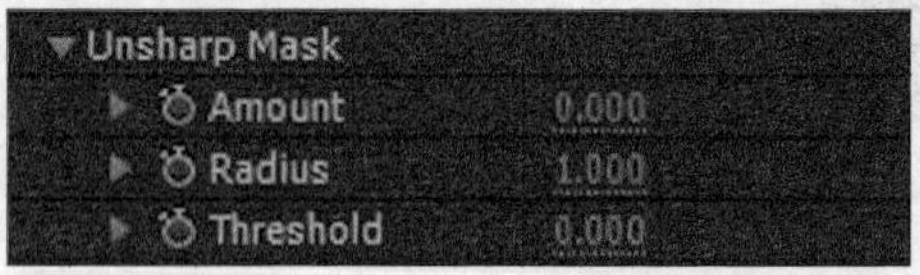

图 9-8-23

· Sampling：定义去噪效果的采样点，随需设置参数（见图 9-8-24）。

图 9-8-24

· Blend with Original：设置去噪效果与原始图像的混合方式，可以通过透明度或混合模式将去噪效果与源图像混合，也可以指定一个层蒙版，使去噪效果显示在蒙版区域内。该组效果在 Amount 值不为 0 的情况下才有效果，即必须有一定程度的混合。

9.8.11 Turbulent Noise Effect

该效果可以直接创建多种灰度噪波纹理，该噪波可用于纹理背景、贴图，或模拟仿真效果，诸如雾、云、熔岩、火、水等。该效果与 Fractal Noise 效果基本一致，但提供了更高的渲染精度和更多的噪波细节，同时渲染速度也要慢得多。随需设置参数（见图 9-8-25）。

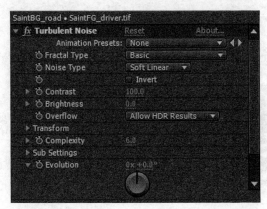

图 9-8-25

· Fractal Type：指定噪波形态，该效果提供了多种噪波形态供用户选择。

· Noise Type：指定噪波类型，主要设置噪波渲染网格的精度，而并非合成调板的渲染精度，该项直接影响输出效果。

· Invert：反转产生噪波的亮度。

· Contrast：设置产生噪波的对比度。

· Overflow：当亮度值不在 0.0 ～ 1.0 范围内时，应采取何种方式进行渲染。

· Transform：设置噪波的变换属性，诸如旋转、缩放与位移噪波。

· Complexity：定义噪波的细节，该值越大，噪波拥有的细节越多。

· Sub Settings：当分型噪波由多层噪波组成时，该参数组指定子噪波的控制方式。并非所有噪波类型都由多层噪波组成，该参数组仅对特定噪波类型起作用。随需设置参数（见图 9-8-26）。

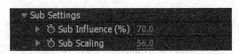

图 9-8-26

· Evolution Options：可设置噪波运动，随需设置参数（见图 9-8-27）。

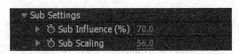

图 9-8-27

9.9　Perspective（透视效果）

9.9.1　3D Glasses Effect

该效果可将创建好的 3D 透视面（左边与右边）合并在一起，从而得到完整的 3D 透视图像（见图 9-9-1）。

图 9-9-1

随需设置参数（见图 9-9-2）。

图 9-9-2

· Left View、Right View：选择需要拼合的左、右视图层，这两个层最好大小相同才容易拼接。

· Convergence Offset：左、右视图的偏移值。

· Swap Left-Right：反转左、右视图。

· 3D View：定义视图如何拼合。

· Balance: 定义 3D 视图的平衡程度，使用该参数可减少阴影与重影。

9.9.2　Bevel Alpha Effect

该效果可以在图像 Alpha 通道的边缘产生高光与阴影效果，主要用于创建图像的立体感（见图 9-9-3）。

图 9-9-3

随需设置参数（见图 9-9-4）。

图 9-9-4

- Edge Thickness：定义立体的厚度。

- Light Angle：定义光线照射的角度。

- Light Color：定义光线色彩。

- Light Intensity：定义光线强度，可增强高光与阴影的色彩对比。

9.9.3　Bevel Edges Effect

该效果可以使图像边缘产生 3D 立体效果（见图 9-9-5）。

图 9-9-5

随需设置参数（见图 9-9-6）。

图 9-9-6

与 Bevel Alpha 效果不同，Bevel Edges 效果只能产生直线型的生硬折角。

- Edge Thickness：定义立体的厚度。

- Light Angle：定义光线照射的角度。

- Light Color：定义光线色彩。

- Light Intensity：定义光线强度，可增强高光与阴影的色彩对比。

9.9.4 Drop Shadow Effect

该效果可在图像 Alpha 通道的边缘产生真实的投影效果（见图 9-9-7）。

图 9-9-7

随需设置参数（见图 9-9-8）。

图 9-9-8

- Shadow Color：指定阴影的色彩。

- Opacity：指定阴影的不透明度。

- Direction：指定投影方向。

- Distance：指定投影与投影物体之间的距离。

- Softness：指定投影的扩散柔化程度。

- Shadow Only：只渲染层投影而不渲染层。

9.9.5 Radial Shadow Effect

该效果可以创建由点光源产生的真实投影效果，物体投影则会根据与光源距离的不同产生不同的阴影效果（见图 9-9-9）。Drop Shadow 效果产生的是一种光源在无穷远处的平行光投影。

图 9-9-9

随需设置参数（见图 9-9-10）。

图 9-9-10

· Shadow Color：指定阴影的色彩。

· Opacity：指定阴影的不透明度。

· Light Source：指定光源点位置。

· Projection Distance：投影离地面的距离，该值越大，投影显得越大。

· Softness：投影边缘的柔化效果。

· Render：指定渲染投影类型。

· Color Influence：将"Render"指定为"Glass Edge"时可激活该选项，用于调整阴影的不透明度。

· Shadow Only：只渲染层投影而不渲染层。

· Resize Layer：激活该项后，投影将不限定在层大小范围内。

9.10　Simulation

Simulation 效果组汇集了 After Effects 中最复杂的效果，主要用于模拟各种仿真动画效果。

9.10.1　Card Dance Effect

Card Dance 可以将图像切分为规则的卡片形状，然后对这些形状进行单独的动画操作，比如卡片的飞散与汇聚等（见图 9-10-1）。

图 9-10-1

随需设置参数（见图 9-10-2）。

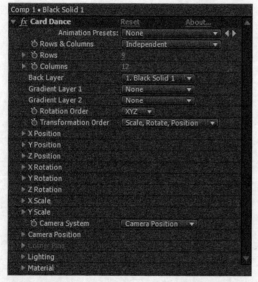

图 9-10-2

· Rows & Columns：定义将图像切分的行数与列数。选择"Independent"则行与列可以分别设置，选择"Columns Follows Rows"则仅有 Rows 被激活，行和列同时变化。

· Rows：定义行数，最大值为 1 000。

· Columns：定义列数，最大值为 1 000。

· Back Layer：指定卡片背面显示的图像。卡片具有 3D 空间属性，可以在 3D 空间中进行运动和旋转操作，因此在合成中可以观察到卡片背面的图像。

· Gradient Layer 1：指定第 1 个控制卡片运动的层，卡片可以根据该层某个通道的不同亮度产生不同运动。该通道亮的位置与暗的位置会产生相反方向的运动，50% 亮度位置的卡片不运动。

· Gradient Layer 2：指定第 2 个控制卡片运动的层。

· Rotation Order：如设置卡片旋转，则卡片的旋转轴向为设置的轴向。

· Transformation Order：变换顺序，可以对卡片的 Scale、Rotate 与 Position 进行先后顺序控制，变换的先后顺序不同，得到的效果也不同。

· Position（X，Y，Z）、Rotation（X，Y，Z）和 Scale（X，Y）：指定卡片各属性的变换效果。该动画需要指定贴图 1 或贴图 2 的某个通道，然后通过该通道的亮度来影响参数变化。

· Source：指定贴图 1 或贴图 2 的某个通道来影响当前变换属性。

· Multiplier：应用到卡片的变换数量。该值越大，贴图对卡片的影响越明显。

· Offset：偏移值，调整该参数可以使运动整体增加一定的值或减少一定的值。

· Camera System：指定效果的摄像机系统，效果可受到何种摄像机控制。可以选择效果的 Camera Position 属性、Corner Pins 属性，或者默认的合成摄像机来观察卡片运动状态。

· Camera Position：摄像机位置，随需设置参数（见图 9-10-3）。

图 9-10-3

· Corner Pins：角点控制，随需设置参数（见图 9-10-4）。

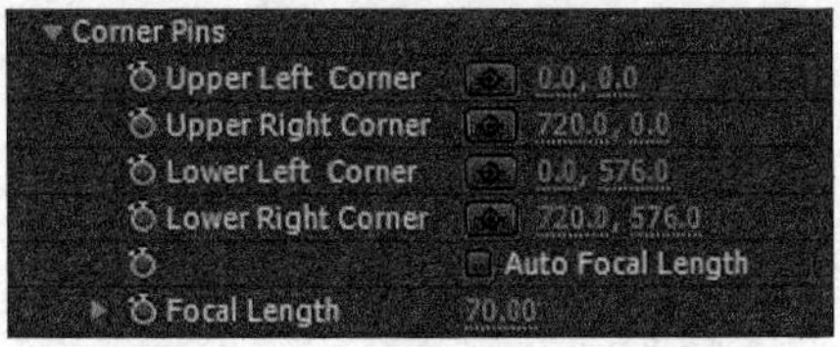

图 9-10-4

· Lighting：调整场景中的灯光，随需设置参数（见图 9-10-5）。

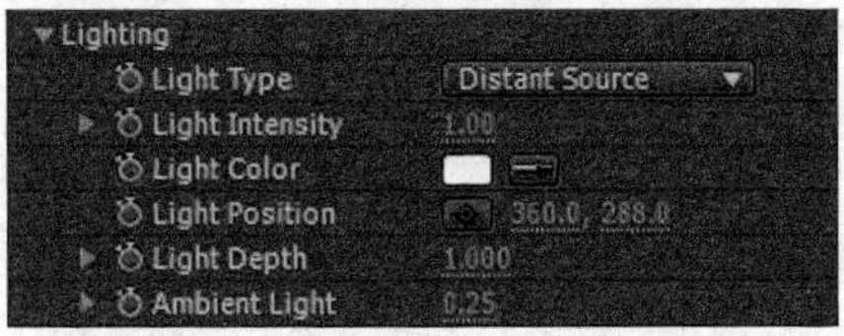

图 9-10-5

· Material：材质属性，设置卡片的反射效果，随需设置参数（见图 9-10-6）。

图 9-10-6

9.10.2　Caustics Effect

该效果可以模拟焦散与折射效果，主要用于模拟水波或者气浪的折射表面（见图 9-10-7）。

图 9-10-7

随需设置参数（见图 9-10-8）。

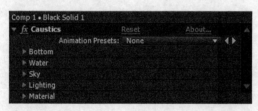

图 9-10-8

· Bottom：定义水波底部的地面效果，随需设置参数（见图 9-10-9）。

图 9-10-9

· Water：定义水波的折射效果，随需设置参数（见图 9-10-10）。

图 9-10-10

- Sky：设置天空映射到水波上的效果，随需设置参数（见图 9-10-11）。

图 9-10-11

- Lighting：调整场景中的灯光，随需设置参数（见图 9-10-12）。

图 9-10-12

- Material：材质属性，设置水波的反射效果，随需设置参数（见图 9-10-13）。

图 9-10-13

9.10.3　Foam Effect

该效果主要用于创建气泡效果。该效果提供了非常强大的气泡形态控制与动力学控制，甚至可以通过指定贴图控制气泡的流动（见图 9-10-14）。

图 9-10-14

随需设置参数（见图 9-10-15）。

- View：定义气泡的显示方式。

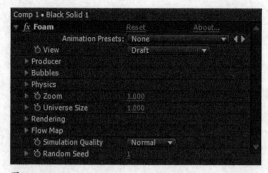

图 9-10-15

· Producer：定义气泡开始产生的位置与速度等，相当于气泡发射器，随需设置参数（见图 9-10-16）。

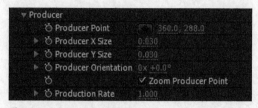

图 9-10-16

· Bubbles：提供对气泡的精确控制，随需设置参数（见图 9-10-17）。

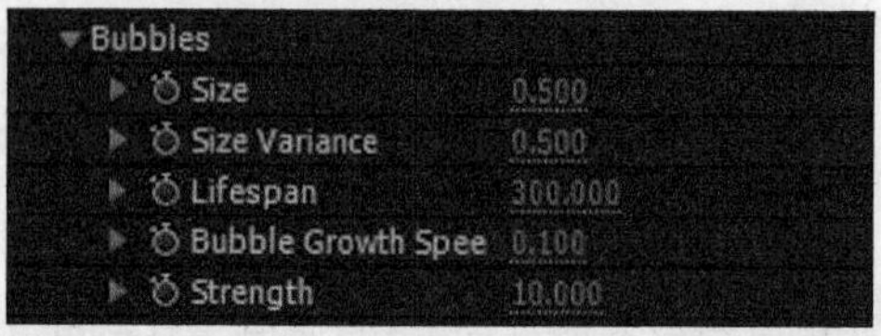

图 9-10-17

· Physics：物理系统控制，可定义气泡的受力，该受力会直接影响气泡的运动，随需设置参数（见图 9-10-18）。

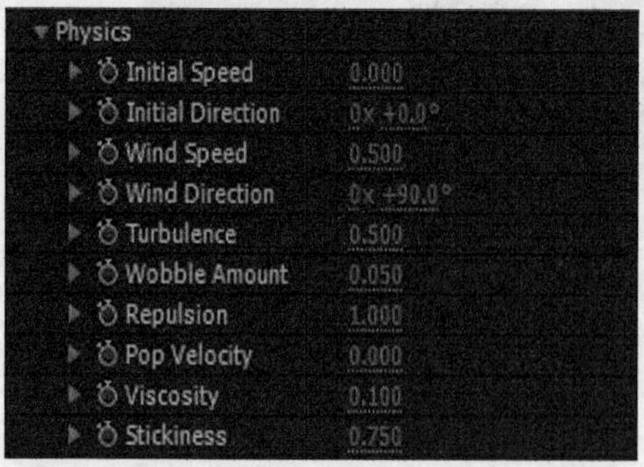

图 9-10-18

- Zoom：以发射器中心作为轴心点，对所有气泡效果进行缩放处理。

- Universe Size：设置气泡范围的大小，所有产生的气泡在这个范围内运动。

- Rendering：定义气泡渲染显示设置，可以为气泡添加纹理贴图或环境贴图，随需设置参数（见图 9-10-19）。

图 9-10-19

- Flow Map：指定气泡运动控制贴图，随需设置参数（见图 9-10-20）。

图 9-10-20

Flow Map 用于指定运动控制贴图，该贴图可控制气泡运动的方向与速度。该贴图只能识别为图片，如设置为视频贴图，则只有第一帧会产生影响。运动控制贴图基于图像的亮度，亮部为强，暗部为弱，如果贴图具有太多亮度细节，则运动速度会不平滑，可适当将贴图模糊。由于该效果调用贴图时不识别贴图添加的效果，因此可将贴图层模糊后进行预合成操作，再指定为贴图。

- Simulation Quality：定义渲染质量，增大该值，可得到更为真实的渲染效果，同时会增加渲染时间。

9.10.4　Particle Playground Effect

该效果是一种粒子效果，可以使用户快捷方便地控制大量元素运动，如鱼群或暴风雪等效果都需要使用粒子效果来完成。该效果提供了非常丰富的粒子控制（见图 9-10-21）。

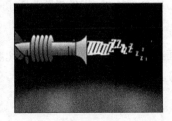

图 9-10-21

发射器用于定义产生粒子的方式。Particle Playground 效果提供了 4 种粒子发射器，分别为 Cannon、Grid、Layer Exploder 和 Particle Exploder。

· Cannon：加农发射器，该发射器可以设置粒子由一个点或一个圆面积内产生，并可设置粒子的速度、发射方向等。

· Grid：网格型发射器，设置粒子由规则网格的交叉点产生，网格点由行与列参数共同定义，可在特定位置产生粒子，相当于由多个 Cannon 点粒子发射器组合而成。

· Layer Exploder：层爆破，可由指定的层产生粒子，粒子的色彩由产生位置的层色彩定义，粒子产生的区域由层的 Alpha 通道限定。

· Particle Exploder：粒子爆破，可将其他发射器产生的粒子再次爆破为新粒子。

发射器需要发射粒子才能得到需要的效果，Particle Playground 效果提供了 3 种粒子形态，分别如下。

· 点粒子：效果默认产生的粒子，该粒子形态为正方形点。

· 字符型粒子：可将粒子修改为字符，则发射器发射字符。

· 自定义贴图：可将粒子替换为用户的自定义贴图，这是最重要的一种粒子方式，可创建各种群集动画或仿真效果。

随需设置参数（见图 9-10-22）。

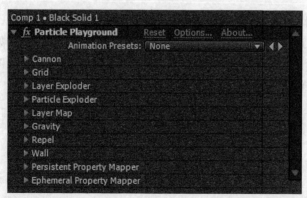

图 9-10-22

· Cannon：默认的粒子发射器，将 Particles Per Second 参数设置为 0，可关闭该发射器，随需设置参数（见图 9-10-23）。

· Grid：网格型粒子发射器在一个平面内产生粒子，由于没有发射速度等设置，网格型粒子的受力完全由重力决定，随需设置参数（见图 9-10-24）。

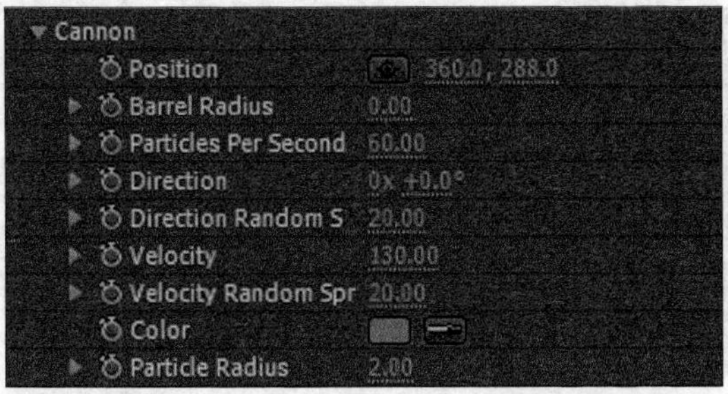

图 9-10-23

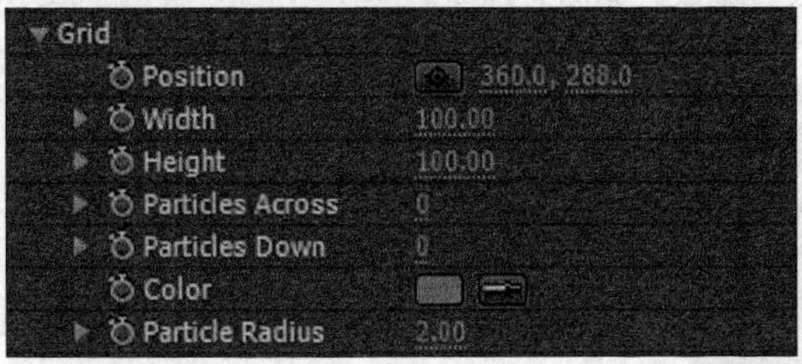

图 9-10-24

- Layer Exploder：设置由某个特定的层产生粒子（见图 9-10-25）。

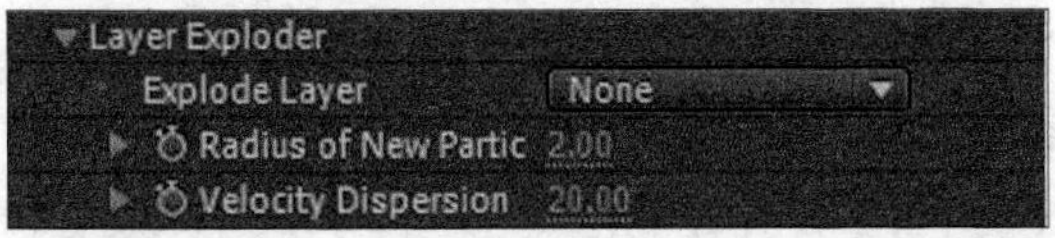

图 9-10-25

- Particle Exploder：粒子爆破，设置将其他发射器发射的粒子作为发射器产生新粒子，随需设置参数（见图 9-10-26）。

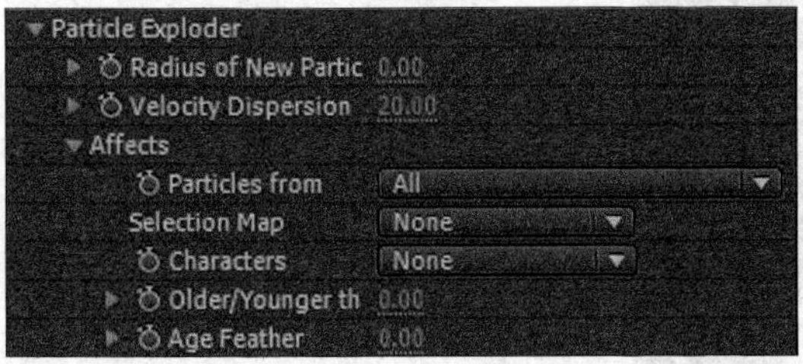

图 9-10-26

- Layer Map：层贴图，可以定义点粒子被替换为何种形状，默认情况下，粒子为点外形。如希望将粒子替换为飞鸟，则可将粒子形状替换为飞鸟形状层，这样发射的粒子变为飞鸟形状。随需设置参数（见图 9-10-27）。

图 9-10-27

· Gravity：设置粒子受到重力影响的方式，随需设置参数（见图 9-10-28）。

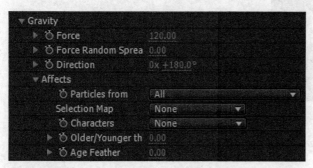

图 9-10-28

· Repel：设置粒子之间的排斥力影响，随需设置参数（见图 9-10-29）。

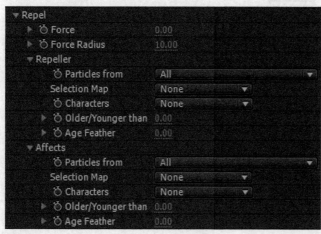

图 9-10-29

· Wall：设置粒子反弹，可指定层中的某个 Mask 作为反弹边缘，粒子碰到该边缘会产生反弹效果，随需设置参数（见图 9-10-30）。

图 9-10-30

Particle Playground 有两种属性贴图（Property Mapper）设置，可以使用 Persistent Property Mapper 或者 Ephemeral Property Mapper 设置贴图对粒子运动和形态的影响。无法对某一个粒子进行精确的运动定位，但是可以使用贴图某个通道的亮度对粒子运动进行更多的控制。在粒子经过贴图的某个亮度位置时，设置的参数会产生相应的大小变化。

· Persistent Property Mapper：粒子在合成中运动，可经过贴图的某个位置，如贴图大小小于合成大小，粒子运动至没有贴图的位置时依然保持最后经过的贴图位置的运动与形态，所以称之为持续属性贴图。随需设置参数（见图 9-10-31）。

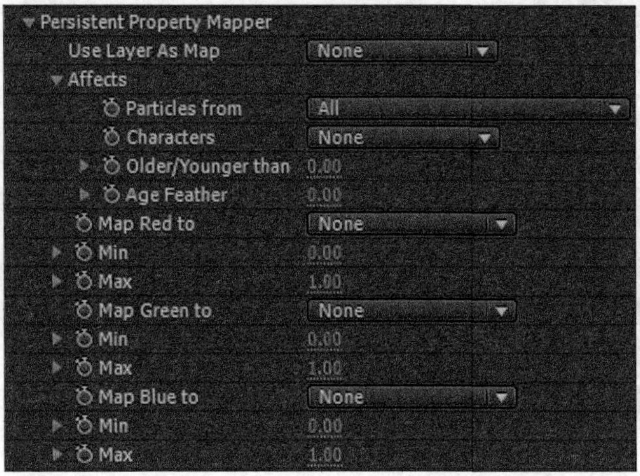

图 9-10-31

· Ephemeral Property Mapper：粒子经过合成中贴图的某个位置时，可产生相应的变化，如运动至没有贴图的位置，则返回到受贴图影响前的粒子状态。随需设置参数（见图 9-10-32）。

欲设置字符型粒子，单击效果控制（Effect Controls）调板中效果名称右边的"Option"按钮，可弹出"Particle Playground"对话框（见图 9-10-33）。在该对话框中可直接输入文本，将粒子替换为文本型。

· Edit Cannon Text：编辑加农文本，输入的文本仅影响加农粒子。

· Edit Grid Text：编辑网格文本，输入的文本仅影响网格粒子。

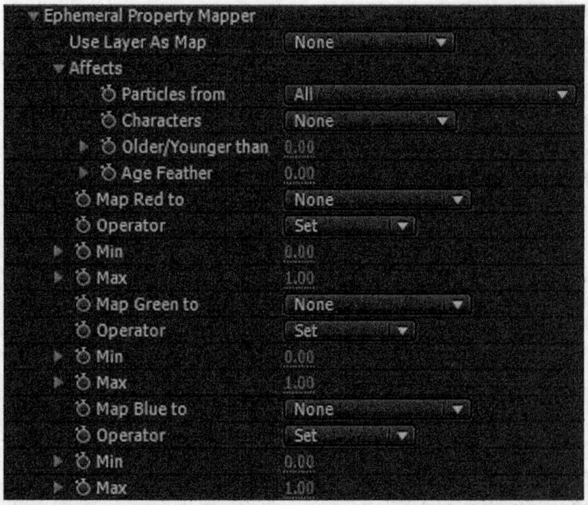

▼ Ephemeral Property Mapper
   Use Layer As Map   None
   ▼ Affects
      Ō Particles from   All
      Ō Characters   None
     ▶ Ō Older/Younger than 0.00
     ▶ Ō Age Feather 0.00
    Ō Map Red to   None
    Ō Operator   Set
  ▶ Ō Min 0.00
  ▶ Ō Max 1.00
    Ō Map Green to   None
    Ō Operator   Set
  ▶ Ō Min 0.00
  ▶ Ō Max 1.00
    Ō Map Blue to   None
    Ō Operator   Set
  ▶ Ō Min 0.00
  ▶ Ō Max 1.00

图 9-10-32

Particle Playground

Edit Cannon Text...   Edit Grid Text...

☐ Auto-Orient Rotation

Selection Text 1

Selection Text 2

Selection Text 3

☐ Enable Field Rendering

OK   Cancel

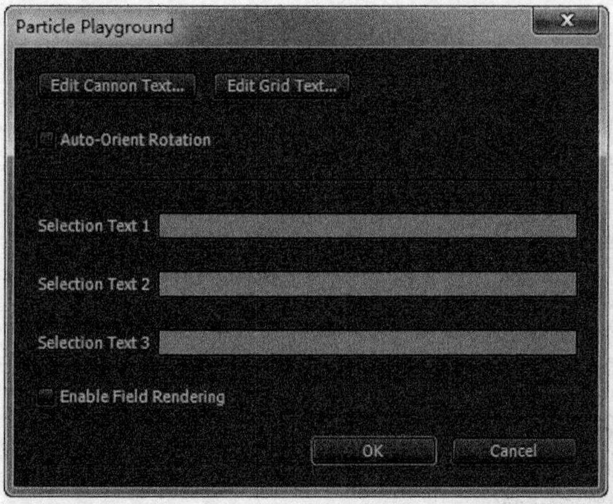

图 9-10-33

9.10.5 Shatter Effect

该效果可以模拟爆炸效果,并提供了许多参数控制爆炸的细节,比如爆破形状、爆破受力、爆破形状渲染,以及灯光与摄像机设置等(见图 9-10-34)。

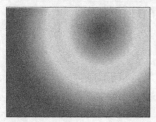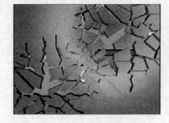

图 9-10-34

随需设置参数（见图 9-10-35）。

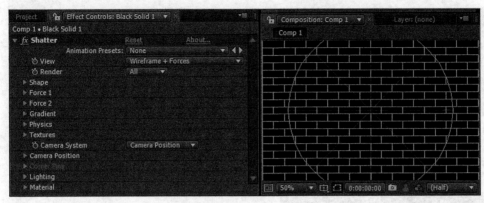

图 9-10-35

- View：指定合成调板中效果的预览方式。

- Render：显示最终渲染结果，在输出的时候需要切换到这种显示方式。

- Shape：设置爆破碎片的形状，随需设置参数（见图 9-10-36）。

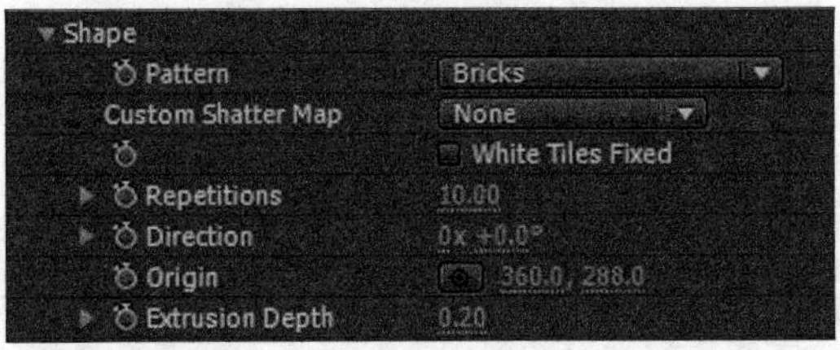

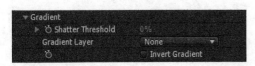

图 9-10-36

- Force 1 和 Force 2：对爆破力与爆破区域进行控制，随需设置参数（见图 9-10-37）。

图 9-10-37

- Gradient：设置通过渐变贴图控制爆破区域，随需设置参数（见图 9-10-38）。

图 9-10-38

· Physics：定义碎片在空间中运动时的受力情况，随需设置参数（见图 9-10-39）。

图 9-10-39

· Textures：设置碎片的贴图纹理，随需设置参数（见图 9-10-40）。

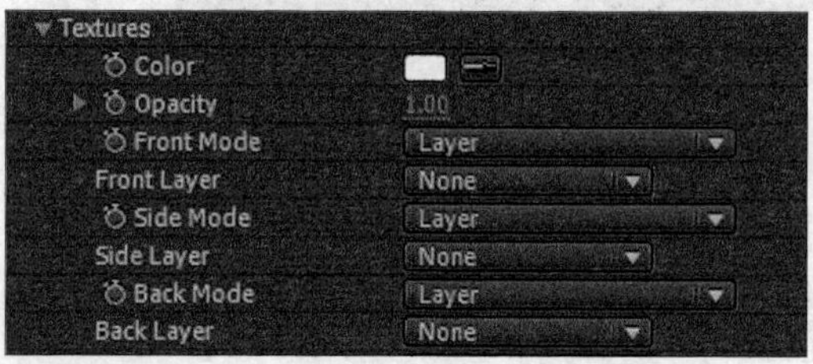

图 9-10-40

· Camera System：指定摄像机系统，可设置为 Camera Position、Corner Pins 或合成的摄像机与灯光。

· Camera Position：摄像机位置，将"Camera System"设置为"Camera Position"时可激活该项，随需设置参数（见图 9-10-41）。

图 9-10-41

· Corner Pins：角点，将"Camera System"设置为"Corner Pins"时可激活该项，随需设置参数（见图 9-10-42）。

图 9-10-42

- Lighting：调整场景中的灯光，随需设置参数（见图 9-10-43）。

图 9-10-43

- Material：材质属性，设置碎片的反射效果，随需设置参数（见图 9-10-44）。

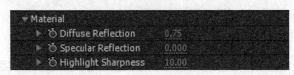

图 9-10-44

9.10.6　Wave World Effect

该效果主要用于创建灰度的水面波动效果，还经常用于其他层的扭曲置换贴图，以模拟层置于水下的效果（见图 9-10-45）。

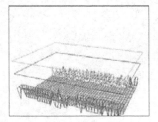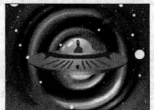

图 9-10-45

随需设置参数（见图 9-10-46）。

图 9-10-46

· View：定义显示方式。

· Wireframe Controls：线框显示控制，将"View"设置为"Wireframe Preview"时可激活该项，随需设置参数（见图 9-10-47）。

图 9-10-47

· Height Map Controls：贴图控制，将"View"设置为"Height Map"时可激活该项，随需设置参数（见图 9-10-48）。

· Simulation：仿真控制，可定义水波表面的细节效果，随需设置参数（见图 9-10-49）。

· Ground：定义水下的地面层，该层可受到水波折射而产生扭曲。该效果仅渲染水波的最终黑白图像，不渲染地面层。随需设置参数（见图 9-10-50）。

图 9-10-48

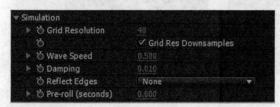

图 9-10-49

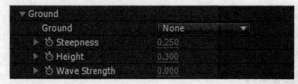

图 9-10-50

· Producer 1 与 Producer 2：设置水波发射器，随需设置参数（见图 9-10-51）。

图 9-10-51

9.11 Stylize（风格化效果）

9.11.1 Brush Strokes Effect

该效果可将图像处理成画笔随意涂抹的效果（见图 9-11-1）。

图 9-11-1

随需设置参数（见图 9-11-2）。

图 9-11-2

· Stroke Angle：定义绘画笔触的角度。

· Brush Size：定义绘画笔触的粗细。

· Stroke Length：定义绘画笔触的长度。

· Stroke Density：定义不同笔触交叠位置的强度。

- Stroke Randomness：定义画笔笔触的随机形态。

- Paint Surface：定义绘画笔触的应用方式。

- Blend With Original：绘画效果与源图像的透明度混合。

9.11.2　Cartoon Effect

该效果可以将图像模拟为实色填充或描线的绘画效果（见图 9-11-3）。

图 9-11-3

随需设置参数（见图 9-11-4）。

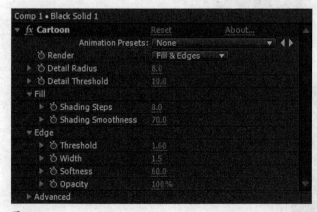

图 9-11-4

- Render：设置最终渲染效果，可设置为 Fill（填充效果）、Edges（描边效果）或 Fill & Edges（填充与描边效果）。

- Detail Radius：定义平滑图像与去除细节的模糊程度，该值越大，细节越少，线条越平滑。

- Detail Threshold：细节阈值，该值越大，则图像中更多亮度范围的像素产生平滑效果。

- Fill：设置图像的色块填充效果。

- Shading Steps：定义明暗的层次数量。

- Shading Smoothness：定义明暗各层次间的平滑过渡。

- Edge：设置图像边缘的描线效果。

- Threshold：设置图像中相邻像素之间的差异在多大以上才允许定义为边缘，产生描线效果。

- Width：边缘描线的粗细。

- Softness：边缘描线的柔化。

- Opacity：边缘描线的不透明度。

- Advanced：对卡通效果的高级控制。

9.11.3　Color Emboss Effect

该效果可产生浮雕效果（见图 9-11-5）。

图 9-11-5

随需设置参数（见图 9-11-6）。

图 9-11-6

- Direction：设置浮雕凸起方向。

- Relief：设置浮雕强度，即立体厚度大小。

- Contrast：设置对比度，即模拟光照强度，高强度光照的高光和阴影都比较明显。

· Blend With Original：浮雕效果与原始图像的透明度混合。

9.11.4　Find Edges Effect

该效果可计算得到图像中对比较强的边缘部分，模拟手绘线条的效果，随需设置参数（见图 9-11-7）。

图 9-11-7

· Invert：对计算得到的图像进行反色处理。

· Blend With Original：查找边缘效果与原始图像的透明度混合。

9.11.5　Glow Effect

该效果可在图像的亮部产生发光效果，发光可以是自发光，也可以由用户自定义光的色彩（见图 9-11-8）。

图 9-11-8

随需设置参数（见图 9-11-9）。

图 9-11-9

- Glow Based On：定义发光的依据，即根据图像某个通道的亮部产生发光效果。

- Glow Threshold：发光阈值，定义高于某个亮度值的像素允许产生发光效果。

- Glow Radius：定义发光半径。

- Glow Intensity：定义发光强度。

- Composite Original：定义发光效果与原始图像进行混合的方式。

- Glow Operation：定义发光效果与原始图像的混合模式。

- Glow Colors：发光色彩，可设置为 Original Colors（原始像素自发光）或 A & B Colors（AB 色光）。

- Color Looping：定义发光色彩的循环方式，将 Glow Colors 设置为 A & B Colors 时有效。比如选择 A>B 代表发光物体的光源色为 A 光，距离光源位置稍远一些变化为 B 光。

- Color Loops：色彩循环，设置对 Color Looping 选择的光色进行循环。

- Color Phase：色彩相位，设置循环光的相位变化。

- A & B Midpoint：定义选择的 A、B 色光的混合程度，即设置色光强度的偏移。

- Color A、Color B：分别指定 A、B 色光的色彩。

- Glow Dimensions：指定在水平、垂直或水平垂直方向产生发光效果。

9.11.6 Mosaic Effect

该效果可以将图像处理为马赛克拼贴效果（见图 9-11-10）。

图 9-11-10

随需设置参数（见图 9-11-11）。

图 9-11-11

· Horizontal Blocks、Vertical Blocks：定义拼贴色块的水平与垂直数量。

· Sharp Colors：勾选该项后马赛克色彩增强，效果更接近于原始图像亮度。

9.11.7   Motion Tile Effect

该效果可将图像缩小并拼贴起来，模拟地砖拼贴效果，并可设置运动。随需设置参数（见图 9-11-12）。

图 9-11-12

· Tile Center：定义拼贴中心。

· Tile Width、Tile Height：分别定义每个拼贴图像的宽度与高度，数值越大，则合成中显示的拼贴图像越多。

· Output Width、Output Height：分别定义整体拼贴图像的裁切效果，默认为铺满整个层。

· Mirror Edges：将拼贴的图像镜像显示。

· Phase：设置拼贴图像沿水平或垂直方向运动，如何运动由是否开启"Horizontal Phase Shift"选项决定。

· Horizontal Phase Shift：勾选该项后拼贴图像将由垂直运动更改为水平运动。

9.11.8   Posterize Effect

该效果可修改图像每个通道的分阶数量，从而定义图像的渲染精度。比如，一个灰度图像以 0 ～ 255 显示纯黑到纯白的灰阶，如将 Level 设置为 2，则只用 0 和 1 来显示灰阶，即只有纯黑与纯白显示（见图 9-11-13）。

图 9-11-13

随需设置参数（见图 9-11-14）。

图 9-11-14

图像的最终色彩数或亮度不能按 Level 的值来定，因为该效果是对图像的红、绿、蓝通道亮度分别进行分阶处理，在最终图像中会混合出更多的色彩与亮度变化。

9.11.9 Roughen Edges Effect

该效果可以在图像的 Alpha 通道边缘产生粗糙边缘的效果（见图 9-11-15）。

图 9-11-15

随需设置参数（见图 9-11-16）。

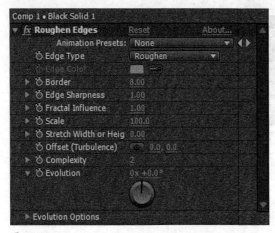

图 9-11-16

· Edge Type：设置粗糙边缘的类型。

· Edge Color：当 "Edge Type" 设置为 "Rusty" 或 "Roughen" 时，可指定填充色类型。

- Border：定义粗糙边缘的宽度。

- Edge Sharpness：定义粗糙边缘的柔化程度。

- Fractal Influence：定义边缘的粗糙程度。

- Scale：定义粗糙边缘的形状缩放。

- Stretch Width or Height：定义边缘噪波形状的宽、高设置。

- Offset（Turbulence）：定义边缘噪波形状的移动。

- Complexity：定义边缘噪波形状的细节。

- Evolution：定义边缘噪波形状的动态变化。

- Evolution Options：可设置边缘噪波运动，随需设置参数（见图 9-11-17）。

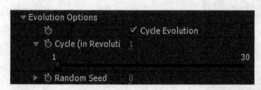

图 9-11-17

9.11.10　Scatter Effect

该效果可使组成图像的像素散开，从而模拟图像消散的效果（见图 9-11-18）。

图 9-11-18

随需设置参数（见图 9-11-19）。

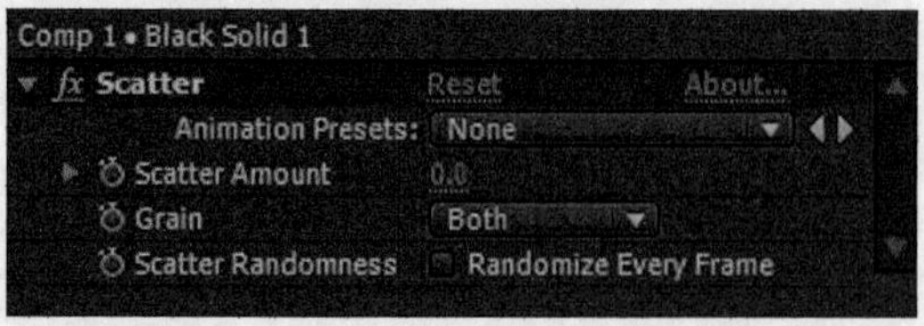

图 9-11-19

- Scatter Amount：设置像素散开的程度。

- Grain：定义像素向水平方向（Horizontal）、垂直方向（Vertical）或四面八方（Both）消散。

- Scatter Randomness：定义散开形状是否在每一帧重新计算一次，当原始图像为视频时可勾选该选项。

9.11.11　Strobe Light Effect

该效果可使图像产生周期性的填色或透明变化，模拟光脉冲效果，比如每隔两秒闪白一次。随需设置参数（见图 9-11-20）。

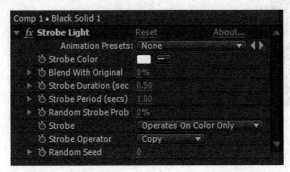

图 9-11-20

- Strobe Color：设置光脉冲色。

- Blend With Original：设置效果与原始图像的透明度混合。

- Strobe Duration（secs）：设置多长时间光脉冲显示一次。

- Strobe Period（secs）：设置光脉冲显示的初始时间，即第一次显示的时间。

- Random Strobe Probability：设置光脉冲随机出现。

- Strobe：设置光脉冲的渲染方式。

- Strobe Operator：指定对于每个光脉冲的操作方式。

- Random Seed：光脉冲出现随机种子，修改该参数可产生多种随机可能性供用户选择。

9.11.12　Texturize Effect

该效果可将指定层的层拓扑显示在当前层，从而产生一种纹理叠加的效果（见图 9-11-21）。

随需设置参数（见图 9-11-22）。

- Texture Layer：指定纹理贴图层。

- Light Direction：指定贴图凸起的光线方向。

图 9-11-21

图 9-11-22

· Texture Contrast：设置贴图纹理的显示强度。

· Texture Placement：定义贴图纹理应用到原始图像的方式，主要定义贴图与原始图像不一样大时的处理方式。

· Tile Texture：将贴图纹理复制拼贴。

· Center Texture：将贴图纹理居中显示。

· Stretch Texture To Fit：将贴图纹理拉伸至原始图像大小。

9.11.13　Threshold Effect

该效果可将图像转化为纯黑与纯白效果（见图 9-11-23）。

图 9-11-23

随需设置参数（见图 9-11-24）。

图 9-11-24

Level：定义多少亮度以上图像为纯白显示，低于该亮度图像为纯黑显示。

9.12　Time（时间效果）

该组效果主要用于修改层的时间属性，因此添加该组效果的层最好为视频层。

9.12.1　Echo Effect

该效果可将不同时间的图像复制到同一时间的图像中，从而创建运动残影效果（见图 9-12-1）。

图 9-12-1

随需设置参数（见图 9-12-2）。

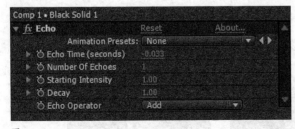

图 9-12-2

· Echo Time（seconds）：定义提取其他复制图像的时间，以秒（s）为单位。如该值为正，则复制图像从将要播放的影片中提取；如该值为负，则复制图像从播放完毕的影片中提取。

· Number Of Echoes：复制图像的份数。如 Echo Time（seconds）为 - 0.033，Number Of Echoes 为 5，则图像由当前位置向前 0.033 s，提取该位置的图像复制到当前位置，并依次向前 0.033 s 得到 5 份复制的重影结果。

· Starting Intensity：在重影序列中原始图像的透明度。

- Decay：定义复制的重影逐步衰减的效果。

- Echo Operator：定义复制的重影与原始图像之间的混合模式。

9.12.2　Posterize Time Effect

该效果可以将视频设置为特定的帧速，设置后视频的播放速度不变，每秒显示的帧数发生改变（见图 9-12-3）。

图 9-12-3

随需设置参数（见图 9-12-4）。

图 9-12-4

Frame Rate：定义新的帧速。

9.12.3　Time Difference Effect

该效果可计算不同层之间的色彩，并可对色彩不同的地方进行处理（见图 9-12-5）。

图 9-12-5

随需设置参数（见图 9-12-6）。

- Target：指定与原始层比对的贴图层。

- Time Offset（set）：设置贴图层的时间偏移。

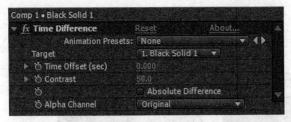

图 9-12-6

- Contrast：调整对比结果，使差异更加明显化。

- Absolute Difference：显示最终合成结果为绝对值。

- Alpha Channel：定义 Alpha 通道的计算方式。

9.12.4 Time Displacement Effect

该效果可根据贴图层的亮度来控制图像的某些位置时间播放较快，某些位置时间播放较慢（见图 9-12-7）。

图 9-12-7

随需设置参数（见图 9-12-8）。

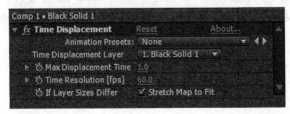

图 9-12-8

- Time Displacement Layer：选择时间置换的层，该层的亮度会对原视频的时间产生影响。

- Max Displacement Time（secs）：设置最大置换时间，该时间与 0 之间映射贴图的 255 ～ 0 亮度，即不同亮度可产生不同的播放速度。

- Time Resolution [fps]：时间分辨率，增加该数值可得到更精确的运算效果，也会增加更多的渲染时间。

- Stretch Map to Fit：如贴图大小与视频大小不一致，则将贴图拉伸至视频大小。

9.12.5　Timewarp Effect

该效果主要用于对影像的播放速度进行控制，并提供了精确的运算方式与运动模糊等（见图 9-12-9）。

图 9-12-9

随需设置参数（见图 9-12-10）。

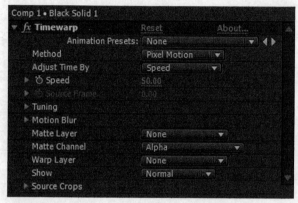

图 9-12-10

· Method：调速的运算方式，主要应用于慢放时的不流畅。可设置为 Whole Frames（直接复制帧）、Frame Mix（混合相邻帧得到新的插入帧）或 Pixel Motion（通过计算像素运动得到新的插入帧,运算速度慢，效果好）。

· Adjust Time By：定义时间显示单位。可设置为 Speed（速度）或 Source Frame（帧数）。

· Tuning：设置运动解释细节，随需设置参数（见图 9-12-11）。

· Motion Blur：设置影像的运动模糊效果（见图 9-12-12）。

· Matte Layer：指定定义影像前景区域与背景区域的层，在贴图中，白色为前景区域，黑色为背景区域，灰色为前景和背景的过渡。

· Matte Channel：提取贴图的某个通道作为蒙版。

· Warp Layer：选择需要进行时间变化的层。

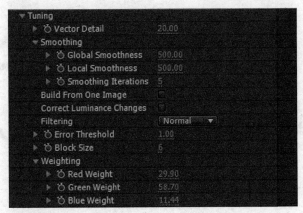

图 9-12-11

图 9-12-12

- Show：定义与 Matte 层相关的显示方式。

- Source Crops：定义对图像进行四边裁切。

10

运动追踪与稳定

学习要点：

- 了解追踪与稳定的原理和适用范围
- 掌握几种点追踪的操作方式与稳定的操作方式
- 熟练使用追踪技术完成特定的需求

10.1 After Effects 点追踪技术

追踪是一种十分重要的合成手段，After Effects 内置了几种追踪的方式，使用起来比较方便。

10.1.1 追踪（稳定）的原理

合成主要包括抠像、调色和追踪 3 个方面。将一个抠出的元素合成到一个场景中时，如果该场景由运动摄像机拍摄，则元素与场景会产生错位，因此，需要使元素匹配场景的运动，这个匹配操作称之为追踪。一个比较基本的追踪原理是计算得到场景中某个点或多个点的运动路径，通过运动路径得到场景的位移、旋转或缩放变化，该变化对应摄像机的推拉摇移操作，最后将得到的变化数据赋给需要与该场景合成的元素，使场景中的合成元素与自身元素感觉同处于同一个摄像机拍摄环境中。

在某些特殊环境中进行拍摄工作，在无法使用三脚架的情况下，手的震动会使最终拍摄效果产生晃动感，如需要比较完美的拍摄结果，则需要将晃动的图像稳定下来，这个操作叫做稳定。稳定的原理是计算场景中某个点或多个点的运动路径，这些点原本是场景中静止的元素，由于摄像机晃动而产生运动，只要将这些元素静止下来，场景也会随之静止。

10.1.2 追踪调板详解

追踪与稳定操作都是利用一个名为 Tracker 的调板来进行的（见图 10-1-1）。

- Track Camera：单击该按钮可以进行摄影机反求操作（参照本书三维层部分）。

- Warp Stabilizer：单击该按钮可进行自动画面稳定操作，在选择晃动素材后，直接单击该按钮可以自定稳定画面。

图 10-1-1

- Track Motion：单击该按钮可进行追踪操作。

- Stabilize Motion：单击该按钮可进行稳定操作。无论单击"Track Motion"按钮还是"Stabilize Motion"按钮，选择的层都会在 Layer 调板中开启，并显示默认的 1 个追踪点，即进行 1 点追踪操作。追踪操作在 Layer 调板中进行（见图 10-1-2）。

图 10-1-2

- Motion Source：指定追踪的源，即需要进行追踪操作的层。

- Current Track：指定当前的追踪轨迹。一个层可进行多个追踪，可在此参数中切换不同的追踪轨迹。

- Track Type：指定追踪类型。

- Transform：变换追踪，可分别设置为 1 点追踪、2 点追踪。选择该选项时，下方的 Position、Rotation、Scale 选项被激活。如仅选中"Position"，则进行 1 点追踪，仅记录位置属性变化，是默认的追踪方式。如勾选"Position"的同时勾选其他任何一个选项或全部勾选，则 Layer 调板中将出现 2 个追踪点，可进行 2 点追踪操作，该操作记录位置变化的同时还记录旋转或缩放变化（见图 10-1-3）。

· Stabilize：稳定，选择该选项可对层进行稳定操作，使用方法与 Transform 相同。

· Perspective Corner Pin：透视角点追踪，也称为 4 点追踪，主要记录层中某个面的透视变化。该追踪方式用于对某个面进行贴图操作。选择该追踪方式可产生 4 个追踪点，可分别追踪目标平面的 4 个顶点，追踪完毕后这 4 个追踪点的位置可替换为贴图 4 个顶点的位置（见图 10-1-4）。

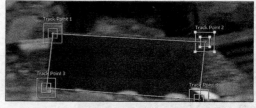

图 10-1-3   图 10-1-4

· Parallel Corner Pin：平行角点追踪，也称为 3 点追踪，主要记录层中某个面的透视变化。一般使用 Perspective Corner Pin 追踪方式进行追踪，如追踪过程中某个角点在画面外，或不容易追踪时，才使用这种方式。该方式可对 3 个指定点进行追踪操作，第 4 个点通过这 3 个点的位置计算出来，因此不能得到正确的透视变化。

· Raw：相当于 1 点追踪，仅追踪 Position 数据，得到的数据无法直接应用于其他层，一般通过复制和粘贴、表达式连接的方式使用该数据。

· Edit Target：编辑目标。定义将得到的追踪数据赋予哪一个层或特效，即需要跟随追踪元素运动的层或特效。单击该按钮可开启"Motion Target"（追踪目标）对话框（见图 10-1-5）。

· Layer：单击下拉列表框可以指定一个层，即将追踪数据赋予该层。

· Effects Point Control：单击下拉列表框可指定追踪层上添加特效的位移属性参数，即将追踪数据赋予本层的特效控制点参数。

💡 如果将追踪数据赋予层，该层必须不是追踪元素所在的层。如果将数据赋予特效，那么该特效必须是追踪元素所在的层添加的特效，且该特效中必须有特效位置控制参数。

· Options：单击该按钮可开启"Motion Tracker Options"对话框（见图 10-1-6），可对追踪进行进一步的设置。

· Track Name：指定当前追踪的名称。

· Tracker Plug-in：显示载入到 After Effects 中的追踪插件。

· Channel：追踪都是基于像素差异进行的，追踪点与周围环境没有差异的话，则无法正确追踪追踪点的变化。该选项用于指定追踪点与周围像素的差异类型，RGB 为色彩差异，Luminance 为亮度差异，Saturation 为饱和度差异。

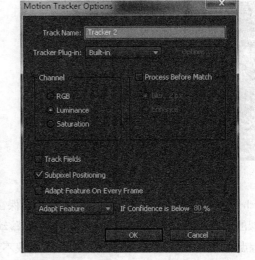

图 10-1-5   图 10-1-6

- Track Fields：识别追踪层的场，比如 PAL 制每秒 25 帧可识别为 50 场。

- Subpixel Positioning：子像素匹配，将特征区域的像素细分处理，得到更精确的运算结果。

- Adapt Feature On Every Frame：对每帧都优化特征区域，可提高追踪的精确度。

- If Confidence is Below：定义当追踪分析时特征低于多少百分比时应采取何种处理方式，可设置为 Continue Tracking(继续追踪)、Stop Tracking(停止追踪)、Extrapolate Motion(自动推算运动)或 Adapt Feature(优化特征区域)。其中，Extrapolate Motion 可在追踪点被短暂遮挡时自动计算该追踪点应该运动到的位置，并从该位置继续开始追踪。

- Analyze：对追踪操作开始进行分析，在分析的过程中追踪点会产生关键帧。

- Analyze 1 Frame Backward ◀|：向后分析一帧。

- Analyze Backward ◀：倒放分析。

- Analyze Forward ▶：播放分析。

- Analyze 1 Frame Forward |▶：向前分析一帧。

在分析的过程中，如果追踪点脱离了追踪区域，可以将时间指示标向前拖动至追踪正确区域，重新追踪。新的追踪关键帧会替换错误的追踪关键帧。

- Reset：重置追踪结果，如对追踪结果不满意可单击此按钮。

- Apply：应用追踪结果，如对追踪结果满意可单击此按钮，将追踪结果应用到 Edit Target 指定的层上。

无论选择何种追踪或稳定类型，在层调板中都会出现相应的几个追踪点，每个追踪点由 3 个控制项组成（见图 10-1-7）。

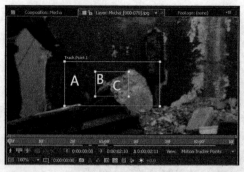

图 10-1-7

A——Search Region：搜索区域，该区域不能太大，要确保在视频的任何一帧，该区域中只有一个追踪点，不能有其他类似的点，否则追踪区域会在两个追踪点之间跳动。该区域也不能太小，要确保在视频的任意两帧之间，跟踪点无论如何运动都在大框之内，否则可能找不到追踪点，因此追踪失败。

B——Feature Region：特征区域，用于定义追踪的特征范围。After Effects 记录当前特征区域内的对象特征，并在后续影像中对该特征区域进行查找与对位，从而完成对该点的追踪效果。

C——Attach Point：特征区域的中心点，该点可以设置在特征区域甚至搜索区域之外，最终追踪结果以该点的位置为计算依据，一般不移动该点。

10.1.3　追踪（稳定）的流程

追踪与稳定具有基本相同的工作流程如下：

（1）在时间线上选择需要追踪或稳定的层。如进行追踪操作，则最少需要两层，其中一层为进行追踪的层，另一层为追踪数据赋予的层。

（2）打开 Tracker 调板，单击"Track Motion"按钮可进行追踪操作。单击"Stabilize Motion"按钮可进行稳定操作。如单击"Stabilize Motion"按钮，则 Track Type 会自动转化为 Stabilize 类型；如单击"Track Motion"按钮，则 Track Type 会自动转化为 Transform 类型，默认激活 Position，即 1 点追踪。用户可对各种追踪类型进行切换。如需要追踪位置与旋转变化，则选中"Rotation"。

（3）设置追踪区域与搜索区域，以匹配追踪点的形态与运动。

（4）单击"Edit Target"按钮，在弹出的"Motion Target"对话框中将 Layer 设置为需要赋予追踪数据的层，即需要跟随追踪点运动的层。如对层进行稳定操作，则无法激活"Edit Target"按钮。

（5）单击"Options"按钮，弹出"Motion Tracker Options"对话框，选择追踪点与周围像素对比最强的通道，如 RGB、Luminance 或 Saturation。

（6）单击 Analyze 右边的任何一个按钮，进行分析操作。

（7）分析完成后，如对追踪结果不满意，可单击"Reset"按钮；如满意，可单击"Apply"按钮应用追踪结果。

10.2　Mocha AE

专业的运动追踪工具 Mocha AE 继续包含在 After Effects 中，并与 3D 摄像机追踪器、Warp Stabilizer 和传统 2D 点追踪器整合成为一套运动追踪方案，以应对各种素材的情况。

10.2.1　Mocha 基本操作

（1）在 After Effects 新版本中，已经将 Mocha 无缝集成。在需要使用 Mocha 进行工作的时候，可以选择需要处理的层，执行 Animation>Track in Mocha AE 菜单命令，将其打开。

（2）Mocha 打开后会首先弹出 New Project 窗口（见图 10-2-1）。

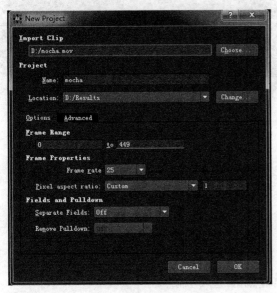

图 10-2-1

这里有几个重要参数需要设置：

Frame Range：帧范围，设置需要处理的时间范围；

Frame rate：帧速，设置导入素材的帧速；

Pixel aspect ratio：像素比例，设置像素宽高比；

Separate Fields：设置场序。

以上参数设置需要与素材的规格一致。

设置完毕后单击 OK 按钮，可以完成项目设置并自动开启项目（见图 10-2-2）。

图 10-2-2

Mocha 提供了很多的操作工具，分别为：

· 选择工具：可选择绘制的层，Mocha 追踪是指定某个层去追踪指定面。

· 多选工具：选择绘制的内样条线控制点和外边缘控制点。

· 选择内点工具：选择绘制的内样条线控制点。

· 选择边缘点工具：选择外边缘控制点。

· 自动选择工具：自动选择绘制的内样条线控制点和外边缘控制点。

· 增加控制点工具：在绘制的层边缘单击可添加新的控制点。

· 抓手工具：可移动观察影像。

· 放大镜工具：向上拖拽鼠标可放大观察影像，向下拖拽鼠标可缩小观察影像。

· X-spline 层绘制工具：在影像需要追踪的边缘连续单击可绘制 X-spline 层（见图 10-2-3）。

· 添加 X-spline 到层：在已有的 X-spline 层上绘制新的区域，不产生新层。

· B-spline 层绘制工具：在影像需要追踪的边缘连续单击可绘制 B-spline 层（见图 10-2-4）。

· 添加 B-spline 到层：在已有的 B-spline 层上绘制新的区域，不产生新层。

· 连接层工具：将多个层连接在一起，有时在绘制时会产生线段，可用于连接不同线段。

· 锁定 Bezier 手柄工具：锁定绘制的 Bezier 曲线调整手柄。

图 10-2-3

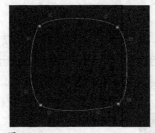
图 10-2-4

- 旋转工具：激活后单击鼠标定义旋转轴心，拖拽鼠标可对选择的点或控制手柄进行旋转。

- 缩放工具：激活后单击鼠标定义旋转轴心，拖拽鼠标可对选择的点或控制手柄进行缩放。

- 移动工具：激活后拖拽鼠标可对选择的点或控制手柄进行移动。

在时间线上也有很多的工具来对预览和追踪进行设置（见图 10-2-5）。

图 10-2-5

入出点控制区域，设置素材的入出点范围。追踪操作就是在该范围内进行（见图 10-2-6）。

图 10-2-6

工作区设置（见图 10-2-7）。

图 10-2-7

播放控制区域。控制素材的播放预览（见图 10-2-8）。

图 10-2-8

追踪控制区域。对素材进行追踪计算操作（见图 10-2-9）。

图 10-2-9

关键帧控制区域。对关键帧进行添加、转到和删除等常用操作（见图 10-2-10）。

图 10-2-10

10.2.2　Mocha 追踪流程

（1）将时间指示标拖拽到第一帧，使用 X-spline 层绘制工具或 Bezier 层绘制工具在影像中需要追踪的区域绘制选区，点右键可以完成选区的绘制（见图 10-2-11）。一般无论选用任何一种绘制工具，在一个追踪平面仅绘制一个选区层，选区绘制完毕后在界面左侧的 Layer Control 调板中会出现绘制的层（见图 10-2-12）。

图 10-2-11　　　　　　　　　　　图 10-2-12

（2）如追踪区域内某区域像素变化与追踪运动变化不一致，比如手机屏幕会由于高光区域产生亮度的复杂变化，因而影响追踪效果，可使用添加 X-spline 区域工具或添加 Bezier 区域工具在影像中需要去除的区域绘制选区，默认情况下，两个 spline 重合区域会自动减掉（见图 10-2-13）。

图 10-2-13

（3）在界面下方的追踪设置区域可对追踪进行精确设置（见图 10-2-14）。

图 10-2-14

· 勾选 Luminance，则根据亮度进行追踪。

· 勾选 Auto Channel，则自动选择对比最强的通道进行追踪。

· 勾选 Translation，则追踪平面位移数据。

· 勾选 Scale，则追踪平面缩放数据。

· 勾选 Rotation，则追踪平面旋转数据。

· 勾选 Shear，则追踪平面倾斜数据。

· 勾选 Perspective，则追踪平面透视数据。该项默认是不勾选的，如果需要追踪透视数据，如显示屏上的贴片效果，则需要勾选该项。

（4）单击预览窗口顶部的 Mattes 按钮（见图 10-2-15），在预览窗口显示当前追踪平面（见图 10-2-16）。

图 10-2-15   图 10-2-16

（5）将当前追踪平面的 4 个顶点拖拽到可以代表追踪平面透视变化的位置，比如手机屏幕（见图 10-2-17）。如选择 Perspective 追踪方式，这 4 个顶点即为追踪透视图的 4 个顶点，比如将手机屏幕替换为其他视频。

图 10-2-17

（6）单击预览窗口右下角的 Track 参数后的追踪控制按钮，可进行追踪分析操作。5 个控制按钮分别为：倒向分析、向后分析一帧、暂停分析、播放分析、向前分析一帧（见图 10-2-18）。

（7）分析完毕后，单击 Tracker 调板右下角的 Export Tracking Data 按钮，弹出 Export Tracking Data 对话框（见图 10-2-19）。该对话框中显示追踪数据，该数据可直接被 After Effects 识别和使用。

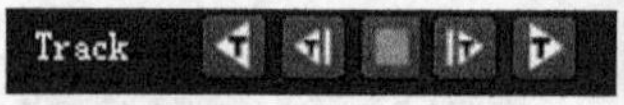

Format
After Effects CS4 Corner Pin Data (*.txt) ▾

Adobe After Effects 6.0 Keyframe Data

    Units Per Second   10
    Source Width   720
    Source Height   405
    Source Pixel Aspect Ratio   1
    Comp Pixel Aspect Ratio 1

Effects ADBE Corner Pin #1   ADBE Corner Pin-0001
    Frame   X pixels   Y pixels
    105   412   161
    106   412   161
    107   412   161
    108   412   161
    109   412   161
    110   412   161
    111   412   161

Help   Copy to Clipboard Save   Cancel

Track ◁ ◁| ■ |▷ ▷

图 10-2-18 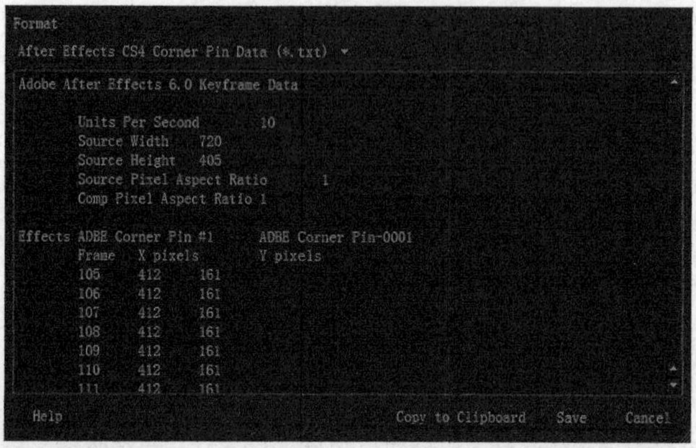   图 10-2-19

将 Format 设置为 After Effects Corner Pin Data，可将追踪平面的 4 个顶点的关键帧信息复制，并赋予 After Effects 贴图层的 Corner Pin 特效，从而得到贴图层 4 点的透视变化。该选项仅在追踪类型勾选 Shear 或 Perspective 有效。

也可将 Format 设置为 After Effects Transform Data，则仅仅复制位移、缩放、旋转 3 种变换信息，变换信息赋予 After Effects 贴图层中对应的层变换属性。

单击 Copy To Clipboard 按钮将需要的信息复制到剪切板。

（8）打开 After Effects，导入追踪层与贴图层，并以追踪层参数建立新合成。在贴图层上按下 Ctrl+V 组合键将复制的关键数据粘贴到贴图层，该贴图层变化即对应 Mocha 中用户设置的 Surface 变化。

如复制 After Effects Corner Pin Data，则 After Effects 会自动给贴图层添加 Corner Pin 特效，并赋予关键帧数据，得到层的透视变化效果（见图 10-2-20、图 10-2-21）。

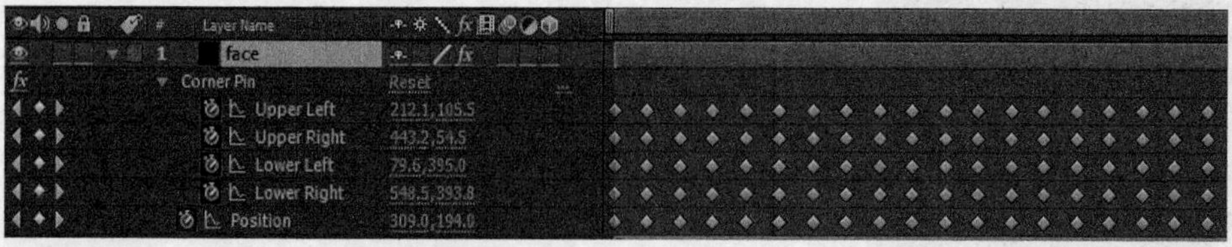

图 10-2-20

图 10-2-21

💡 执行粘贴关键帧操作时，时间指示标所显示的追踪层位置一定要是在 Mocha 中设置追踪入点的画面位置，否则追踪效果会产生时间错位。

10.2.3　Mocha Roto 抠像

在视频编辑中，Mask 逐帧抠像是一种非常重要的抠像方式，在前景和背景没有明显区别的条件下，这种抠像方式的重要性是不言而喻的。

After Effects 提供了 Mask 工具对图像进行抠像处理，并通过对 Mask Path 设置关键帧的方式来进行逐帧抠像。但是这种方法繁琐和乏味，同时也不精确。

新版本的 Mocha 可以对视频进行追踪抠像，用户可以对追踪区域绘制一个封闭的精确形状，然后将该形状与追踪结果链接的方式得到动态形状选区。

1.　添加追踪区域选区

该区域主要用于抠像平面的追踪。具体抠像边缘需要另外建立选区。

（1）创建一个新项目，将时间指示标尺拖拽到第 1 帧，然后绘制一个大概包括需要抠像区域的选区形状（见图 10-2-22）。

图 10-2-22

（2）选择该形状上的所有控制点，然后调整控制手柄（见图 10-2-23）。

图 10-2-23

（3）双击层名称，并将其重新命名为"BMW front track"（见图 10-2-24）。

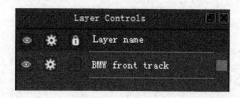

图 10-2-24

（4）建立一个新层，并将其重新命名为"BMW side track"，用同样的方式绘制侧面的选区形状（见图 10-2-25）。

图 10-2-25

2. 设置追踪类型

（1）确保选择正确的追踪类型，本例中需要选择 Perspective（透视）参数来确保追踪到侧面（"BMW side track"层）的透视变化。Translation 和 Rotation、Scale 是记录运动的基本参数，一般是勾选的（见图 10-2-26）。

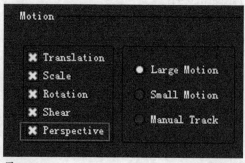

图 10-2-26

（2）切换到"BMW front track"层，选择 Shear（倾斜）的追踪方式（见图 10-2-27）。

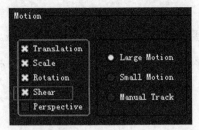

图 10-2-27

3. 追踪

（1）选择需要追踪的层的形状。

（2）单击追踪按钮对图像进行追踪操作。

4. 设置层激活

（1）当追踪完毕后并对追踪结果满意，需要取消追踪层的激活，这样追踪层不会在最终渲染结果中显示。可以在 Curve Editor（曲线编辑器）中设置 Active（激活）开关，来设置激活属性（见图 10-2-28）。

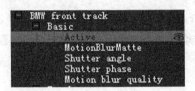

图 10-2-28

（2）也可以在层的控制调板中设置入出点之间的范围来定义激活区域（见图 10-2-29）。

图 10-2-29

（3）在层调板中右键单击层，可选择 Acitivate Layer 或 Deactivate Layer（见图 10-2-30）。

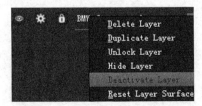

图 10-2-30

在层取消激活后，在预览窗口中是不会显示的，如果需要显示，重新开启即可。

5. 添加抠像选区

在追踪平面完成追踪后，需要设置精确追踪区域。这个区域需要非常精确，是最终的抠像保留区域。

（1）选择 X. spline 或者 Bezier Spline 工具，然后沿着抠像边缘仔细绘制选区形状，这时 Mocha 会自动建立一个新层（见图 10-2-31）。

图 10-2-31

（2）将层重命名为"BMW side roto"，然后在 Link Splines to Track 后的下拉菜单中选择"BMW Side track"，将其链接到已经做好运动追踪的"BMW Side track"层。这样绘制的用于抠像的新形状已经可以跟随追踪平面进行运动，从而达到动态抠像的效果（见图 10-2-32）。

图 10-2-32

（3）添加正面的抠像区域，并将其重新命名为"BMW front roto"，用同样的方法与追踪完毕的"BMW front track"链接（见图 10-2-33）。至此整个追踪抠像工作基本完成了。

图 10-2-33

6. 手工修改不正确形状

在设置追踪形状跟踪后，由于透视或追踪主体的变化，在不同时间段可能需要对某些区域进行手动更改。

这时需要开启自动记录关键帧按钮，然后将 Keyframe by（自动记录关键帧类型）设置为 Spline，即记录曲线变化形态。然后可以拖拽时标尺进行手动处理（见图 10-2-34）。

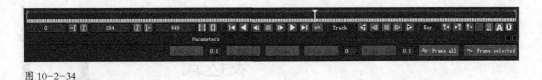

图 10-2-34

7. 预览抠像蒙版

在显示控制调板可以设置多种显示方式，激活 Mattes 按钮，可以预览最终抠像结果（见图 10-2-35，图 10-2-36）。

图 10-2-35

图 10-2-36

8. 输出到 AE

（1）在 Track 调板中单击 Export Shape Date 按钮，打开 Export Shape Data 调板，设置 Selected layer（输出选择的层）、All visible layers（输出所有可见层）、All layers（输出所有层）。确定后单击 Copy to Clipboard 将选择的数据类型复制到剪切板（见图 10-2-37）。

图 10-2-37

（2）打开 After Effects 执行 Edit>Paste Mocha Mask，可以将动态选区数据粘贴到 After Effects 中。

表达式 11

学习要点：

- 了解表达式（Expression）的特性和功能
- 掌握使用表达式的各种操作方法
- 理解并掌握表达式语言的基本语法
- 熟练使用表达式完成特定的需求

11.1 表达式概述与基本操作方法

表达式是基于 JavaScript 的一种用语言描述动画的功能。当制作较为复杂的动画效果时，例如变速运动的汽车，如果使用表达式将其车轮的位置和旋转角度变化与车身的运动建立一定的关联，则会省去大量的关键帧。应用表达式可以在层的属性之间建立关联，使用某一属性的关键帧去操纵其他属性，从而提高工作效率。

11.1.1 添加、编辑与移除表达式

可以通过手动输入或使用表达式语言菜单的方式添加表达式，还可以使用表达式关联器或粘贴的方式生成表达式。

在时间线调板中，可以对表达式进行任何操作（见图 11-1-1）。有时在效果控制（Effect Controls）调板中，使用拖曳表达式关联器到属性的方式会比较方便。时间图表区域中有个可以输入文字的区域，即表达式区域，可以在其中输入表达式并进行编辑。层模式中，表达式区域在属性的旁边显示；图表编辑模式中，表达式区域在图表编辑器的底部显示。可以在文字编辑器中输入一段表达式，然后复制到表达式区域。为一个层属性添加了一个表达式后，在表达式区域中会出现一个默认的表达式。默认的表达式本身没有任何意义，仅设置为自身的值，从而使调整表达式变得十分容易。

图 11-1-1

可使用如下方法添加、停用或移除表达式。

· 为属性添加表达式，可在时间线调板中选择属性，使用菜单命令"Animation > Add Expression"，或使用快捷键"Alt+Shift+="，还可以按住"Alt"键，在时间线调板或效果控制调板中单击属性名称旁边的秒表按钮 。

· 要暂时停用表达式，可单击表达式开关按钮 。当表达式停用后，开关按钮上会出现一条斜线 。

· 为属性移除表达式，可在时间线调板中选择属性，使用菜单命令"Animation > Remove Expression"，或按住"Alt"键，在时间线调板或效果控制调板中单击属性名称旁边的秒表按钮 。

添加表达式最好的方法是：使用表达式关联器创建一个简单的表达式，然后使用简单的数学运算来调整表达式内容。

11.1.2　表达式语言菜单

时间线调板中的表达式语言菜单包含了 After Effects 表达式中特有的语言元素，这个菜单对于指定有效元素和正确语法十分有帮助，可以作为所支持元素的参考。当选择任意对象、属性或菜单中设定的方法时，After Effects 自动在插入点位置将其插入到表达式区域。如果在表达式区域中的文字被选中，新的表达式文字会替换所选文字。如果插入点不在表达式区域内，新的表达式文字会替换区域内的所有文字。

表达式语言菜单会列出参数和默认值，这个设置使得输入表达式时，对于了解哪些元素可以控制变得更加简单。例如，在表达式语言菜单中，属性种类中的摆动方法显示为：wiggle(freq，amp，octaves = 1，amp_mult = 5，t = time)。"wiggle"后的括号中列出了 5 个参数，后面 3 个参数中的"="表示这些参数的数值是可选项。

11.1.3 使用表达式关联器

如果对 JavaScript 或 After Effects 的表达式语言不熟悉，可以使用表达式关联器来体验表达式的强大功能。可以从一个属性拖曳关联器图标 到另一个属性（见图 11-1-2），以使用表达式进行属性链接，表达式文字被从插入点的位置输入到表达式区域。如果插入点不在表达式区域内，新的表达式文字会替换区域中的所有文字。

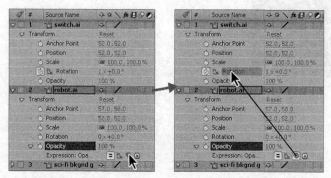

图 11-1-2

11.1.4 手动编写表达式

如果对 JavaScript 或 After Effects 的表达式语言比较熟悉，可以直接手动编写表达式，这是一种最为自由和直接的使用表达式的方法。

（1）单击表达式区域，进入文字编辑模式。

💡 当进入文字编辑模式时，整个表达式被选中。欲在表达式中进行添加，可在表达式上单击鼠标左键，以置入插入点；否则，将替换整个表达式。

（2）在表达式区域中输入并编辑文字，或者使用表达式语言菜单。

💡 欲查看多行表达式，可以拖曳表达式区域的顶端或底端以重新定义尺寸。

（3）使用如下方式可退出文字编辑模式并激活表达式。

· 按数字键盘上的"Enter"键。

· 单击表达式区域的外面。

11.1.5 将表达式转化为关键帧

对于应用了表达式的属性，当需要修改其某时间段的数值或需要增加其运算速度时，使用菜单命令"Animation > Keyframe Assistant > Convert Expression to Keyframes"，通过对表达式的运算结果进行逐帧分析，可以将其转化为关键帧的形式，并关闭表达式功能（见图 11-1-3）。

图 11-1-3

将表达式转化为关键帧是不可逆的操作，但可以通过重新打开表达式功能的开关，继续应用原表达式。

11.2　表达式案例

表达式的操作是一个相对复杂的过程，既可以自动生成，也可以随需修改。本节将通过几个案例，逐渐深入讲解表达式的操作流程。

11.2.1　使用表达式关联器生成属性关联

在 After Effects 中应用表达式无需掌握 JavaScript 的语法，可以使用表达式关联器（Expression Pick Whip）自动生成表达式，这是最简单的应用表达式的方法。本小节将通过制作蜜蜂随表盘旋转一周而逐渐出现的效果（见图 11-2-1），讲解表达式关联器的基本操作方法。

图 11-2-1

（1）导入蜜蜂素材 "Bee.ai" 和表盘素材 "Switch.ai"，将其添加到合成场景中，调整它们的大小，并放置到合适的位置（见图 11-2-2）。

图 11-2-2

（2）使用轴心点工具 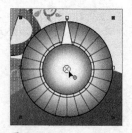 将层"Switch.ai"的轴心点移动到表盘的中心位置（见图11-2-3），并为其Rotation 属性设置关键帧，使其自转一周。

图 11-2-3

（3）选中层"Bee.ai"的 Opacity 属性，使用菜单命令"Animation > Add Expression"或快捷键"Alt+Shift+="，激活 Opacity 属性的表达式功能（见图11-2-4）。

图 11-2-4

（4）单击 Opacity 属性的表达式关联器按钮 ，并将其拖曳到层"Switch.ai"的 Rotation 属性上（见图11-2-5），其表达式区域中自动生成表达式语句：thisComp.layer("Switch.ai").transform.rotation（见图11-2-6），表示将此属性关联到同一合成中层"Switch.ai"的 Rotation 属性上。

图 11-2-5　　　　　图 11-2-6

（5）预览合成，蜜蜂的不透明度随着表盘的转动而增加，但由于表盘转一周是360°，当转到100°时，蜜蜂已完全不透明，并不再随表盘的转动而变化。为了使蜜蜂在表盘转动的全过程中逐渐出现，可在自动生成的表达式后面输入"/4"，将其改为：thisComp.layer("Switch.ai").transform.rotation/4（见图11-2-7），使蜜蜂的不透明度值等于表盘旋转角度值的1/4，即当表盘旋转一周时，蜜蜂的不透明度值为360/4=90，从而完成最终效果。

图 11-2-7

11.2.2 制作真实的动态放大镜效果（一）

　　使用表达式关联器不仅可以在层的基本属性间建立关联，还可以将效果属性与基本属性关联起来，使用基本属性的关键帧操纵效果的变化，从而制作出更为真实的效果。下面通过制作真实的动态放大镜效果（见图 11-2-8），全面掌握应用表达式的方法。

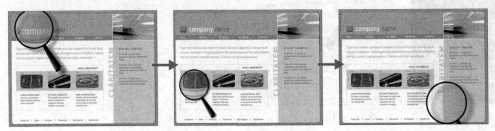

图 11-2-8

　　（1）导入放大镜的素材"放大镜 .ai"和网页的素材"Globe.ai"，将其添加到合成中，调整它们的大小，并放置到合适的位置（见图 11-2-9）。

图 11-2-9

　　（2）使用轴心点工具 ⌖ 将层"放大镜 .ai"的轴心点移动到镜片的中心位置（见图 11-2-10）。

图 11-2-10

（3）选中层"放大镜.ai"，使用菜单命令"Window > Motion Sketch"，调出运动捕捉调板（见图11-2-11）。单击"Start Capture"按钮，在合成调板中，按住鼠标左键绘制放大镜的运动路径，层"放大镜.ai"的 Position 属性自动生成关键帧（见图11-2-12）。

图 11-2-11   图 11-2-12

（4）使用菜单命令"Effect > Distort > Spherize"，为层"Globe.ai"施加球面化效果。选中球面化效果的 Center of Sphere 属性，使用菜单命令"Animation > Add Expression"，激活此属性的表达式功能，并使用表达式关联器 ⓞ 将此属性关联到层"放大镜.ai"的 Position 属性上（见图11-2-13），其表达式区域中自动生成表达式语句：thisComp.layer(" 放大镜.ai").transform.position，从而使球面化效果的作用点与放大镜的运动轨迹保持一致。

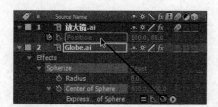

图 11-2-13

（5）将球面化效果的 Radius 属性设置为85，使球面化效果的半径等于放大镜的镜片半径，放大镜真实的放大效果就制作好了（见图11-2-14）。

图 11-2-14

（6）使用菜单命令"Effect > Perspective > Drop Shadow"，为层"放大镜 .ai"添加投影效果，并通过调节其各项参数（见图 11-2-15），使放大镜和网页之间产生真实的距离感（见图 11-2-16）。预览合成，至此已经基本制作出了动态放大镜的效果，后面将继续完善这个效果，使其更加真实。

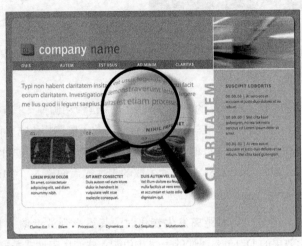

图 11-2-15

图 11-2-16

11.2.3　制作真实的动态放大镜效果（二）

在创建表达式时经常需要对原始数值进行计算，将计算的结果作为常数添加到表达式中。本小节将通过继续制作真实的动态放大镜效果，来深入体会数学计算在创建表达式过程中的应用。

（1）为层"放大镜 .ai"的 Scale 属性设置关键帧（见图 11-2-17），使其大小不断变化，产生离地时远时近的透视效果。

图 11-2-17

💡 按照习惯，在放大镜运动轨迹的拐角处应离网页最近，故应设置较小的比例参数。

（2）由于放大镜的缩放，其放大效果的半径也应该随之变化。激活层"Globe.ai"的球面化效果的 Radius 属性的表达式功能，并使用表达式关联器 将此属性关联到层"放大镜 .ai"的 Scale 属性的 x 轴数值上（见图 11-2-18）。其表达式区域中自动生成表达式语句：thisComp.layer(" 放大镜 .ai").transform.scale[0]，表示球面化效果的半径值等于层"放大镜 .ai"的 Scale 属性的 x 轴数值，显然这个结论是不符合实际情况的。

图 11-2-18

💡 在表达式语句中"scale[0]"表示二维属性 Scale 的 x 轴数值,"scale[1]"表示其 y 轴数值,对于多维属性可以以此类推。

(3) 在为层"放大镜 .ai"的 Scale 属性设置关键帧动画前,其 x 轴数值为 85,球面化效果的 Radius 属性值为 115。为了使球面化效果与不断变化大小的放大镜镜片相吻合,两者必须一直保持这个比例关系,即 Radius/thisComp.layer("放大镜 .ai").transform.scale[0]=115/85,通过计算得出:Radius=thisComp.layer("放大镜 .ai").transform.scale[0]*115/85。在自动生成的表达式后面输入"*115/85",即可使球面化效果随放大镜的缩放而缩放,并与之保持吻合。

(4) 当放大镜与网页的距离发生变化时,其投影到放大镜本身的距离会随之变化。激活层"放大镜 .ai"的投影效果的 Distance 属性的表达式功能,并使用表达式关联器将此属性关联到层"Globe.ai"的球面化效果的 Radius 属性上(见图 11-2-19),其表达式区域自动生成表达式语句:thisComp.layer("Globe.ai").effect("Spherize")("Radius"),表示投影距离等于球面化效果的半径,即放大镜镜片的半径。观察合成调板,会发现投影距离太长了,不符合实际(见图 11-2-20)。

图 11-2-19

图 11-2-20

(5) 投影距离与镜片半径之间应该存在一定的关系,通过画平行光线图分析(见图 11-2-21),投影距离(D)和放大镜到网页的距离(H)成正比例关系。当放大镜与网页的距离为 0 时,设镜片显示的最小半径为 r_0,通过画透视关系图分析(见图 11-2-22),镜片半径(R)与最小半径(r_0)之差和放大镜到网页的距离(H)也成正比例关系,因此投影距离(D)和镜片半径(R)与最小半径(r_0)之差成正比例关系,即 $D/d_1=(R-r_0)/(r_1-r_0)$,将原始的球面化效果半径(115)与投影距离(40)分别作为 r_1 和 d_1 代入等式,化简得 $D=40(R-r_0)/(115-r_0)$。在层"放大镜 .ai"的 Scale 属性值最小时,球面化效果的半径约为 80,将镜片显示的

最小半径 r_0 估算为比此值略小的 75 即可，代入等式，化简得 $D=R-75$，即 Distance=thisComp.layer("Globe. ai").effect("Spherize")("Radius") – 75。在自动生成的表达式后面输入"– 75"，即可使投影距离表现出真实的变化效果。

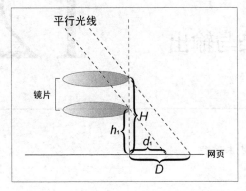

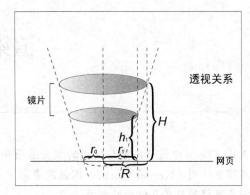

图 11-2-21   图 11-2-22

（6）同理，当放大镜与网页的距离发生变化时，其投影的柔化程度也随之变化。由于投影的柔化程度与投影距离成正比，则激活层"放大镜 .ai"的投影效果的 Softness 属性的表达式功能，并使用表达式关联器将此属性关联到同一效果的 Distance 属性上，再添加一个估算的比例常数 1.2，在此属性的表达式区域中创建表达式语句：effect("Drop Shadow")("Distance")*1.2，即可使投影的柔化程度表现出真实的变化效果。

（7）检查所有的表达式语句（见图 11-2-23）并预览合成，即可完成近乎完美的放大镜效果。

图 11-2-23

渲染与输出 12

学习要点：

· 了解在 After Effects 中进行渲染与输出的相关选项和基本流程
· 熟练使用渲染队列（Render Queue）调板渲染影片
· 熟练掌握各种视频格式及输出的相关选项
· 了解如何建立并进行网络联机渲染

12.1 渲染与输出的基础知识和基本流程

完成对影片的编辑合成后，可以按照用途或发布媒介，将其输出为不同格式的文件。

12.1.1 渲染与输出概述

渲染就是由合成创建一个影片的帧。渲染一帧相当于利用合成中的所有层、设置和其他信息创建二维合成图像。影片渲染通过逐帧渲染创建影片。

虽然通常所说的渲染好像专注于最终输出，但在素材、层和合成调板中创建预览以显示影片也是一种渲染。实际上，可以保存一个内存预览，将其作为一个影片以及最终的输出。

一个合成被渲染为最终输出后，由于被一个或多个工序处理，使得渲染的帧被封装到一个或多个输出文件中。这种编码渲染帧到文件的进程是一种输出的形式。

♀ 一些不涉及渲染的输出仅仅是工作流程中的一个环节，而不是最终输出。例如，可以使用菜单命令"File>Export>Adobe Premiere Pro Project"，将项目输出为一个 Premiere Pro 的项目，不渲染，而仅保存项目信息。总而言之，通过 Dynamic Link 转换数据无需渲染。

一个影片可以被输出为一个单独的输出文件（例如 F4V 或 FLV 格式的影片），其中包含所有的渲染帧，或者输出为一个静止图像的帧序列。

在 After Effects 中进行渲染与输出的途径和要素主要包含以下几个方面。

· 渲染队列（Render Queue）调板：After Effects 中渲染和输出影片的主要方式就是使用渲染队列调板。在渲染队列调板中，可以一次性管理很多渲染项，每个渲染项都有各自的渲染设置和输出模块设置。渲设置用于定义输出的帧速率、持续时间、分辨率和层的质量。输出模块设置一般在渲染设置后进行设置，指定输出格式、压缩选项、裁切和嵌入链接等功能。可以将常见的渲染设置和输出模块设置存储为模板，随需调用。

· Adobe Media Encoder：After Effects 通过渲染队列调板，使用 Adobe Media Encoder 编码多数影片格式。当使用渲染队列调板管理渲染和输出操作时，Adobe Media Encoder 会被自动调用。Adobe Media Encoder 只会在设置编码和输出时，以输出设置对话框的形式出现。

· 输出菜单：使用菜单命令"File > Export"可以渲染与输出 SWF 和 XFL 文件，以分别用于 Flash Player 和 Flash Professional。使用输出的菜单命令，还可以利用 QuickTime 组件将影片编码为 DV 流等格式。然而，一般来讲，更多情况下还是使用渲染队列调板。

· Adobe Device Central：如果为移动设备输出 H.264 格式的影片，可以使用 Adobe Device Central 预览影片在大量移动设备上播放的效果。Adobe Device Central 中包含了便携电话、便携式媒体播放器和其他的通用设备。

12.1.2　输出文件格式概述

After Effects 提供了多种格式和压缩选项用于输出，输出文件的用途决定了格式和压缩选项的设置。例如，如果影片作为最终的播出版本直接面向观众播放，就要考虑媒介的特点，以及文件尺寸和码率方面的局限性。如果影片用于和其他视频编辑系统整合的中间环节，则应该使用输出与视频编辑系统相匹配的尽量不压缩的格式。

💡 除非特殊说明，所有的影像文件格式均以 8 位 / 通道（bpc）输出。

在"File > Export"菜单命令中提供了很多输出格式，这些格式主要借助于 QuickTime 组件和安装的编码器。使用菜单命令"File > Export > Image Sequence"，还可以输出图像序列。

在具体的文件格式方面，可以输出视频和动画、视频项目、静止图片和图片序列、音频等各种格式。

（1）视频和动画格式如下：

· 3GP（QuickTime movie）；

· Adobe Clip Notes（包含渲染后影片的 PDF）；

· Animated GIF（GIF）；

· ElectricImage（IMG、EIZ）；

· Filmstrip（FLM）；

· FLV、F4V；

· H.264 和 H.264 Blu-ray；

· MPEG-2（Windows 和基于 Intel 处理器的 Mac OS）；

- MPEG-2 DVD（Windows 和基于 Intel 处理器的 Mac OS）；

- MPEG-2 Blu-ray（Windows 和基于 Intel 处理器的 Mac OS）；

- MPEG-4；

- OMF（仅 Windows）；

- QuickTime（MOV、DV，需要安装 QuickTime）；

- SWF；

- Video for Windows（AVI）；

- Windows Media（仅 Windows）。

（2）视频项目格式如下：

Adobe Premiere Pro Project（PRPROJ，Windows 和基于 Intel 处理器的 Mac OS）。

（3）静止图片格式如下：

- Adobe Photoshop（PSD，8、16 和 32 位 / 通道）；

- Bitmap（BMP、RLE）；

- Cineon（CIN、DPX，16 位 / 通道和 32 位 / 通道转换为 10 位 / 通道）；

- CompuServe GIF（GIF）；

- Maya IFF（IFF，16 位 / 通道）；

- JPEG（JPG、JPE）；

- Open EXR（EXR）；

- Pict（PCT、PIC）；

- PNG（PNG，16 位 / 通道）；

- Radiance（HDR、RGBE、XYZE）；

- RLE（RLE）；

- SGI（SGI、BW、RGB，16 位 / 通道）；

- Targa（TGA、VBA、ICB、VST）；

- TIFF（TIF，8、16 和 32 位 / 通道）。

（4）音频格式如下：

- AU 音频文件（AU）；

- Audio Interchange File Format（AIFF）；

- MP3；

- WAV。

12.1.3 使用渲染队列调板渲染输出影片

使用渲染队列调板可以将影片按需求输出为多种格式，以满足各种发布媒介和观看的需求。本小节将通过实际操作，讲解使用渲染队列调板渲染影片的基本流程和方法。

（1）在项目调板中选择欲输出为影片的合成，使用如下方法将合成添加到渲染队列调板中。

- 使用菜单命令"Composition > Add To Render Queue"。

- 将合成拖曳到渲染队列调板中。

💡 将素材从项目调板拖曳到渲染队列调板中，可以根据素材创建新的合成，并直接将合成添加到渲染队列调板中，这为视频格式转换提供了一种方便的方法。

（2）在渲染队列调板中，单击 Output To 后面的三角形按钮，为输出文件选择一种命名规则（见图 12-1-1）。单击右侧带下划线的文字，在弹出的"Output Movie To"对话框中选择欲保存的磁盘空间，并可以重新输入文件名（见图 12-1-2）。设置完毕后，单击"保存"按钮。

（3）在渲染队列调板中，单击 Render Settings 后面的三角形按钮，选择一个渲染设置模板。或者单击右侧带下划线的文字，在弹出的"Render Settings"对话框中进行自定义设置（见图 12-1-3）。

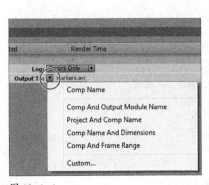

图 12-1-1

图 12-1-2

（4）在 Log 下拉列表框中，选择一种日志记录方式。如果生成了日志（Log）文件，其路径会显示在 Render Settings 标题和 Log 下拉列表框下面。

（5）在渲染队列调板中，单击 Output Module 后面的三角形按钮，选择一种输出模块设置模板。或者单击右侧带下划线的文字，在弹出的"Output Module Settings"对话框中进行自定义设置（见图 12-1-4）。

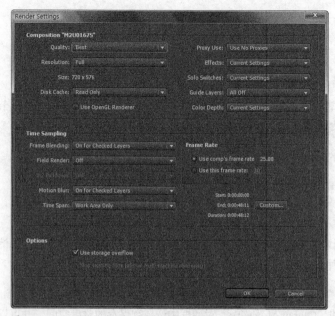

图 12-1-3

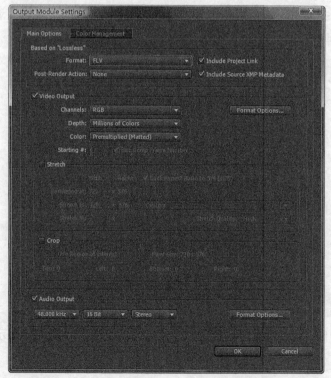

图 12-1-4

（6）使用输出模块设置可以设定输出影片的文件格式。某些情况下，选择某种格式后，会弹出格式设置对话框，以进行特定的格式设置（见图 12-1-5）。

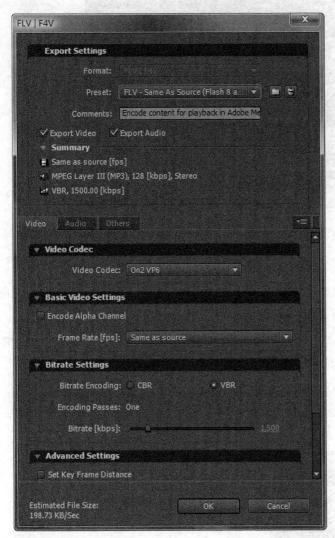

图 12-1-5

（7）将要输出的合成或素材添加到渲染队列中，并进行设置。可以使用鼠标拖曳的方法，调整渲染队列的顺序，或按"Delete"键删除队列中不需要的输出项目。调整完毕，单击"Render"按钮，将按照队列顺序和设置对队列中的影片项目进行输出（见图 12-1-6）。将合成渲染为影片会花费一定的时间，这取决于合成的帧尺寸、品质、复杂程度和压缩算法。当 After Effects 输出项目时，不能在项目中进行操作。渲染结束后，会有一个音频提示。

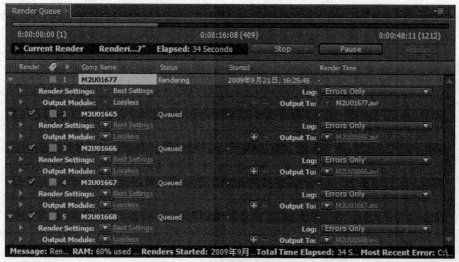

图 12-1-6

12.1.4 文件打包

收集文件（Collect Files）命令用于收集项目或合成中所有文件的副本到一个指定的位置。在渲染之前使用这个命令，可以有效地保存或移动项目到其他计算机系统或用户。

当使用收集文件命令时，After Effects 会创建一个新的文件夹，以保存新的项目副本、素材副本和指定代理文件的副本，以及描述所需文件、效果和字体的报告。

文件打包后，可以继续更改项目，但是这些修改存储在源项目中，而不是打包的版本中。

（1）选择菜单命令"File > Collect Files"，弹出"Collect Files"对话框（见图 12-1-7）。

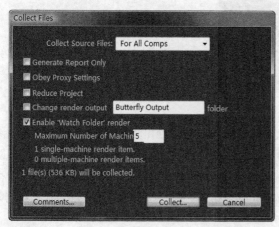

图 12-1-7

（2）在"Collect Files"对话框中，可以为"Collect Source Files"选项设置一种恰当的方式。

- All：收集所有的素材文件，包含没有用到的素材和代理素材。

- For All Comps：收集项目中任意合成的所有素材文件和代理素材。

- For Selected Comps：收集当前在项目调板中所选合成的所有素材文件和代理素材。

- For Queued Comps：收集当前在渲染队列调板中任意合成的所有素材文件和代理素材。

- None（Project Only）：复制项目到一个新的位置，而不收集任何源素材。

（3）随需设置其他选项。

- Generate Report Only：选择该选项不复制文件和代理。

- Obey Proxy Settings：当合成中包含代理素材时，使用该选项可以设置副本是否包含当前的代理设置。如果该选项被选中，只有合成中用到的文件被复制。如果该选项没有被选中，则副本包含代理素材和源文件，可以在打包后的版本中更改代理设置。

- Reduce Project：当"Collect Source Files"选项设置为"For All Comps""For Selected Comps"和"For Queued Comps"时，从收集的文件中移除所有没有用到的素材项目与合成。

- Change render output：重新定向输出模块，以渲染文件到收集文件夹中的一个已命名的文件夹中。该选项确保在另一台计算机上可以使用渲染后的文件。

- Enable'Watch Folder'render：可以使用"Collect Files"命令以保存项目到指定的文件夹，然后通过网络进行文件夹渲染。After Effects和任何安装的渲染引擎可以通过网络一起渲染项目。

- Maximum Number of Machines：使用指定的渲染引擎或After Effects的授权副本以渲染打包项目。在该选项的下面，After Effects报告项目中有多少项将使用不止一台计算机进行渲染。

（4）单击"Comments"按钮，输入标注（见图12-1-8），然后单击"OK"按钮，将信息添加到生成的报告中。

图 12-1-8

（5）单击"Collect"按钮，为文件夹命名并指定打包文件存储的磁盘空间（见图12-1-9）。

一旦开始打包，After Effects 会创建文件夹并复制指定的文件到其中。文件夹的层级保持为项目中素材的层级。其中包含一个素材文件夹，可能还包含一个输出文件夹。

图 12-1-9

12.2　输出到 Flash

可以从 After Effects 中渲染并输出影片，然后在 Adobe Flash Player 中进行播放。SWF 文件可以在 Flash Player 中进行播放，但 FLV 和 F4V 文件必须封装或连接到一个 SWF 文件中，才可以在 Flash Player 中进行播放。还可以将合成输出为 XFL 文件，以便和 Flash Professional 进行格式转换。

12.2.1　与 Flash 相关的输出格式

After Effects 可以输出多种与 Flash 相关的格式，分别如下。

· XFL：XFL 文件包含合成信息，可以在 Flash Professional CS4 中被打开。XFL 文件本质上是基于 XML 的，等同于 FLA 文件。

· SWF：SWF 文件是在 Flash Player 上播放的小型文件，经常被用来通过 Internet 分发矢量动画、音频和其他数据类型。SWF 文件也允许观众进行互动，例如单击网络链接、控制动画或为富媒体网络程序提供入口。SWF 文件一般是由 FLA 文件输出生成的。

· FLV 和 F4V：FLV 和 F4V 文件仅包含基于像素的视频，没有矢量图，并且无法交互。FLA 文件可以包含并且指定 FLV 和 F4V 文件，以嵌入或链接到 SWF 文件中，并在 Flash Player 中进行播放。

12.2.2 输出 XFL 文件到 Flash Professional

可以从 After Effects 输出合成为 XFL 格式，用于以后在 Flash Professional CS4 中进行修改。例如，在 Flash Professional 中可以使用 ActionScript 为来自于 After Effects 合成中的每层添加交互动画。

当输出一个合成为一个 XFL 文件时，After Effects 会输出独立的层和关键帧，保存尽可能多的信息，以便直接在 Flash Professional 中使用。如果 After Effects 不能输出合成中的一个元素，并作为 XFL 文件中的一个未渲染数据，这个元素可以被忽略，或者被渲染为一个 PNG 或 FLV 的素材。

XFL 文件本质上就是基于 XML 的 FLA 文件。一个 XFL 文件是一个压缩文件夹，其中包含一个库文件夹和 XML 文件，以描述 FLA 文件。库文件夹包含 XML 文件所涉及的素材。当在 Flash Professional 中打开 XFL 文件时，会从 XFL 文件中提取出这些项，并用其建立一个 FLA 文档。在 Flash Professional 中，可以将这个文档另存为新的 FLA 文件，但不能在其中修改 XFL 文件。

按照如下步骤，可以将合成输出为 XFL 格式的文件。

（1）选择一个欲输出的合成，使用菜单命令"File > Export > Adobe Flash Professional (XFL)"，弹出"Adobe Flash Professional (XFL) Settings"对话框（见图 12-2-1）。

（2）在"Adobe Flash Professional (XFL) Settings"对话框中，设置 After Effects 将对含有不支持项的层进行某种处理。

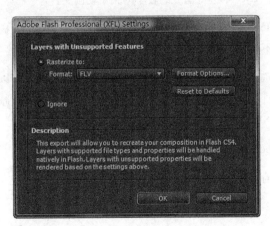

图 12-2-1

（3）单击"Format Options"按钮，修改创建 PNG 序列或 FLV 文件的设置。更改设置后，可以通过单击"Reset to Defaults"按钮恢复默认设置。设置完毕，单击"OK"按钮。

（4）在弹出的"Export As Adobe Flash Professional (XFL)"对话框中，选择输出文件的存储空间（见图 12-2-2）。单击"保存"按钮，进行输出。

图 12-2-2

♀ 音频不会输出到 XFL 文件中。

12.2.3　渲染输出合成为 SWF 文件

SWF 文件是一种由 FLA 文件输出生成的，在 Flash Player 中进行播放的较小的矢量动画文件。

当渲染输出一个影片为一个 SWF 文件时，After Effects 会尽可能保持矢量图形的矢量特性。然而，栅格化的图像、混合模式、运动模糊、一些效果和嵌套合成中不能在 SWF 文件中作为矢量元素的内容，将被栅格化。

可以选择忽略不支持项，使 SWF 文件仅包含可以被转化为 SWF 元素的 After Effects 属性；或者可以选择栅格化帧，使包含不支持属性的部分以 JPEG 压缩位图的形式被添加到 SWF 文件中，这样可以有效减小SWF 文件的尺寸。音频被编码为 MP3 格式，并添加到 SWF 文件中作为音频流。

（1）选择欲输出的合成，使用菜单命令"File > Export > Adobe Flash Player (SWF)"。

（2）在"Save File As"对话框中输入文件名，选择存储的磁盘空间，单击"保存"按钮。

（3）在弹出的"SWF Settings"对话框中（见图 12-2-3），对 SWF 文件格式的输出属性进行设置。

· JPEG Quality：设置栅格化图像的质量，质量越高，文件越大。如果选择"Rasterize Unsupported Features"，则 JPEG Quality 设置应用于所有输出到 SWF 中的 JPEG 压缩的位图，包含从合成帧或 Adobe Illustrator 文件中生成的位图。

· Unsupported Features：设置是否栅格化 SWF 文件格式所不支持的属性。选择"Ignore"以排除不支持的属性，或者选择"Rasterize"以渲染包含不支持属性的所有帧为 JPEG 压缩的位图，并输出到 SWF 文件中。

· Audio Bit Rate：输出音频的比特率。选择"Auto"可以获得指定采样率和声道数所支持的最低的比特率。比特率越高，文件越大。SWF 文件中的音频是 MP3 格式的。

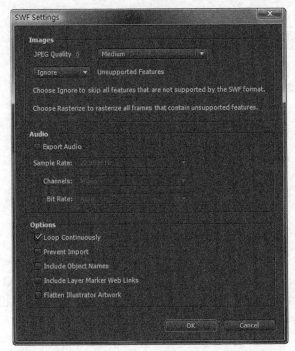

图 12-2-3

· Loop Continuously：设置输出的 SWF 文件在回放的时候是否连续循环。如果想用 HTML 代码来控制 Flash Player 的循环，则不选择此项。

· Prevent Import：创建一个数字图像和视频编辑程序所不能导入的 SWF 文件。

· Include Object Names：包含文件中的层、遮罩和效果名，用来导入 ActionScript 程序。勾选该项后会增加文件尺寸。栅格化对象不命名。

· Flatten Illustrator Artwork：将所有重叠的对象分成不重叠的部分。选择该选项后，输出前不需要转化 Illustrator 文字为外框。该选项仅支持 Illustrator 9.0 及以后版本的源文件。

· Include Layer Marker Web Links：将层标记作为网络链接。该选项使用层标记中的信息为 SWF 文件添加网络链接和一个获取 URL 的动作。该选项还为每个具有层标记的 SWF 帧添加一个帧标签。

（4）设置完毕，单击"OK"按钮，进行输出。

12.2.4　渲染输出合成为 FLV 或 F4V 文件

FLV 和 F4V 文件仅包含基于像素的视频，没有矢量图形，也没有交互性。

FLV 和 F4V 格式是封装格式，与一组视频和音频格式相关联。FLV 文件通常包含基于 On2 VP6 或 Sorenson Spark 编码的视频数据和基于 MP3 音频编码的音频数据。F4V 文件通常包含基于 H.264 视频编码的视频数据和基于 AAC 音频编码的音频数据。

可以通过多种不同的方式在 FLV 或 F4V 封装文件中播放影片，包括如下方式。

- 将文件导入到 Flash Professional 创作软件中，将视频发布为 SWF 格式。

- 在 Adobe Media Player 中播放影片。

- 在 Adobe Bridge 中预览影片。

💡 After Effects 的标记可以被 FLV 或 F4V 文件作为提示点包含在其中。

像其他格式一样，可以使用渲染队列（Render Queue）调板渲染输出影片为 FLV 或 F4V 封装格式。

欲在 FLV 输出中包含 Alpha 通道，可使用 On2 VP6 编码，并在视频（Video）选项卡中选择 "Encode Alpha Channel"。

12.3　其他渲染输出的方式

除了使用渲染队列调板或输出菜单命令进行渲染输出外，还有一些特殊的情况需要特殊的渲染输出的方式，比如输出为 F 分层图像、项目文件或进行联机渲染等。

12.3.1　将帧输出为 Photoshop 层

可以将合成中的一个单帧输出为一个分层的 Adobe Photoshop（PSD）图像或渲染后的图像，这样可以在 Photoshop 中编辑文件，为 Adobe Encore 准备文件，创建一个代理，或输出影片的一个图像作为海报或故事板。

保存为 Photoshop 层的命令可以从一个 After Effects 合成中的单帧，保持所有的层到最终的 Photoshop 文件中。嵌套合成被转化为图层组，最多支持 5 级嵌套结构。PSD 文件继承 After Effects 项目的色彩位深度。

此外，分层的 Photoshop 文件包含所有层合成的一个嵌入的合成图像。该功能确保文件可以兼容不支持 Photoshop 层的软件，这样可以显示合成图像，而忽略层。

从 After Effects 保存一个分层的 Photoshop 文件看上去可能和 After Effects 中的帧会略有区别，因为有些 After Effects 中的功能，Photoshop 并不支持。这时，可以使用菜单命令 "Composition > Save Frame As > File"，输出一个拼合层版本的 PSD 文件。

可以按照如下步骤，将帧输出为图片或 Photoshop 层。

（1）选择欲输出的帧，在合成调板中显示。

（2）根据情况，选择如下操作。

- 使用菜单命令 "Composition > Save Frame As > File"，可以渲染单帧。在渲染队列调板中随需调整设置，并单击 "Render" 按钮进行输出。

· 使用菜单命令"Composition > Save Frame As > Photoshop Layers"，可以输出单帧为分层的 Adobe Photoshop 文件。

12.3.2　输出为 Premiere Pro 项目

无需渲染，可以将 After Effects 项目输出为 Premiere Pro 项目。

💡 由 After Effects 项目输出而成的 Premiere Pro 项目，并不能被所有版本的 Premiere Pro 打开。

当输出一个 After Effects 项目为一个 Premiere Pro 项目时，Premiere Pro 使用 After Effects 项目中第一个合成的设置作为所有序列的设置。将一个 After Effects 层粘贴到 Premiere Pro 序列中时，关键帧、效果和其他属性以同样的方式被转化。

按照如下步骤，可以将 After Effects 项目输出为 Premiere Pro 项目。

(1) 使用菜单命令"File > Export > Adobe Premiere Pro Project"，弹出"Export As Adobe Premiere Pro Project"对话框。

(2) 在"Export As Adobe Premiere Pro Project"对话框中为项目设置文件名和存储的磁盘空间（见图 12-3-1），然后单击"保存"按钮，完成输出。

图 12-3-1

💡 除了输出项目以外，还可以导入 Premiere Pro 的项目和序列到 After Effects 中，在 After Effects 和 Premiere Pro 之间复制、粘贴素材，还可以使用 Dynamic Link 功能，在 After Effects 和 Premiere Pro 之间交换数据。

12.3.3 联机渲染

After Effects 可以使用网络上的多个系统共同渲染一个项目，大大提高工作效率（见图 12-3-2）。用于渲染的每个系统可以是 Windows 或 Mac OS，系统要全部安装 After Effects，且将预置参数统一设置，并确保每个系统装有相同的字体库。联机渲染只能用于输出图片序列。本小节将通过案例，讲解进行联机渲染的基本方法。

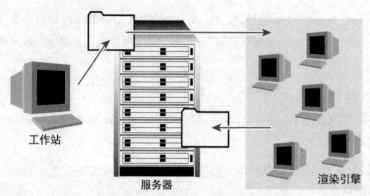

图 12-3-2

（1）在一个系统上打开项目，使用菜单命令"File > Collect Files"，弹出收集文件对话框，根据情况在其中进行设置，设置完毕，单击"Collect"按钮（见图 12-3-3）。在弹出的收集文件到文件夹对话框中选择服务器上的磁盘空间，并输入文件夹的名称，单击"OK"按钮，将项目和所有素材源文件复制收集到其中。

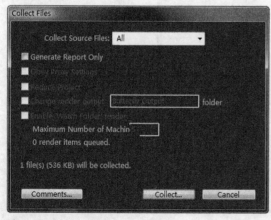

图 12-3-3

（2）打开刚复制的项目文件，选择欲进行渲染输出的合成或素材，使用菜单命令"Composition > Add To Render Queue"或快捷键"Ctrl+Shift+/"，将其添加到渲染队列调板中（见图 12-3-4）。

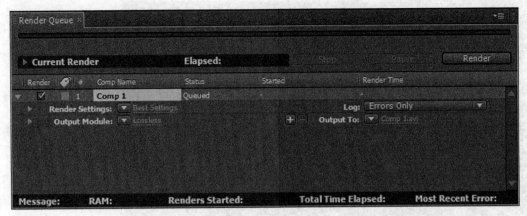

图 12-3-4

（3）单击 Output Module 后面带有下划线的默认设置，弹出"Output Module Settings"对话框，在其中选择一种图片序列格式，设置完毕，单击"OK"按钮（见图 12-3-5）。

图 12-3-5

（4）在渲染队列调板中，单击 Render Settings 后面带有下划线的当前设置，弹出"Render Settings"对话框，在其中勾选"Skip existing files"，可以避免多个系统重复渲染相同的帧，并取消勾选"Use storage overflow"，设置完毕，单击"OK"按钮（见图 12-3-6）。

（5）在服务器的磁盘空间中新建一个用于输出的文件夹。单击 Output To 后面的默认文件名，弹出"Output Movie To"对话框，在其中选择新建的用于输出的文件夹，并输入文件名，单击"保存"按钮（见图 12-3-7）。

（6）在每个用于渲染的系统中打开并保存项目，这样可以记录相对路径。在每个用于渲染的系统中打开渲染队列调板，单击"Render"按钮，可以按设置和记录的路径将影片进行输出。

💡 如果一个或多个系统停止渲染，则未完成的工作由参与渲染的其他系统继续进行，直到渲染完成。

图 12-3-6

图 12-3-7